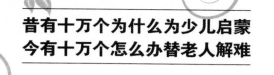

昔有十万个为什么为少儿启蒙
今有十万个怎么办替老人解难

U0384014

老年人
十万个怎么办

服务篇

《老年人十万个怎么办》编辑委员会 编

主编 党俊武 王朝前

丛书总主编 方 路 顾德时

中国社会出版社
上海科学普及出版社

图书在版编目（CIP）数据

老年人十万个怎么办·服务篇/方路，顾德时主编；
党俊武，王朝前分册主编. —北京：中国社会出版社，
2013.1

ISBN 978 - 7 - 5087 - 4292 - 2

Ⅰ.①老…　Ⅱ.①方…②顾…③党…④王…
Ⅲ.①生活—知识—中老年读物②老年人—社会服务—
中国　Ⅳ.①Z228.3②TS976.34

中国版本图书馆 CIP 数据核字（2013）第 010921 号

书　　　名：老年人十万个怎么办·服务篇
丛书主编：方　路　顾德时
分册主编：党俊武　王朝前
策　　划：菩萨心
责任编辑：毛健生
助理编辑：晓　晶

出版发行：中国社会出版社　　　邮政编码：100032
通联方法：北京市西城区二龙路甲 33 号
　　　　　电话：编辑部：（010）66079885
　　　　　　　　邮购部：（010）66081078
　　　　　　　　销售部：销售部：（010）66080300　　（010）66085300
　　　　　　　　　　　　　　　　（010）66083600　　（010）66080880
　　　　　　　　传　真：（010）66051713　　（010）66080880
网　　　址：www.shcbs.com.cn
经　　　销：各地新华书店

印　　　刷：中国电影出版社印刷厂
开　　　本：170mm×240mm　1/16
印　　　张：20.5
字　　　数：270 千字
版　　　次：2013 年 1 月第 1 版
印　　　次：2013 年 10 月第 3 次印刷
定　　　价：本册 55.00 元，全套 498.00 元

《老年人十万个怎么办》系列丛书

编撰出版工作机构

支持单位

全国老龄工作委员会办公室

协办单位

中国科普作家协会　浙江省老龄工作委员会办公室　中国老年报社
中国老年杂志社

承办单位

杭州金秋世纪行文化交流有限公司

顾问委员会

总顾问　陈传书

顾　问（按姓氏笔画排序）

王强华　东　生　刘　恕　李宝库　李景瑞　郇沧萍
杜　葵　汪文风　何东君　苏长聪　郑伯农　赵　炜
赵渭忠　贺敬之　郭　济　黄柏富　程连昌

编辑委员会

主　　任　张文范

常务副主任　居云峰

副　主任　王平君　王嘉琳　方　路　台恩普　李耀东　顾德时
浦善新　党俊武

委　　员（按姓氏笔画排序）

王梅生　王朝前　王震寰　卢立新　刘书良　刘汉儒
刘晓祺　宋万存　何红志　应亚玲　陈立君　陈信勇
金正昆　胡惟勤　黄　雷　斯苏民　蒋世格

《老年人十万个怎么办》系列丛书

第四分册·服务篇

主　　编　党俊武　王朝前

编写人员　李志宏　　孙慧峰　　肖文印　　张一鸣　　陈国平

　　　　　方　列　　胡国跃

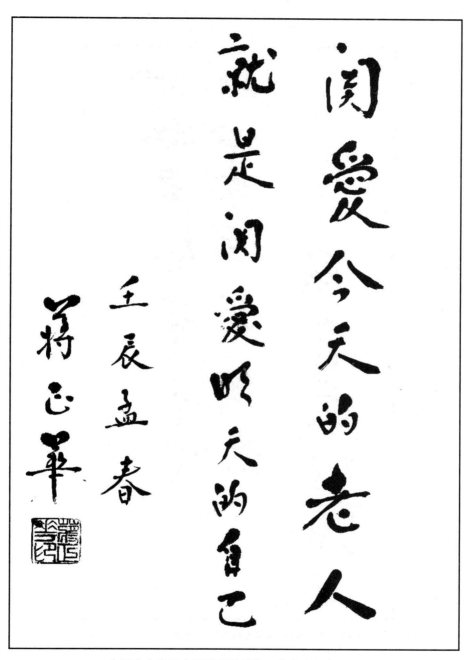

关爱今天的老人
就是关爱明天的自己

壬辰孟春
蒋正华

全国人大常委会原副委员长蒋正华为本丛书题词

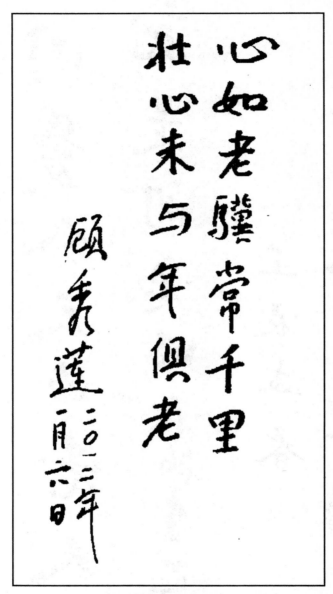

心如老骥常千里
壮心未与年俱老

顾秀莲 二〇一三年二月六日

全国人大常委会原副委员长顾秀莲为本丛书题词

大爱从孝起步

张梅颖

二〇一二年八月廿日

全国政协原副主席张梅颖为本丛书题词

《当代中国科普精品书系》总序

　　以胡锦涛为总书记的党中央提出科学发展观，以人为本，建设和谐社会的治国方略，是对建设有中国特色的社会主义国家理论的又一创新和发展。实践这一大政方针是长期而艰巨的历史重任，其根本举措是普及教育，普及科学，提高全民的科学文化素质，这是强国富民的百年大计，千年大计。

　　为深入贯彻科学发展观和科学技术普及法，提高全民的科学文化素质，中国科普作家协会以繁荣科普创作为己任，发扬茅以升、高士其、董纯才、温济泽、叶至善等老一辈科普大师的优良传统和创作精神，团结全国科普作家和科普工作者，充分发挥人才与智力资源优势，采取科普作家与科学家相结合的途径，努力为全民创作出更多更好高水平无污染的精神食粮。在中国科协领导支持下，众多科普作家和科学家经过一年多的精心策划，确定编创《当代中国科普精品书系》。这套丛书坚持原创，推陈出新，力求反映当代科学发展的最新气息，传播科学知识，提高科学素养，弘扬科学精神和倡导科学道德，具有明显的时代感和人文色彩。整套书系由13套丛书构成，每套丛书含2~50部图书，共120余册，达2000余万字。内容涵盖自然科学的方方面面，既包括《航天》、《军事科技》、《迈向现代农业》等有关航天、航空、军事、农业等方面的高科技丛书；也有《应对自然灾害》、《紧急救援》、《再难见到的动物》等涉及自然灾害、应急办法、生态平衡及保护措施方面的图书；还有《奇妙的大自然》、《山石水土文化》等系列读本；《读古诗学科学》让你从诗情画意中感受科学的内涵和中华民族文化的博大精深；《科学乐翻天——十万个为什么创新版》则以轻松、幽默、富于情趣的方式，讲述和传播科学知识，倡导科学思维、创新思维，提高少年儿童的综合素质和科学文化素养，引导少年儿童热爱科学，以科学的眼光观察世界；《孩子们脑中的问号》、《科普童话绘本馆》和《科学幻想之窗》，展示了天真活泼的少年一代对科学的渴望和对周围世界的异想天开，是启蒙科学的生动

画卷；《老年人十万个怎么办》丛书主要为老年人服务，以科学的思想、方法、精神、知识答疑解难，祝福老年人老有所乐、老有所为、老有所学、老有所养、家庭和谐，社会和谐。

科学是奥妙的，科学是美好的，万物皆有道，科学最重要。一个人对社会的贡献大小，很大程度取决于对科学技术掌握运用的程度；一个国家，一个民族的先进与落后，很大程度取决于科学技术的发展程度。科学技术是第一生产力是颠扑不破的真理。哪里的科学技术被人们掌握得越广泛深入，那里的经济、社会就发展得快，文明程度就高。普及和提高，学习与创新，是相辅相成的，没有广袤肥沃的土壤，没有优良的品种，哪有禾苗茁壮成长？哪能培育出参天大树？科学普及是建设创新型国家的基础，是培育创新型人才的摇篮，待到全民科学普及时，我们就不用再怕别人欺负，不用再愁没有诺贝尔奖获得者。我希望，我们的《当代中国科普精品书系》就像一片沃土，为滋养勤劳智慧的中华民族，培育聪明奋进的青年一代，提供丰富的营养。一棵大树，为中华民族的崛起铺路搭桥。

刘嘉麒

（中国科普作家协会第五、六届理事会理事长、中国科学院院士）

《老年人十万个怎么办》总序

"积极老龄化"在中国

——写在《老年人十万个怎么办》丛书出版之际

家家有老人，人人都会老。

大千世界里，作为个体的我们，从童年、少年、青年、中年直至老年，是生物进化的必然规律，也是人类不断认识自我、完善自我、超越自我而追求人生幸福、人生价值和人生发展的必然过程。随着人类由"高生育、高死亡、高增长"向"低生育、低死亡、低增长"转变，世界各国和地区人口年龄结构正悄然发生着改变，曾经年轻的社会开始告别年轻，迈向老年。如何看待我们的一生，如何度过我们的老年，成为越来越值得我们认真审视、思考和回答的问题。

联合国2009年统计数据显示，世界上有50个国家已经进入老龄社会；中国将成为各国中老年规模最大、老龄化速度最快的国家。据预测，我国老年人口从2011年起将呈现进一步加速增长态势，到2050年前后全国老年人口将达到4.8亿左右，其中80岁以上的老年人将超过1亿人。老龄问题不仅是每个人和每个家庭的现实问题，也是一个关系国计民生和国家长治久安的重大社会问题。我们要以积极的老龄观取代消极的老龄观，以积极的态度、积极的政策、积极的行动应对人口老龄化。

"积极老龄化"是一种观念。这是指最大限度地提高老年人"健康、参与、保障"水平，确保所有人在老龄化过程中能够不断提升生活质量，促使所有人在老龄化过程中能够充分发挥自己体力、社会、精神等方面的潜能，保证所有人在老龄化过程中能够按照自己的权利、需求、爱好、能力参与社会活动，并得到充分的保护、照料和保障。这是以更高的站位、更宽的视野、更新的维度来审视人口老龄化、直面人口老龄化、应对人口老龄化。这种积极的老龄观，有利于

消除年龄歧视的不利影响，为解决老龄问题提供了新的思想方法和发展理念。

积极老龄化是一种战略。老龄问题不仅包括老年人生活保障和自身发展需要，还包括人口结构变化对经济、政治、文化和社会发展提出的调整要求及挑战。这就需要有战略的思维、战略的部署、战略的举措。党中央、国务院历来高度重视老龄问题。江泽民同志指出："老龄问题越来越成为一个重要的社会问题，我们要予以重视。希望各级党委和政府要加强对老龄工作领导，切实做好这项工作。"并亲笔题词："加强老龄工作，发展老龄事业"。胡锦涛同志先后指出："人口老龄化给家庭结构和社会生活带来新的变化，对经济和社会发展产生重大影响。对于这样一个重大的社会问题，全国上下都要有充分的认识，并积极研究制定相应的政策。""尊重老年人、关爱老年人、照顾老年人，是中华民族的优良传统，也是一个国家文明进步的标志。我们要弘扬中华民族尊老敬老的传统美德，大力发展老龄事业，给予老年人更多生活上的帮助和精神上的安慰，让所有老年人都能安享幸福的晚年。"在"党政领导，社会参与，全民关怀"工作方针指引下，我国积极应对人口老龄化挑战，把发展老龄事业作为经济社会统筹发展和构建社会主义和谐社会的重要内容，综合运用经济、法律和行政手段，不断推动老龄事业发展，基本建立了老龄法律政策制度体系，形成了"大老龄"的工作格局，营造了全社会尊老敬老助老的社会氛围，这为我国科学应对人口老龄化、科学解决老龄问题奠定了坚实的基础。

积极老龄化是一种自觉。老龄问题不仅仅是老年人的问题，更是各年龄段人群都要面对的问题；不仅仅是需要引起关注的问题，更是需要经济、文化、社会、政治等各个层面主动适应的问题。老年人要以积极的生命态度投入生活，更加注重身心健康，更加注重人格尊严，更加注重自我养老和自我实现。人人都是老龄社会的主体，都应当以积极的生活态度面对老龄，既要有"老吾老，以及人之老"的宽广博爱，也要有"未雨绸缪"的预先准备，为自己的老年生活做好物质和精神的储备。政府、社会、个人和家庭都是应对老龄问题的主体，都要以积极的角色态度自觉行动，尽好应尽的职责、做好应做的事情，促进形成"不分年龄、人人共享"的和谐社会。

《老年人十万个怎么办》的编辑出版，是一件利国利民的大好事，是一种"积极老龄化"责任的体现，是一个促进老年人享有健康晚年、幸福晚年、积极晚年的行动。这部丛书是老年文化出版事业的重要组成部分，全书共十一个分册，从养生到励志，从应急到关爱，内容涵盖了老年人生活的诸多方面，编写力求突出实用性、服务性、大众化、科普化，力求每一个条目都符合老年人的实际需要，其间形式多样的"小贴士"更体现出为老年人"量身定做"的温馨，全书提供了科学的知识，表达了现实的需要，实现了积极的引导。值得一提的是，丛书编委会和200多名编创人员绝大多数是来自全国各地、老龄文化领域的老年人，总编室的几位同志平均年龄超过70岁。"老骥伏枥，志在千里"，他们在用自己的执着和坚韧书写着《老年人十万个怎么办》，用生动的作品和崇高的精神感动每一个身边人、每一名读者。也正是他们的行动在证明着：积极人生，多有意义！

祝愿《老年人十万个怎么办》丛书出版成功！

陈传书

（民政部党组成员、全国老龄办常务副主任）

目 录
CONTENTS

序

　　《老年人十万个怎么办》丛书已陆续完稿付梓，即将走进千家万户，作为老龄工作战线上的一名老兵和亿万老年人群体中的一员，我为生活中增添这样的贴心伴侣感到无比欣慰，也对编辑人员的博大爱心和辛勤付出表示衷心感谢。

　　《老年人十万个怎么办》丛书力求成为"当代老年人做人和生活的高端书、品牌书"，这一定位立意高远，很有意义。丛书分册之一《服务篇》是重要组成部分，也是我十分关心的一个重要问题。主编党俊武同志是我以前的同事，对老龄服务问题有长期的研究和积累。通读全书，我被深深打动。无论从一名老龄工作者的角度，还是以一个老年读者的眼光来审视，这部书有三个特色：

　　一是全面。作为社会群体的一部分，老年人像一般社会成员那样，有着衣食住行以及精神文化生活等各方面的服务需求；作为一个特殊群体，老年人还有一些不同于其他社会群体的特殊服务需求，如生活照料、健康管理、康复护理、精神慰藉、临终关怀等，也就是我们通常所说的老龄服务，涉及的范围十分广泛。老年人在接受服务和自我服务过程中所可能遇到的问题情境，本书都有充分的考虑。

　　本书围绕"老年人怎么办"这个中心，按照提供服务的主体来谋篇布局。提供老龄服务的主体包括家庭、老龄服务机构、老年人自身等。由于家庭另有分册专述，本书侧重于机构服务和老年人自我服务两个方面，机构服务又分院舍式和居家社区式两类，由机构选择到服务内容，由情况介绍到问题处理，由国家政策到地方特色，由国内到国外，涉及老年人接受机构服务过程的方方面面。老年人自我服务，是针对低龄、健康老年人在自我服务过程中常常会遇到的问题，包括家务、购物、出行等，内容十分全面。不仅如此，本书还由居家养老延伸到老年人住宅，由老龄服务拓展到老龄服务产业。受篇幅限制，对条目设计所不能容纳又与老年人密切相关的内容，则通过"小贴士"予以提示，考虑周密，材料翔实，信息量大。

二是新颖。首先是体例新。丛书以"老年人十万个怎么办"为题，从理念与实际操作相结合的角度进行架构设计，一问一答，根据情境提问题，结合实践提供答案。在问题条目的编排上颇具匠心，即基本遵循"三段式（事件、问题、怎么办）、五要素（事情、老年人、问题、时间、怎么办）的提问格式，设置问题情境。这种体例在《服务篇》中得到十分鲜明的体现。全书300多个"怎么办"，每一个条目都经过了反复推敲和斟酌，结构严密，简洁顺畅。

其次是观点新。人口老龄化在发展，社会在进步，老龄服务的内涵和外延也在不断地变化。该书编纂人员都是全国老龄办的工作人员，对老龄工作业务很熟悉，能很好地把握老龄服务的前沿课题，结合自己的工作，提出了大量的新情况、新问题和解决问题的新思路，构建了有关老龄服务的新架构、新体系。比如，我们惯常所说的机构服务，都认为是养老院、养老公寓等提供的服务，本书则有所突破，认为社区或社会组织为居家老年人提供的服务，也是一种机构服务，并将这类机构命名为"居家老龄服务机构"，提供的是居家老龄服务，而将前者称为"院舍老龄服务机构"，这就明确了长期以来模糊不清的一个基本概念。再比如，我们常说"养老服务"，本书则统一称为"老龄服务"，因为"养老"的概念十分宽泛，不仅老年人的自我服务无法包含在内，老年人获得的服务也不是一个"养"字所能概括的。本书把公民晚年期的贫困、疾病、失能三大风险区别开来，相应的养老保障、医疗保障和服务保障三大制度安排也就有了更清晰的逻辑界分。这一提法无疑会更新和拓展老龄工作的思维方式。

三是实用。同丛书的其他分册一样，本书不仅仅是一部科普作品，更是老年人寻求服务、自我服务和服务他人的重要指南。可以说，实用是这部书最突出的特点。本书编者们熟悉我国在老龄服务方面的政策措施，掌握我国乃至国外的老龄服务的内容、方式和特点，了解老年人真正的服务需求。也许正是基于此，本书力求能站在老年人的角度，设身处地地为老年人着想，考虑到老年人在接受服务和自我服务过程中可能遇到的迷茫、困难和问题，以及所需要注意的事项。从而，在问题的设计和选择上，能够做到有的放矢。在答案的拟订上，也突出了对策性、实用性，较少说理性文字，更没有空洞的说教，具有很强的指导性和可操作性。本书能想老年人所想，急老年人所急，解老年人所惑，是广大老年朋友案头必备的工具书。同时，对那些有老人的家庭、老龄服务机构服务人员以及社会

工作者，也都具有很大的实用和参考价值。

随着经济社会的快速发展和人民生活水平的不断提高，老龄服务也会不断发生变化，会有更多的服务内容和方式出现，老年人在接受服务和实现自我服务的内容和方式也会发生变化，相信本书也能与时俱进，再版时能吐故纳新，增添更多具有时代特色的、实用的内容，真正成为传世之作，成为亿万老年人永远的朋友。

李宝库

（民政部原副部长、中国老龄事业发展基金会会长）

前 言

　　从人的整个生命历程来说生活完全不能自理，或者说完全失能是最大的风险，也是最大的后顾之忧。躺在床上无人照料，即便是腰缠万贯也莫之奈何。中华民族自古以来就有"养儿防老"的观念，其中，最核心的就是希望自己年老失能后有人能来"伺候"，这样就可以后顾无忧，这是老龄服务的源头和缘起。从根本上说，老年人问题最难的就是养老、医疗和服务三个方面。养老主要是吃饭问题，可以通过完善社会养老保障制度加以解决。医疗主要是看病问题，可以通过健全医疗保障制度逐步解决。但要满足老年人日益增长的服务需求，则需要建立一个专业化、规范化的老龄服务体系。

　　老龄服务主要是指面向老年人提供生活照料、健康管理、康复护理、精神慰藉、临终关怀等综合性服务，涉及医学、生物学、护理学、心理学、老年学等多学科知识和技能，这对于提高老年人的生活生命质量至关重要。对于低龄健康老年人来说，掌握老龄服务知识和技能，利己利人，既可以做好自我服务，也能更好地帮助其他老人。对于失能老年人来说，了解老龄服务知识、技能和相关信息，可以充分利用现有的老龄服务资源。

　　我国是世界上老龄服务需求压力最大的国家。无论当前还是到 21 世纪中叶，我国需要老龄服务的老年人口总量在全球始终占第一位。2009 年年底，我国 60 岁以上的老年人口已经达到 1.67 亿，其中，失能老年人口达到 3300 万人。据预测，到 2050 年，我国 60 岁以上的老年人口将达到 4.32 亿，失能老年人口将突破 1 亿。在家庭小型化、空巢化的背景下，传统家庭养老功能将日益弱化，越来越多的老年人将不得不依赖社会提供的老龄服务。如何妥善解决亿万老年人的老龄服务问题，关系到亿万家庭和老年群体的切身利益，成为摆在全社会面前的一个重大课题。

　　目前，我国老龄服务发展严重滞后，基础设施、服务机构、服务队伍等发展跟不上形势的需要，特别是服务费用来源还没有相应的制度安排。发展老龄服务

涉及政府、市场、社会三大部门以及家庭和个人，需要共同努力，构建起老年人和家庭自我服务为基础、居家机构服务为主干、院舍机构服务为支撑、志愿服务和邻里互助为补充的有中国特色的老龄服务体系。

本书立足于我国人口老龄化日益严峻的时代背景，从亿万老年人的服务需求出发来谋篇布局。为老年人提供服务的主体，主要是家庭、机构和老年人自身，家庭篇另有专著，我们主要介绍了老龄服务机构和老年人自身的服务。客观地说，人们对老龄服务存在许多认识误区，例如，人们往往把养老院、老年公寓等专门服务称作机构服务，但实际上社区或社会组织为居住在家的老年人提供的服务也是机构服务，区别在于前者要求老年人入住，我们称之为"院舍老龄服务机构"，它所提供的服务就是院舍老龄机构服务；后者是面向居住在家的老年人提供入户服务，我们称之为"居家老龄服务机构"，它所提供的服务就是居家老龄机构服务。这些认识误区实际上正是我国老龄服务发展严重滞后的注脚。根据国外经验，结合我国老龄服务的实际现状和未来走向，本书先是分别介绍了院舍老龄机构服务、居家老龄机构服务，引导老年人如何从中获得所需要的服务，以及在选择和接受服务时应当注意的问题。接着，针对身体条件较好、能自理的老年人，我们提供了做好自我服务的一些建议。同时，我们还介绍了老年住宅的选择和装修知识以及有关老龄服务产业发展的大致情况。此外，还穿插介绍了国外的老龄服务和老年住宅，以开阔老年人的眼界。这些知识、技能和服务资源信息，对老年人合理安排晚年生活，接受老龄服务，都是不无裨益的。

由于我国老龄服务发展滞后，区域也很不平衡，加上我们水平有限，疏漏之处敬请谅解，希望提出宝贵意见。编书过程中，我们广泛吸取了国内外现有文献，在此表示诚挚的谢意！

编　者

第一章

院舍服务机构

——入住院舍服务机构　乐享专业服务

　　【导语】院舍老龄机构服务是指老年人入住专门的院舍机构，接受饮食起居、清洁卫生、生活照料、健康管理、康复护理、文体娱乐活动和临终关怀等综合性服务。院舍服务机构可以满足老年人入住专门住养场所的要求，是我国老龄服务体系的重要支撑。随着生活水平的提高，人们日益重视靠谁来养老，在哪儿养老，谁来照顾自己的晚年生活。到院舍服务机构安度晚年已经成为越来越多老年人的选择。对于准备入住或已经入住院舍服务机构的老年人来说，了解相关知识，对于选择适合自己的服务机构，更好地获取服务，维护自己的合法权益，都是十分必要的。

第一节　机构选择

> **1**
>
> **面对众多的院舍服务机构，老年人不知道如何选择时，怎么办**

离开家庭，入住服务机构度过自己的晚年，已经逐渐被老年人所接受，但要选择一个令自己称心如意的服务机构，老年人要做到"八看"：

一、看医疗保健服务。看该机构是否设有医务室，配设有专职医生，备有足够的医疗设备和医用物资，是否具备在院内或就近及时诊疗老人常见病、多发病的能力，能够及时妥善处理各种突发性疾病和其他紧急情况。

二、看护理照料服务。工作人员是否具有良好职业道德和奉献精神，查看护理人员的护理经验，是否具有上级主管部门颁发的从业资格证书。

三、看心理和社会交往服务。要看该机构是否给老年人安排丰富的娱乐社交活动。如果配备专业心理师的服务机构当然更好。

四、看膳食服务。是否设有单独的老人食堂，根据老人喜好以及医疗、保健上的需要，制定科学合理的营养食谱。

五、看居住设施。房间里应配设有各类生活用品、用具，物品摆放整齐有序。居室、洗手间、浴室、走廊、楼梯符合无障碍设施规范要求。

六、看环境设施。考察该机构是否有供老人进行休闲、娱乐、健身活动的专用场地和活动用品、设施、设备。

七、看费用。入住服务机构所需缴纳的基本费用包括床位费、护理费、伙食费；不同服务机构还会根据自身特点收取其他费用，如取暖费、医疗费等，也可能收取一定的押金。要根据自身的支付能力，选择相应的机构。

八、看记录。包括机构是否有违规、违纪、违法事件；是否有食物中毒、非正常死亡、走失、疾病传染、护理事故、损害老年人合法权益等重大责任事故。

小贴士

老龄服务机构可以是独立的法人，也可以附属于医疗机构、企事业单位、社会团体或组织、综合性社会福利院的一个部门或者分支机构，通过为入住老人提供住养服务，进行健康管理，愉悦老年人身心，提高老年人生活质量。

2

院舍机构服务不同于居家机构服务，老年人想了解其优势时，怎么办

对于习惯了家庭生活的老年人来说，要选择服务机构，开始一种新的生活方式，心里肯定是有些忐忑不安的。院舍机构服务肯定不同于居家机构服务，具有明显的优势。对比研究表明，院舍机构服务是今后社会化老龄服务的发展趋势，是老年人晚年理想的生活归宿，在生活护理、经济支出及综合因素等三个方面优于居家机构服务。

首先，对于高龄和患病老人，在生活护理上已不仅仅是做饭、洗衣、搞卫生等家政服务，还需要医疗护理和心理护理，这些工作不是一个人能够完成的。进入院舍服务机构既能满足老年人的吃住、医疗和娱乐需求，又能满足老年人与人交往及精神赡养等需求，子女探视老人也能够根据自己的时间可长可短。再者，从经济支出角度看，以护理为例，居家的老年人请个保姆，需服务费用在 1000 元以上，老人的膳食费用也需 300 元，加上一些其他费用，总支出要在 1500 元左右。而目前的院舍服务机构收取的综合费用多在 900~1500 元。

其次，卧病在床的老人在家中因洗澡、换垫子、通风等不及时，不仅容易使老人生褥疮，还会造成室内空气污浊，加之性别护理上的尴尬，儿女费心费力、花钱不少，但未必能让老人满意。入住院舍服务机构养老，不仅可以减少对子女的拖累，还可以通过与舍友接触、交流和集体活动，淡化身体衰退的不悦，排解失去配偶的孤独，重新找到适合自己居住的环境。如此一来，老人开心，儿女也放心。

小贴士

居家机构服务是指在老年人居住的社区，专业化的服务机构入户为老年人提供饮食起居、清洁卫生、生活照料、健康管理、康复护理和临终关怀等综合性服务。居家服务机构是机构服务的创新形式，它不提供居住场所，特点是入户服务，可以满足老年人居住家庭的意愿，是我国老龄服务体系的主干部分，也是我国老龄服务的发展方向。

3

面对不同性质的院舍服务机构，老年人不知道如何选择时，怎么办

按照服务机构性质，可以把院舍服务机构划分为福利性、非营利性和营利性三种，此外还有多种分类办法。根据民政部 2001 年颁布的《老年人社会福利机构基本规范》，我国一般将院舍老龄服务机构划分为以下几种类型：

一、老年社会福利院。这种类型的老龄服务机构多是由国家出资兴建并管理，主要接纳"三无"老人、自理老人、失能（生活不能自理）老人。机构通常设有生活起居、文化娱乐、康复训练、医疗保健等服务设施。

二、养老院或者老人院。这类机构多由社会力量举办，有的只接收能自理的老人，也有的综合接收自理老人、失能老人，设有生活起居、文化娱乐、康复训练、医疗保健等多项服务设施。

三、老年公寓。这类老龄服务机构是一些符合老年体能心态特征的公寓式老年住宅，专供生活能够自理的老年人集中居住，具备餐饮、清洁卫生、文化娱乐、医疗保健等多项服务设施。

四、护老院。是专为接待失能老人安度晚年而设置的老龄服务机构，通常设有生活起居、文化娱乐、康复训练、医疗保健等多项服务设施。

五、护养院。又称为"护理院"，是专为接收生活完全不能自理的失能老人安度晚年的老龄服务机构，通常也设置有生活起居、文化娱乐、康复训练、医疗保健等服务设施。

六、敬老院。这类机构是在城市街道、农村乡镇、村组设置的供养"三无"、五保老人、残疾人员和接待社会寄养老人安度晚年的老龄服务机构，设有生活起居、文化娱乐、康复训练、医疗保健等多项服务设施。

小贴士

《老年人社会福利机构基本规范》的发布，标志着我国老年福利事业的发展朝着规范化的方向迈进。该规范的主要内容分为总则、术语、服务、管理、设施设备五个方面，适用于各类、各种所有制形式的为老年人提供养护、康复、托管等服务的社会福利服务机构。

4

面对不同功能的院舍服务机构，老年人不知道如何选择时，怎么办

根据收养的老人所需帮助和照料程度，可以对院舍老龄服务机构进行功能分类。

在美国，通常分为三类：第一类是"技术护理照顾型"，主要是收养需要 24 小时精心监护和护理，但又不需要老龄服务机构提供经常性医疗服务的老人。第二类为"中级护理照顾型"，主要收养没有严重疾病、需要 24 小时监护和护理，但又不需要技术护理照顾的老人；第三类为"一般照顾型"，主要收养需要提供食宿和个人生活帮助，但不需要医疗服务和 24 小时生活护理服务的老人。

在我国香港，根据《安老院条例》，将老龄服务机构分为三类：第一类为"高度照顾安老院"，主要收养"体弱而且身体机能消失或减退，以至于在日常起居方面需要专人照顾料理，但不需要高度专业的医疗或护理"的老人；第二类为"重度照顾安老院"，主要收养"有能力保持个人卫生，但在处理有关清洁、烹饪、洗衣、购物的家居工作及其他家务方面，有一定程度的困难"的老人；第三类为"低度照顾安老院"，主要收养"有能力保持个人卫生，也有能力处理有关清洁、烹饪、洗衣、购物的家居工作及

其他事务"的老人。至于那些"需要高度的专业医疗"或"护理"的老人，则属于附设在医院内的"疗养院"收养的对象。此外，还有一些提供多种类型服务的"混合式安老院"。

在我国内地，院舍服务机构一般分为两类，一是生活照料型，主要提供饮食起居、清洁卫生、生活照料和简单的医疗护理服务；二是护理型，除提供清洁卫生、生活照料外，主要提供健康管理、康复护理和临终关怀等服务。目前，民政部门管理的服务机构主要属于生活照料型，社会力量举办的既有生活照料型，也有护理型，或两者兼顾的混合型。

近年来，国内有学者提出可以按照老年人需要照料的级别不同，划分出重度护理型、中度护理型和轻度护理型三种类型的老龄服务机构。

小贴士

对院舍服务机构进行功能分类，主要目的是为了优化资源配置，便于政府依法对老龄服务机构进行有效监督和规范管理，以提高服务品质，维护入住老年人的合法权益，提高入住老年人的生活质量。

5

院舍服务机构内部设置比较复杂，老年人想深入了解时，怎么办

服务机构的内部机构设置主要指内部行政、业务和后勤职能部门的设置和人员配置。一个组织严密、人员精干的内部组织体系是老龄服务机构高效运行、高质量服务的保障。

院舍服务机构提供的服务主要涉及生活照料与护理、营养和膳食、疾病预防和保健、临床医疗与康复、康乐等内容，内部设置一般以精简、高效、降低管理成本为原则，根据机构的性质、规模、所开展的服务项目而定，实行分级管理。

较大型的服务机构，特别是国办老龄服务机构，多实行"三层五级"管理模式，即分为决策层、管理层、操作层三个层次和院长级、科级、区主任级、班组级、员工级五个级别，由此形成了阶梯级的领导与被领导关系。

中小型老龄服务机构不拘于上述复杂的分级管理模式，其内部组织管理部门和人员根据实际工作需要，本着精简、高效的原则灵活设置和配置。

例如，在上海市，许多街道办的老龄服务机构，一般只设一名院长，不设副院长，其属下配备有一名院长助理或数名管理人员，分别承担全院的行政、业务、后勤等管理工作，分工明确，职责清晰，没有出现工作互相推诿、人浮于事的现象。

中小型老龄服务机构更强调部门综合，管理人员一般一专多能，既是机构的管理者，也是具体任务的操作者和执行者，这一点在农村敬老院和民办小型老龄服务机构表现得尤为突出。

小贴士

老龄服务机构的内部组织机构设置通常遵循以下原则：一、以符合国家政策法规、行业规范为原则；二、以满足实际工作需要为原则；三、以部门与岗位职责明确、精简、高效为原则；四、以调动员工工作的积极性、创造性为原则。

6

入住院舍服务机构前，老年人想了解其流程时，怎么办

老年人要入住老龄服务机构，通常需要经过以下流程：

第一是咨询和登记。入住之前，老年人及其家属都要进行一番考察和比较，选择一所适合的老龄服务机构。选定后，要进行登记。老龄服务机构会提供一份较详细的入住申请登记表，要求详细填写老年人的个人和家庭情况。

第二是体检。入住前，要在市级及以上的医疗机构进行健康体检，检查的内容一般包括内外科检查、五官科检查，胸透或X光胸片检查，心电图检查，血、尿、粪常规、肝肾功能、血糖、血脂全套等。此外，一些老龄服务机构还要求老年人进行骨质密度检查。

第三是家庭访问。院方在收到老年人入住申请表和健康检查结果后，会向老人原工作单位、社区打电话，核实老人身份及家庭情况，并派人对老年人的家庭进行访问，了解老年人家庭情况和生活状况等。

第四是审批。每一个老龄服务机构都有自己的服务功能定位，并不是所有的老年人都可以被任何一所机构接纳。有的机构只接收生活能够自理的老人，有的专门接收长期患病、长期卧床、生活不能自理的老人。

第五是确定护理级别。院方有护理级别评估小组或评估员，通过对老人健康状况、生活自理能力进行综合分析、评估，并征求老年人和托养人的意见后，确定老年人的护理等级。有的老龄服务机构在老年人试住7~15天后还要进行一次评估，以确定正式的护理等级。护理等级会随着老年人健康状况变化而作出及时调整。

第六是签订入住协议。老龄服务机构会与老年人和托养人签订入住服务协议。协议中将明确三方责任、权利和义务，以维护好入住老年人和老龄服务机构的合法权益，确保入住老年人的生活质量以及机构的正常工作。

小贴士

入住协议也就是老龄服务合同。一般会载明下列主要条款：三方（老龄服务机构、老人、托养人）的姓名、地址、联系方式，三方责任和义务，违约责任，免责条款，服务内容和方式，服务收费标准及费用支付方式，服务期限，当事人双方约定的其他事项，合同变更、解除与终止的条件。

7

面对各种档次的院舍服务机构，老年人不知道如何选择时，怎么办

按照规模和级别，老龄服务机构可分为三种：

一、高端综合型老龄服务机构。大多是有一定资金实力和管理经验的政府单位、民营单位、外资单位投资兴建的营利性或示范性机构。优势主要表现在：雄厚的资金实力，特殊的政策支持，丰富先进的管理经验，完善的服务设施，能够提供多种高档的特色服务，具有环境优势和广大的占地面积。劣势主要表现在：该种机构数量少，缺乏价格竞争优势，入住率低，投资规模大，收益周期长，盈利水平低等。此类机构的主要服务对象是：政府高级退休干部，享受国家政策补助的专业人员，个人或其子女有较高收入的富裕阶层，子女在国外留学就业的老年人群，在国内留学工作的外籍人员的老年父母等，总体来说是具有较高收入且养老观念先进的老年人群。

二、中低端普通型老龄服务机构大多为执行政策要求的政府单位、企业单位、集体单位和具有投资意愿的民营实体或私人所兴建的福利性或营利性机构。优势主要表现为：具有政策支持，资金投入少，颇具价格优势，管理简单易行，运营成本低等。劣势主要表现为：该种机构服务项目少、质量相对较低，资金实力薄弱，组织管理水平有待提高，设施相对简单，经营场所面积较小，盈利水平不高等。服务对象主要是政府或集体的社会福利对象，企业退休职工，中低收入老年人。

三、专业护理型老龄服务机构大多为医疗机构、相关专业机构所投资的营利性机构。优势主要表现为：具有一定的资金实力，丰富的管理经验，专业的服务技术，颇具专业和特色的服务水平和项目，具有特殊的客户群体，相对完备的设施和适当的场地，客源相对丰富且盈利状况好等。劣势主要表现为：机构数量少，专业要求高，客户群体特殊，资金投入大，价格优势低等。服务对象主要是具有一定经济实力且患有疾病的生活自理能力低的老年人群。

小贴士

我国目前已有各类老龄服务机构有38060个，拥有床位266万张，收养各类人员211万人。

8

面对公办、民办等不同属性院舍服务机构，老年人想知道其区别时，怎么办

根据投资主体和经营主体的不同，可以将我国院舍服务机构划分为公办公营、公办民营、民办公助和民办民营四种基本类型：

一、公办公营型机构是由公共部门投资、经营的老龄服务机构。专职工作人员由公共部门指派或聘任，兼职工作人员中有大量的志愿者；日常运营经费主要来自财政拨款，另外也有社会捐赠；具有很强的福利性，一般免费向入住者提供服务，或者仅收取少量费用。

二、公办民营型机构是公共部门投资、私人部门经营的老龄服务机构。公共部门又称产权方，私人部门又称合作方，前者在保证公有资产安全的前提下，通过租赁、承包、股权转让等形式将老龄服务机构的使用权转让给私人部门，由私人部门负责老龄服务机构的具体经营事务。产权方和合作方通过正式合同规范双方的权利和义务，如果其中一方违反合同，另外一方有权责令其改正。

三、民办公助型机构是由私人部门投资、私人部门经营、公共部门提供帮助的老龄服务机构。投资经营者一般是社会团体、民办非企业单位等非营利的私人部门。其获得的帮助主要包括三类：一是政策优惠，比如减免企业所得税、营业税；二是资金、实物帮助和人员支持；三是政府向其购买服务，比如香港社会福利署就是向私营老龄服务机构购买床位，提供给申请入住的老人。

四、民办民营型机构是私人部门投资、私人部门经营、完全依靠市场机制调节的老龄服务机构。这是市场化程度最高的老龄服务机构，公共部门及基金会、慈善机构等一般不向其提供帮助；但在我国老龄产业发展的初期，民办民营型老龄服务机构也能够从公共部门获得一定程度的支持。

小贴士

近年来，我国各地积极引导和鼓励社会力量兴办老年公寓、福利院、敬老院等老龄服务机构，有些地区民办老龄服务机构的数量已超过政府办老龄服务机构，成为我国老龄服务体系的重要力量。

9

针对公办公营型院舍服务机构，老年人想了解其优缺点时，怎么办

公办公营院舍服务机构有优势，也有劣势，其适用性也不一样。

优势主要是：一、有政府雄厚的财力作为后盾，有稳定的人员配备和规范的管理制度；二、能够最大限度地维护公平，保证贫困老人在满足资格条件的情况下获得入住老龄服务机构的机会；三、在老龄产业发展的初期，特别是在市场机制不健全的情况下，公办公营型院舍服务机构能够在日常管理、服务提供等方面起到示范作用；四、多属于福利性老龄服务机构，能够广泛获得社会各界的帮助。

劣势主要是：一、强调福利性，这不可避免地会增加国家的财政负担；二、长期工作在公办公营型院舍服务机构的工作人员常常会形成一种官僚思想，把入住者当成管理对象而不是服务对象，这不利于提高服务质量；三、没有竞争压力，工作人员待遇与经营状况关系不大，容易产生管理松懈、人浮于事等低效率现象，与此同时，由于没有竞争发展意识，所以经营方

面的灵活性比较差。

公办公营型院舍服务机构的适用性：公办公营型院舍服务机构适合为收入低但确实需要老龄服务的老人提供福利性老龄服务，能够适应"补缺"、"普惠"、"保险"三种老龄服务机构模式。但是，出于不断提高老龄服务机构运营效率和老龄服务质量的考虑，随着老龄产业的发展，公办公营老龄服务机构在老龄服务机构体系中的地位应该逐步下降。

小贴士

"保险型"老龄服务机构，主要是向第三方付费的老年人，即保险公司付费的老年人，提供服务的老龄服务机构。保险公司向老龄服务机构购买床位和服务，然后提供给失能老年人。前提是这些老年人在失能前购买过该公司的长期护理保险。

10

针对民办民营型院舍服务机构，老年人想了解其优缺点时，怎么办

民办民营型院舍服务机构的优势：一、通常具有极强的市场竞争意识，这不仅会促使其不断提高运营效率以节省成本、提高收益，而且会促使其不断提高服务质量以便在市场竞争中获得有利位置；二、不断寻求老龄服务的盲点以获取高额回报，这有利于促使其提供多层次的老龄服务，补充福利性和非营利性老龄服务机构的不足；三、管理方法灵活、管理手段多样、用人上不拘一格、服务上敢于创新，是我国老龄服务机构体系中最具活力的部分。

劣势主要是：一、出于对成本的控制，常常存在一些"偷工减料"的行为，比如在工作人员的选择上、基础设施建设上，常常追求便宜的价格而忽视了质量要求；二、倾向于夸大自身设施的完备与精良、服务的完善与人性化、收费的低廉与灵活，可能会对潜在入住者形成误导，而且会干扰老龄服务市场的正常秩序；三、强调市场调节和效率优先，却不可避免地忽视公平，特别是在该类老龄服务机构占据老龄服务机构体系主体地位的情况下，很容易形成昂贵的老龄服务价格，在这种情况下，如果不存在第三方付费，那么，中低收入老人的利益必然受损；四、以营利为目的，因此，从公共部门及社会各界获得帮助的可能性很小。

民办民营型院舍服务机构适用性：在不存在第三方付费的情况下，民办民营型院舍服务机构的适用对象是福利性和非营利型院舍服务机构覆盖之外的老人，特别是其中的高收入老人，其提供的老龄服务既可以是休闲型的，也可以是普通型高质量的。通常情况下，一国和地区经济发展程度越高，老人生活水平则越高，该类机构的发展也越具有优势。

小贴士

民办民营型院舍服务机构的良性运行，需要以健全的市场机制为前提，在市场机制不健全的国家，如果要发展该类老龄服务机构，政府必须实行严格的监管和规范，同时在信贷、人才等方面为其提供一定的便利。

针对公办民营型院舍服务机构，老年人想了解其优缺点时，怎么办

公办民营型院舍服务机构的优势：能够广泛动员私人部门参与到老龄产业中来。现实中，很多私人部门希望能够进入老龄服务领域，但是没有足够的资金，这种资金短缺主要体现在基础设施建设等硬件投资资金缺乏上；硬件投资由公共部门承担，合作方只需要在软件方面进行投资，这就为很多私人部门提供了便利。此外，公办民营型院舍服务机构是市场化运营、自负盈亏的，因此，民办民营型院舍服务机构在经营上的优势，公办民营型院舍服务机构同样拥有，只是程度略低。

劣势主要是：民办民营型院舍服务机构的劣势也会在公办民营型院舍服务机构经营中得到体现，除此以外，公办民营型院舍服务机构还具有如下劣势：硬件设施并非由合作方投资，所以很容易出现合作方在经营过程中过度使用硬件设施的行为；在市场机制不完善的情况下，出于对日后产权界定困难的忌惮，合作方追加硬件投资的意愿也不是很强，这显然不利于公办民营型院舍服务机构的可持续发展。

公办民营型院舍服务机构的适用性：虽然会协助公共部门为低收入老人提供一定的福利性老龄服务，但是，这种服务仅限于在合同规定的范围内，其提供的福利性床位在总床位中所占的比重不会太大。同时，公办民营型院舍服务机构虽然追求营利性，但是，却不具备民办民营型院舍服务机构的资金实力，因此很难提供能够满足富裕老人要求的休闲型老龄服务。所以，公办民营老龄服务机构的适用对象是中等收入老人，这部分老人对老龄服务具有一定的消费能力，同时对老龄服务质量的要求也相对较高。

小贴士

补缺型老龄服务机构主要是针对"三无"、五保人员、享受最低生活保障待遇的孤寡老人、特困空巢老人等困难老年群体提供服务的老龄服务机构。

12

针对民办公助型院舍服务机构，老年人想了解其优缺点时，怎么办

民办公助型院舍服务机构侧重于收住中低收入老年人。它的主要优势是：一、通常是非营利的，通常追求一种低价老龄服务的提供，容易从公共部门及社会各界获得广泛的帮助；二、投资经营者大都具有很高的服务热情和无私的奉献精神，特别注意人性化服务，善于与入住老人进行心与心的交流，善于为入住老人提供温馨的生活环境。

劣势主要是：一、出于对资金来源连续性的考虑，该类老龄服务机构常常以公共部门或者捐助机构的标准要求自己，但是这种标准却未必符合入住老人的利益最大化原则；二、通常是非营利性的，这虽然有利于为更多的老人提供低价老龄服务，但是却不可避免地存在效率低下、市场竞争意识不强等问题，在日常管理、人员安排、服务提供上都存在一定的效率损失。

民办公助型院舍服务机构适用性：它常会协助公共部门提供一部分福利性床位，而且比重比较大，低收入老人是其重要的服务对象。在不考虑福利性床位的情况下，该类老龄服务机构主要面向中等收入老人提供老龄服务，原因在于：该类老龄服务机构是非营利的、具有公益性，高收入老人不是其服务对象；出于正常运营和发展的需要，通常要向入住者收取一定的费用。

普惠型老龄服务机构主要是面向所有社会老人，提供大众型老龄服务供给的老龄服务机构。

13

常常听说老年公寓，老年人想知道它的具体情况时，怎么办

老年公寓是按老年人特点设计，按照市场原则开发经营，配有专业化的生活服务系统或护理系统的租赁型老年人居住建筑。老年公寓是一种特殊类型的住宅，是住宅的延伸和补充，入住的老年人可根据自己的经济条件和健康状况选择住房等级和服务档次。通常具有如下特征：

一、在时间特征上，它不同于托老所的流动性、暂时性。多数入住老年人相对稳定，居住时间较长。

二、在经济特征上，老年公寓形成投入产出的良性循环。敬老院、福利院是以国家、集体供养为主，属于福利救济型，而老年公寓是以个人交费为主，绝大多数老年人要用自己的离退休金、子女的赡养费或其他经济收入，缴纳老年公寓的各项费用。

三、在社会特征上，老年公寓实行同吃、同住、同活动的群居方式，适应了人口老龄化和家庭小型化的趋势，以社会化的群居方式养老。当前，与子女分居的老年人逐渐增多，老年公寓使面向老人的照料服务资源的利用更加有效集中，也使老年人有一个适合自己的、温馨的居家环境。

四、在服务特征上，老年公寓有较为完善、配套、系统的生活、娱乐、保健、医疗等服务。老年公寓为老年人提供各种基本生活服务、医疗保健和护理服务以及娱乐、学习服务，还可以提供能发挥老年人余热、使老年人参与社会的服务。

五、在产权特征上，老年公寓的经营管理机构可以拥有所有权，也可以只具有使用权，入住的老人则是租赁的形式。

六、在开发建设特征上，老年公寓根据老年人的生理特征和生活需要，提供无障碍的居住环境、活动空间和求助系统，老年公寓的内部要求比一般住宅更高更多，建筑施工水平和成本都高于其他普通住宅。

小贴士

我国第一个老年公寓于1986年6月诞生于安徽省安庆市，是由社会集资兴办并向全国开放的民营福利企业。

14

老年公寓是特殊的住宅，老年人想知道它的特点时，怎么办

目前，很多城市都在开发适合老年人生活居住的老年公寓，但一些老年人对老年公寓的认识比较混乱，有些老年人把老年公寓视为一种普通的居家式住宅，还有的把它当作一种宾馆式住宅。它的特点是：

一、老年公寓属于社会老龄服务机构的统一范畴，但它又不同于养老院、敬老院和专门提供医疗康复的老龄服务机构。老年公寓不论是普通型、服务型或是护理型都是具有商业性质的老龄服务机构，是由社会力量投资建设并按企业化经营的，以营利为最终目的。老年人入住企业兴办的老年公寓都是要按照市场价格来缴费的，同时在老年公寓内所获得服务也是需要收费的，老年人可以根据自己的经济条件和健康状况选择住房和服务的档次。

二、老年公寓在功能上介于普通商品公寓和其他养老院、敬老院等老龄服务机构之间。其服务对象以老年人群为特定住户，按照市场规则开发和经营，而不像其他养老院、敬老院那样依赖政府投入和扶持，这与青年公寓、酒店式公寓相似。老年公寓可是单栋或多栋住宅楼，可与一般公寓在一个社区里，也可和其他老年活动设施一起组成老年社区。

三、老年公寓也有别于医疗康复性机构，它只配有初级和中级的医疗卫生服务设施，一般都靠近医院或大的专业性老年医疗康复机构。和其他社会养老形式相比较，老年公寓是一种新型的养老居住环境，集居家服务和机构服务为一体。另外可以看出，老年公寓和其他老龄服务机构的服务目标人群不同，老年公寓的服务对象通常是具有较高的收入水平，且具有一定生活自理能力的老年人群，它们之间是一种和谐互补的关系。

小贴士

2008年，一座总投资3.8亿元人民币、占地面积500亩、建筑面积12万平方米、能容纳5000多位老年人的"仁和居老年养生公寓"，在国家级重点风景名胜区莫干山系的风车湖畔破土动工。这标志着我国最大的老年公寓在浙江省诞生。

15

老年公寓有不同的类型，老年人想了解其差异时，怎么办

根据生活自理能力，通常把老年人分为三种类型：自理老人、半失能老人和完全失能老人。相应地，根据接纳老年对象的不同，可将老年公寓划分为三种：

一、独立型老年公寓是供养具有独立生活能力的老人居住的老年公寓。这类老年公寓与普通住宅的居住单元基本相似。多户组成的单元由公用的厨房和盥洗室以及几套带有卫生设施的小房间组成。每套房间可住一对老年夫妇或一至两个独身老人，公用的厅和厨房是老年人的交往空间，实施无障碍住房设计。居住对象是健康而富有活力的老人，服务人员只需要向老年住户提供少许的帮助和必要的监护。

二、服务型老年公寓是供养具有半自理能力的老人居住的老年公寓。它一般由居住房间、共同餐厅、公共活动室、公共浴室、供老人自行烹饪的简易厨房、洗衣房、门卫以及管理服务系统组成。其平面布局类似于旅馆建筑，因此这类老年公寓也被称之为旅馆式老年公寓，每个单元由一间起居兼卧室和卫生间组成。这类公寓有专门的服务人员提供老年人日常生活所需的膳食、洗衣等各项服务。居住对象是生活基本自理，仅需要某种程度监护和帮助的健康老人。

三、护理型老年公寓。供生活需要全天照料的老人居住的老年公寓。这类老年公寓提供全方位的服务，老年人往往容易失去独立性和私密性，因此，这类老年公寓尽可能为老人创造"家居"的氛围，如低层、坡顶的建筑形式，可供老人活动的室外厅院，室内通过色彩和质感上的处理来创造家居感。这类老年公寓是专为体力衰弱而智力健全的完全失能老人建造的住所，除了提供服务性老年公寓所包括的各项服务外，还向老年人提供医疗护理外的全天监护及全面的帮助和照料。

小贴士

老年人生活自理能力的程度决定着老年人居住环境私密性的程度以及向老年人提供服务的方式和程度。一般来说，伴随着自理能力的减弱，老年人居住环境私密性的程度相对降低，而向老年人提供服务的方式和程度则需要相应加强。

16

我国老年公寓发展较快，老年人想知道其发展模式时，怎么办

当前，我国老年公寓发展主要有五种模式：

一、养（敬）老院改制成的老年公寓。目前有很多养老院、敬老院，经过适当的改造后，转为老年公寓形式，接纳社会老年人入住，而不限于五保对象等需要政府照顾的老年人。如北京市第一、第四社会福利院、广州市老人院等。

二、民营机构开办的老年公寓。各地设备设施和居住条件比较好的老年公寓，大多是民营机构开办的。譬如，厦门市爱欣老年公寓就是经民政局批准的、专门为老年人服务的民办老年公寓。该老年公寓地处繁华的老城区、多条交通路线到达、周边配套齐全、环境优美、具有庭院式的布局结构，院内配备有完善的生活、休闲和服务设施。

三、由医院改建或内部设置的老年公寓。一些医院辟出特定的场地，作为老年人的养老场所，如济南市第一老年公寓，1998 年在济南医院的基础上改建而成，它是集居住、生活、娱乐、康复、医疗多种功能为一体的老年公寓。

四、慈善机构经营的老年公寓。譬如，颐乐园是宁波市政府倡导，委托宁波慈善总会牵头兴建的老年公寓，集养身、医保、学习、娱乐、休闲为一体，为老年人颐养天年提供环境优美、生活舒适的服务设施。

五、专门老年社区里的老年公寓。在老年住宅小区内，一般开发商会配置几栋出租性的护理式老年公寓。住在专门老年社区中的老年公寓，入住老人可以随时根据自身意愿而自由出入于独立生活和集体居住生活之间。与普通住区的零散的居家照顾服务体系相比较，公寓式老年住宅的配套设置集中而且比较完善。

小贴士

北京市第一个老年公寓是 1991 年由清华园兰照院改造而成的。

1990 年，上海首家老年公寓在浦东落成，江泽民同志为之题词："浦江夕阳诗如画，秋色黄花送晚晴。"

17

国家对福利院进行等级划分，老年人想知道相关评定标准时，怎么办

根据民政部印发的《国家级福利院评定标准》，要评定为国家一级福利院和二级福利院，需要符合以下标准：

一、在规模方面。一级福利院床位总数在150张以上，二级福利院床位总数在100张以上。医疗康复专业队伍中必须有高级职称的专业技术人员。一级福利院医护人员应占全院职工总数的70%以上，二级福利院应占65%以上。有较为完善的生活服务保障设施，有基本的现代医疗康复设备。

二、在功能方面。具有开展老年人、伤残儿童、精神病患者的医疗、护理和康复工作的能力。具有向社区康复辐射的能力，以及专业培训和科研能力。具有自我发展能力，能利用现有设施和医疗条件，向社会开放，增加收入，不断改善收养、休养人员生活和完善福利院服务设施。

三、在管理方面。有健全的领导班子和高效、精干的管理机构。有经主管部门认可的切实可行的中长期发展规划和年度实施计划。有完善的以岗位责任制为主要内容的各项规章制度。一级福利院应是本地区的花园式单位，二级福利院应是本地区的绿化先进单位。

四、在服务质量方面。国家一级福利院和二级福利院的收养、休养人员及其家属满意率分别达到95%和90%以上。定期为收养、休养人员进行健康检查，建立健全病历档案，有病及时治疗。连续三年内无医疗责任事故。国家一级福利院单病种的治愈好转率高于95%，二级高于90%。所有上岗的护理人员都必须进行培训。基础护理合格率、护理技术操作合格率、护理规程合格率达到规定的比例。开展收养、休养人员康复活动有显著成效，国家一级福利院收养、休养人员的康复参与率达到98%、康复有效率达到90%，二级福利院康复参与率达到90%、康复有效率达到85%。

五、在效益方面。床位利用率高，国家一级福利院达到98%以上，二级达到95%以上。工作人员与收养、休养人员的比例合理，工作人员与正常老人的比例为1：4；与生活不能自理老人的比例为1：1.5。事业费开支合理，国家一级福利院收养、休养人员年生活费开支占年事业费的比例达到80%，二级达到70%。创收能力强。

小贴士

为了加强对全国福利院的宏观管理，促进福利院的正规化建设，民政部于1993年制定颁发了《国家级福利院评定标准》。该标准适用于由国家投资兴建、县以上民政部门负责管理的社会福利院、儿童福利院和精神病人福利院。

18

院舍服务机构都配有老年居室，老年人想知道其相关标准时，怎么办

院舍服务机构的老年居室应由老年居住用房、公用服务用房、医疗用房、健身活动用房、行政辅助用房以及其他用房所组成。

老年居住用房应包括卧室、卫生间等。如果是老年公寓，则老年居住用房还应包括起居室、厨房、阳台等。公用服务用房应包括厨房、餐厅、公用小厨房、公用浴室、洗衣房等。医疗用房应包括医务室、观察室等。健身活动用房应包括文化活动室，如阅览、棋牌室以及健身活动室等。行政辅助用房应包括办公室、库房、接待室、小卖部等。老年居住用房是老年人日常生活起居的主要场所，直接关系到老年人生活的舒适性、私密性和安全性，与老年人生活身心健康息息相关。通常，老年居室也主要指老年居住用房。

按照有关建筑标准和服务规范，老龄服务机构卧室的每床位的净面积指标不得低于 5 平方米，单人卧室的净面积不得低于 8 平方米。每间卧室的床位数不应大于 4 床，全护理老人每间卧室的床位数不得大于 6 床。

一级院舍服务机构的老年居室应以单人卧室、双人卧室为主，三人及三人以上卧室的比例不宜超过 40%；二级院舍服务机构的老年居室应以双人卧室、三人卧室为主，四人卧室的比例不宜超过 50%；三级院舍服务机构的老年居室可以三人卧室、四人卧室为主。

如果是老年公寓，则居室的配置标准又有所提高。老年公寓应配置以单人或双人为主的一室、一室一厅、两室一厅的独立型居住生活单元。老年公寓的起居室净面积不应小于 10 平方米，厨房不应小于 5 平方米，卫生间不应小于 4 平方米。

小贴士

整洁的居室环境，可以给人以温馨、幽雅、舒适的美感。相反，如果居室总是杂乱无章，则会令人心烦意乱。为了提高居住的舒适度和身心健康，老年人要尽量保持居室的整洁。

第二节 入住准备

19

马上要入住院舍服务机构了，老年人想知道相关注意事项时，怎么办

老年人入住院舍服务机构，除了按照机构的入住流程办理相关手续外，还需要注意以下细节：

一、体检报告。每家院舍服务机构都会要求老人到医院进行体检，至于体检的具体项目，各院舍服务机构会有各自的要求。老年人最好不要使用以前的体检报告，需要重新体检，这样可以知道老年人最新的身体状况；万一入住后发生意外，体检报告可作为确认责任的重要依据。

二、病史。虽说入住前，老人都会经过体检合格后才能被老龄服务机构接受。但对于老年人过往的病史，或许已经痊愈，或许体检报告没有写明，建议老年人告知院方，不要隐瞒。以便院舍服务机构心里有数，能够提供更加贴切的护理服务。

三、生活习惯。每个人有着自己的生活习惯，尤其是老年人，需要更长的时间来适应新环境。如果家属能够告知老年人的生活习惯，院舍服务机构可以更加了解并帮助老年人迅速融入新环境。

四、签订协议书。这是入住前需要特别注意的事项。签订协议书对于老人以及院舍服务机构是一个法律保障，一旦引起纠纷，协议书就是重要的法律根据。所以，老人在签订协议书前，必须斟酌协议书的每一个条款，任何疑问必须马上提出。一旦签订后，双方就必须履行各自的义务。

五、个人钱财物品。老年人入住前必须当面点清所有钱财物品。有些院舍服务机构不允许住户携带贵重的物品。若非要携带一些珍藏品，住户一般要自己负责保管，万一遗失了，通常院舍服务机构是不承担任何责任的。

小贴士

尊重老年人就是尊重人生和社会发展的规律，就是尊重历史。

——摘录自1999年10月28日胡锦涛同志发表的庆祝国际老年人年的电视讲话

20

老龄服务机构通常划分不同服务对象，老年人想具体了解时，怎么办

按健康状况，老龄服务机构通常把服务对象划分为健康老人和非健康老人。

健康老人是指身体基本无病、心理健康、社会交往基本正常的老人。健康老人的标准是：躯干无明显畸形，无明显驼背等不良体型，骨关节活动基本正常；神经系统无病变，如偏瘫、老年痴呆及其他神经系统疾病，系统检查基本正常；心脏基本正常，无高血压、冠心病及其他器质性病变；无明显肺部疾病，无明显肺功能不全；无肝病、肾病，无内分泌代谢疾病、恶性肿瘤及影响生活功能的严重器质性病变；有一定的视听功能；无精神障碍，性格健全，情绪稳定；能恰当地对待家庭和社会人际关系；能适应环境，具有一定的社会交往能力；具有一定的学习、记忆能力。

非健康老人主要指患有急慢性疾病的老人。这类老人通常患有一种或多种急慢性身心疾病，且这些疾病将随着增龄衰老而不断恶化，影响老人的生活形态。

从生活照料的角度，老龄服务机构通常把服务对象划分为自理老人、半失能老人和完全失能老人。自理老人通常是指通过直接观察或生活自理能力评估，属于"生活自理能力正常"、"日常生活无须他人照顾的老人"。半失能老人相当于部分自理的老人，这类老人属于生活自理能力轻度或中度依赖，日常生活活动需要他人部分具体帮助或指导的老人，通常需要借助扶手、拐杖、轮椅和升降设施等生活。完全失能老年人相当于生活完全不能自理的老人，这类老人通过观察或生活自理能力评估，属于生活自理能力严重依赖、全部日常生活需要他人代为照料的老人。

小贴士

发达国家通常将 65 岁及以上的人界定为老年人，发展中国家将 60 岁及以上的人界定为老年人。之所以如此，主要是基于发达国家平均预期寿命比发展中国家高的缘故。我国是发展中国家，尽管人均预期寿命高于发展中国家的平均水平，但仍然比发达国家要低，因此，我国将老年人界定为 60 岁以上。

21

入住服务机构需要签订合同，老年人想知道机构的义务时，怎么办

在老龄服务合同中，标的是服务行为，即根据法律规定或当事人的约定，由老龄服务机构向老人提供的生活和医疗服务，具体表现为进行一定的服务行为和完成一定的工作。合同的内容体现了双方的权利和义务，也表明了服务应当达到的质量和水平。

老龄服务机构应尽的主要义务有：一、老龄服务机构应当具有执业资格，并提供与其等级相应的服务设施和活动场所，以及生活起居、文化娱乐、康复训练、医疗保健等配套服务。二、配备相应的医疗护理人员和生活服务人员，无医务室的应有与其签约的专业医院负责老人疾病的诊治。三、有相应的老人居室及文化娱乐活动场所，为老人提供的生活设施和用品需安全可靠。四、机构自身应有完善的管理规章和服务流程。五、生活照料和医疗护理的义务。老龄服务机构需按照入住老人的身体状况（自理、半失能、失能）提供相应的服务，注意营养，根据老人的需要或遵医嘱合理配餐，对生活不能自理的老人要喂水喂饭。要及时清扫房间，保持室内洁净。定期帮助老人洗澡、理发，修剪指甲，更换衣物。基于保护入住老人生命权和健康权的需要，对偶患疾病或常年卧床的老人要尽到诊治护理的义务，严格执行康复计划。老人突发疾病，需尽快通知其亲属或单位。对需抢救的，要先行抢救。对完全失能老人制订护理方案并严格实行程序化个案护理。服务人员24小时值班，保障老人生命财产安全，防止老人发生意外伤害。对于潜在的危险和可能造成老人伤害的，老龄服务机构有告知和警示的义务。六、满足老人精神文化生活需要的义务。经常组织老人进行必要的情感交流和社会交往，开展文体活动，对老人进行保健知识教育，帮助老人树立健康向上的老年价值观。帮助老人进行心理调适和处理好老年人之间的关系。

小贴士

为减少合同履行过程中的不平等现象，保护老人的合法权益，老人及亲属在签约时，应对老龄服务机构的资质等情况进行实地考察，满意后才可签订合同，对老龄服务合同要有所了解，对服务方提供的合同文本，应仔细斟酌。

22

入住服务机构需要签订合同，老年人想知道自己的义务时，怎么办

老龄服务合同从性质上讲是一种委托合同。双方权利义务的核心是委托方及时给付报酬和受托方提供约定的服务。老龄服务机构作为受托方，应当以双方约定的服务内容和方式为老人提供相应的服务，不得"偷工减料"。委托方（老人的亲属或单位）对服务工作享有知情权。老人住得是否满意，老龄服务机构的服务是否符合双方的约定，委托方有权知悉并进行监督。合同的双方可以随时解除合同，而无须征得对方的同意，但因解除合同给对方造成损失的，应负赔偿责任。换句话说，老人住得不满意，可以随时终止入住协议。

老龄服务合同的主要条款应当包括：当事人的名称和住所；双方的权利和义务；收费标准及交款方式；履行方式和地点；违约责任；解决争议的方法等，当事人约定的其他内容也是合同的一部分。

入住老人及其家属、单位的主要义务有：一、遵守规章，接受管理。入住前要如实向老龄服务机构反映老人的情况，如脾气秉性、既往病史等，

入住后要自觉遵守老龄服务机构的规章制度，接受管理，爱护公物，外出要请假。老人之间要搞好团结。二、遵医嘱。医疗护理及康复训练的效果取决于双方的共同配合，因此入住老人需按要求接受医疗护理及康复训练，还应在患病治疗期间遵守医嘱，配合治疗。三、及时缴纳费用。合同签订后，应当按照约定的时间及时缴纳费用。对偶发性费用如治疗、抢救费用等应随时结清。此外，家属及单位应经常与老人沟通，保持联络，满足老人的精神需求。家庭及单位地址、联系方式变更时，应及时通知老龄服务机构，否则，应承担由此引起的一切后果。

小贴士

服务合同，作为确定老龄服务机构和入住老人相互间权利义务关系的协议，被广泛地应用。由于老龄服务没有法定的格式合同，老人及亲属在签订协议时，一定要严谨、规范、仔细，避免发生纠纷时举证困难。

23

入住老龄服务机构必须考虑费用问题，老年人想知道收费标准时，怎么办

老龄服务机构收费标准是入住老人及其亲属必须考虑的问题。大多数老龄服务机构的入住费用包括床位费、服务费（即护理费）和伙食费。医疗服务费用、采暖空调费用则按照实际使用情况或季节另外收取，老人自带家用电器并经院方同意的，也可根据家电功率核收电费。有的老龄服务机构还会收取一定数额的赞助费和押金，主要用于老人特殊情况下使用。

老龄服务机构在制定收费标准时一般会综合考虑当地居民经济收入状况和物价水平，老龄服务机构的地理位置、居住条件、硬件设施等，如楼层、户型、面积、朝向、装修和配套设施等以及护理等级、护理难度和老人及亲属特殊要求等因素。

此外，老龄服务机构确定收费标准，一般会遵守如下原则：严格按照国家、地方法规和物价部门制定的收费标准；让多数老人经济上能够承受；建立成本核算，保证有一定的、合理的利润空间。制定出来的收费标准还要经行业主管部门的同意，并报当地物价部门批准方能执行。

以北京市为例，政府有关部门对全市336家老龄服务机构分五星级进行评定，并拟出台星级老龄服务机构收费指导价格。星级评定的硬件条件包括床位数、面积、医疗设施及护理人员配置等；同时，具体的服务操作指标也会相当细化，如怎样给老年人洗澡、翻身等。此外，老人的精神生活也被列入标准规定中。北京市老龄服务机构收费水平一般较低档的400元至500元，中档约1500元，高档的在3000元左右甚至更高。政府部门拟出台的星级养老机构收费指导价格，价格比现在的实际价格稍高，以满足老年群体的不同档次需求。

小贴士

世俗所谓不孝者五：惰其四支（肢），不顾父母之养，一不孝也；博弈好饮酒，不顾父母之养，二不孝也；好货财，私妻子，不顾父母之养，三不孝也；从（纵）耳目之欲，以为父母戮（羞辱），四不孝也；好勇斗很（狠），以危父母，五不孝也。

——孟子

24

意外伤害事件和事故不能不防，老年人想知道怎样应对时，怎么办

意外伤害事件是指老人在入住老龄服务机构期间所发生的、未曾预料的突发事件，常常导致老人躯体和精神伤害。意外伤害事件可以是轻微的，如皮肤擦伤、磕伤、烫伤、脚扭伤等，也可以是十分严重的，如跌倒骨折、突发疾病、死亡和自杀等。

以常见的突发疾病死亡为例，如果老龄服务机构工作人员事前对老人可能引发猝死的相关疾病有所预防，并与其家属谈清楚，在入住协议上说明，意外发生后能按照入住协议采取积极抢救措施，即使老人最终抢救无效死亡，也不构成事故，纯属"意外"，老龄服务机构对此不承担任何责任。事故一般是指造成人员伤亡或重大财产损失的事件，分为意外事故和责任事故。

意外事故是指由老人个人原因（因不适当的操作或活动、个人不注意、不小心等）和其他不可抗拒的原因所造成的事故（如天灾人祸等），而非老龄服务机构方面的原因所造成的事故。换句话说，在整个事故发生过程，老龄服务机构工作人员没有过失行为，

纯粹是老人个人和不可抗拒的原因所造成的事故。老龄服务机构内发生的事故多属于这种类型。

所谓责任事故是指老龄服务机构工作人员因玩忽职守、违反规章制度、操作规程等失职行为所造成的事故。例如，养老护理员在清扫老人房间或楼道时，没有按照操作规程及时将地面积水擦拭干净，也未及时提醒老人，结果造成老人行走时不慎跌倒骨折。这是比较常见的、典型的责任事故。养老护理员在事故发生过程中虽无主观故意，但存在着过失行为，理应对老人跌倒骨折承担责任。

小贴士

总体而言，老龄服务机构发生意外伤害事件属于小概率，但是"小概率"所造成的伤害与损失是巨大的，应该特别加以防范。老龄服务机构比较常见的意外伤害事件有跌伤、骨折、走失、坠床、烫伤、误服、自伤、噎食等。

25

意外伤害事件已经发生，老年人想知道机构如何处理时，怎么办

老龄服务机构在发生意外伤害事件后，一般按照如下程序进行处理：首先是救助、告知。老龄服务机构发生了意外伤害事件，工作人员会立即向班组、科室负责人和院领导报告。有抢救机会的，组织力量全力抢救。同时，还会及时通知老人的亲属和原单位；情形严重的，会及时向民政及有关部门报告；属于重大伤亡事故，主管部门会按照有关规定及时向同级人民政府和上一级民政部门报告。

接下来是调查、调解。老龄服务机构一般都成立有意外伤害事件调查处理领导小组，由坚持原则、作风正派、办事公正，又有一定业务水平的管理人员和主治医生等若干人组成，负责本老龄服务机构意外伤害事件的调查和纠纷的调解。发生意外伤害事件后，调查处理小组会及时、认真地做好伤害事件的调查与调解工作。如果双方协商处理不成，可以书面请求地方民政主管部门或行业协会出面调解；民政部门、行业协会收到调解申请，认为有必要的，可以指定专门人员进行

调解；也可依照法律程序直接提起诉讼。

最后是诉讼、报告。在调解无效，双方不能达成一致意见，或调解过程中一方提起诉讼，人民法院已经受理时，会终止调解。对经调解达成的协议，一方当事人不履行或反悔的，双方可以依法提起诉讼。

意外伤害事件处理结束，老龄服务机构会将事故调查处理结果书面报告地方民政部门；重大伤亡事故的调查处理结果，还要向同级人民政府和上一级民政部门报告。

小贴士

当老年人就意外伤害事件诉诸司法程序后，但无力缴纳律师费和诉讼费时，可以向当地法律援助机构和人民法院申请法律援助和司法救助。如果发生轻微意外伤害事件，建议老年人尽量选择调解的方式解决。

26

准备入住老年公寓，老年人想了解服务收费情况时，怎么办

我国绝大部分老年公寓采取收取租赁使用费的形式，高、中、低档老年公寓收费差别较大。

一般而言，普通老年公寓的费用大致每月千元左右。如济南市老年公寓，对自理、半自理和护理老人的床位费每月分别为450元、550元、680元，加上伙食费、医疗费，基本上每月在1000元上下。

高标准的老年公寓每个月费用在2000元左右。同在济南市，济南第一老年公寓的高档房间每个月价格高达1800元，依然供不应求。在北京西城区银龄老年公寓每个月的价格也为2000元左右。

具有半福利和慈善性质的老年公寓，价格在500~800元之间。如宁夏银川市颐养院老年公寓和山西晋城市白云社区老年公寓的收费标准，都在这个价格区间内。

尽管内地许多老年人对于千元左右的价格觉得难以接受。但和香港的老年公寓相比，我国内地的老年公寓价格是比较低的。较低的价格和较好的居住环境，吸引着香港等地的老人到内地养老。据不完全统计，目前约有3000多名香港老人在广州珠三角一带养老。从月入住费用比较，一个有自理能力的香港老人，一个月所获得的综合社会保障援助金，包括事业援助金、伤残援助金等，大约2800港元左右，如果入住香港公立老年公寓，所有的援助金都需要交给老年公寓，而在内地同等质量的老年公寓，收费只需要1200~1500元人民币。香港的私立老年公寓，有的一个月要收7000多港元，三名老人共住一个面积约30多平方米的房间，每月也要5000多港元。并且香港的老年公寓床位紧张，而想去老年公寓养老的老人很多。从对比中可以看出，我国内地老年公寓的价格比香港要低得多。

我国各省经济发展水平不一，因此，收费标准不可一概而论。

小贴士

在香港地区，老龄服务机构划分为老人宿舍、安老院、护理安老院、康复院和临终关怀院。香港是东亚人口老化第二高的地区，在老龄化问题上的经验仅次于日本。50%的香港老人居住于政府提供的公屋内，每套公屋的居住面积仅16~33平方米。

27

安全问题重于山，老年人想了解老年公寓应承担的安全保障责任时，怎么办

老年公寓对入住老人负有安全保障义务。在北京曾经发生过一起因老人摔倒致死而引发的民事纠纷。老人被发现摔倒在自己的房间内，送至医院后不治身亡，原告起诉要求老年公寓支付丧葬费、医疗费、护理费、精神损害抚慰金等赔偿。老年公寓一方答辩称，该老人跌倒属于意外事件，且老人要求住单间，经常锁门，不允许他人随便进入，故老年公寓一方尽到了安全保障义务，并无过错，不应当承担民事赔偿责任。

该案例提出了另一个问题，即老年公寓的安全保障义务与老人自由权的保护之间该如何平衡。作为老年公寓一方，由于其服务对象的特殊性，安全保障义务是其法定义务。如果在老龄服务合同中约定了老年公寓具体的安全保障义务，那么违反该具体义务的行为就是违约行为，应当承担合同责任；如果老年公寓的作为或者不作为虽然并未违反老龄服务合同的明文约定，但老年公寓在安全保障上确有过错，对老人造成了损害，那么老年公寓就要承担违反安全保障义务的侵权责任。

从实际情况来看，老年公寓违反安全保障义务的侵权行为一般有以下三种：一、装备设施未尽安全保障义务。即在提供服务的场所，设置的硬件没有达到安全保障的要求，存在缺陷或瑕疵，造成他人损害的。二、工作人员未尽安全保障义务。一般称为服务软件上的瑕疵或缺陷，造成他人损害的，构成侵权责任。三、防范制止第三人侵害的未尽安全保障义务。但违反安全保障义务的侵权责任仍然是过错责任，受害一方即老人或其亲属应当就老年公寓存在过错承担举证责任。

小贴士

老年人和老年公寓之间是平等的民事主体关系。为了维护自身在老年公寓的生命财产安全，老年人在同老年公寓签订服务合同前，要仔细阅读合同有关安全保障的条款，及时指出和修订明显不合理的条款。

28

老年公寓以格式合同免除义务，老年人想知道是否合法时，怎么办

老年公寓不能以格式条款形式免除自己的法定义务。

在北京市朝阳区法院审理的一起因老人在公寓内摔倒身亡而引发的民事纠纷中，老年公寓一方答辩称，"死亡老人属'自理'级别，在其入住老年公寓前，已经与其子女签订了寄养合同，根据合同中'免责'条款，我们不需要赔偿。"法院经过审理后认为，双方签订的合同有效，老年公寓应当按照合同约定履行照看义务，现老年公寓在老人洗澡后疏于看护，让80岁的老人独自上楼梯，造成老人摔倒并最终死亡，老年公寓应当承担违约责任。老人在寄养时是自理级别并不意味着被告在其洗澡后可以免于看护，老年公寓仍应对老人摔倒并最终死亡的结果承担违约责任。

对于老年公寓认为根据双方寄养合同第四条规定，老人的死亡应属意外，不应当由老年公寓承担责任的观点。法院认为，根据合同法及有关法律规定，合同中有规定造成对方人身伤害免责条款无效，且该条款也是加重对方责任，免除自身责任的格式条款，显属无效。但从另一方面看，民办老年公寓是低回报的行业，如果对其课以过重的义务，将会导致类似的老年公寓没有生存基础。并且由于老年人特殊的身体素质，很容易摔倒，有的疾病的前兆就是摔跤。而老年人由于年迈、骨质疏松，摔倒后非常容易骨折或导致心脑血管疾病。体现在司法实践中，因老年人摔倒引发的纠纷数量最多。因此，为了在老年人的权益和老龄服务机构安全管理之间寻求平衡，对服务机构课以责任关键看其有没有过错。

北京市老龄服务合同范本中约定，老年人在入住期间突发疾病或身体伤害事故，老龄服务机构应及时通知家属或联系人，但同时应采取必要救助措施，及时联系急救车等。如果家属不到医院处理无法手术，老龄服务机构不承担责任。同时，对于老人自身疾病造成的死亡和不可抗力造成入住老年人伤害，老龄服务机构也不承担责任。

因此，入住老人及其亲属应当明确老年公寓的责任范围，并配合老年公寓做好老人的安全防护措施。

小贴士

格式合同，指全部由格式条款组成的合同。只有部分是以格式条款的形式反映出来的，则称之为普通合同中的格式条款。我国合同法第三十九条"格式条款是当事人为重复使用而预先拟订，并在订立合同时未与对方协商的条款"。

29

考虑要入住老龄服务机构，老年人担心影响子女名声时，怎么办

许多老年人认为自己老了就得让子女养着，如果进了老龄服务机构，只会给子女丢面子，别人会认为子女不孝顺，而事实上，让老年人幸福就是最大的孝心，让老年人安度晚年就是子女最光彩的面子。

以往，人们习惯上认为入住老龄服务机构都是些孤寡老人，但现在人们对老龄服务机构的认识有了很大的转变，不少儿孙满堂的老人也入住老龄服务机构，目的是"疗养"和寻找"知音"，以利身心健康。因为入住老龄服务机构的好处很多：不用操心家务琐事，电器等日常生活用品出了问题，马上有人帮助解决，有了病痛，有管理员护送看病。这比子女常不在身边，一个人在家养老确实要好得多。老人进老龄服务机构，实质上是把赡养老人的具体事务托付给社会，是家庭保障功能的转移，这正是孝敬老人的一种形式，只不过它有别于传统的形式罢了。这与不尽赡养义务绝不是一回事。

随着社会的进步，许多老人认为老龄服务机构里充满生活乐趣，入住老龄服务机构养老是老人的需要。因此，老人进老龄服务机构就认为是子女不孝的观点是没有根据的。而且进老龄服务机构与享受儿孙绕膝的天伦之乐并不矛盾，因为儿孙完全可以随时到老龄服务机构与老人欢聚，或把老人接回家中团圆。

孝与不孝，主要不在形式，而在内容。也就是说，要看其动机和效果。不送老人进老龄服务机构不等于孝，送老人进老龄服务机构也不等于不孝。究竟如何安排老人的晚年生活为好、为孝，这取决于各个家庭的具体情况，如住房条件、子女工作性质、老人身体状况及其意愿等，不可一概而论。

小贴士

百善孝为先，行孝当及时。善待今天的老人，就是善待明天的自己。美国首富比尔·盖茨说："我认为天下最不能等待的事，是孝顺。"

第三节　服务内容

30

机构是老龄服务的提供主体,老年人想知道机构服务的特点时,怎么办

老龄服务机构是现代服务业的重要组成部分。服务对象的特殊性,决定了老龄服务机构的服务具有以下特点:

一、公益性。公益性事业是指直接或间接为社会公共经济活动、社会活动和居民生活服务的部门、企业及其设施。公益性企业是直接涉及社会公共利益领域的企业。我国多数老龄服务机构是以帮扶和救助城市"三无"老人、日常生活疏于照料的老人,以及农村五保老人为主,且不以营利性为主要目的,所以其公益性特征尤为明显。

二、全人、全员、全程服务性。所谓"全人"服务是指老龄服务机构不仅要满足老人的衣、食、住、行等基本生活照料需求,还要满足老人医疗保健、疾病预防、护理与健康以及精神文化、心理与社会等需求。要满足入住老人的上述需求,需要老龄服务机构全体工作人员的共同努力,这就是所谓的"全员"服务;绝大多数入住老人是把老龄服务机构作为其人生最后的归宿,从老人入住那天开始,老龄服务机构服务人员就要做好陪伴老人走完人生最后历程的准备,这就是所谓的"全程"服务。

三、高风险性。入住老龄服务机构的老年人平均年龄多在 75 岁以上。增龄衰老,自然使老年人成为意外事件、伤害、疾病突发死亡的高危人群。此外,老龄服务业又是一个投资大、回报周期长、市场竞争激烈的高风险行业。如果没有市场意识、经营意识,没有严格的管理和风险防范机制,必然增加老龄服务机构的投资与经营风险。

小贴士

地方各级人民政府和有关部门要采取积极措施,大力支持发展各类社会养老服务机构。引导和支持社会力量兴建适宜老年人集中居住、生活、学习、娱乐、健身的老年公寓、养老院、敬老院,鼓励下岗、失业等人员创办家庭养老院、托老所,开展老年护理服务,为老年人创造良好的养老环境和条件。

——国办发〔2006〕6 号转发的《关于加快发展养老服务业的意见》

31

针对不同自理、半护理等级，老年人想知道相应服务内容时，怎么办

根据《老年人社会福利机构基本规范》，参照多数老龄服务机构的做法，自理等级护理的服务内容如下：一、个人卫生护理。每日定时督促老年人漱口、洗脸、洗手、梳头、洗脚；督促老年人洗头、理发剃须、剪指甲；督促老年人定期洗浴。二、膳食护理。按照老年人饮食习惯，提供新鲜、可口、合理的营养食谱；细心观察老年人的饮食情况，发现异常报告医生处理。三、居室卫生护理。每日清扫房间一次；定期开启门窗，保持室内空气新鲜，无异味；协助老年人整理床铺、更换衣裤和床单，帮助老年人翻晒被褥；每周换洗一次床单、被套、枕套、枕巾；每日拖地板并擦拭床、桌椅和门窗；每周大扫除一次。四、医疗康复护理。医生每日查房两次，遇到急诊病例随叫随到，及时处理，到床头给药注射；督促老年人按时起床、休息、活动，参加院内组织的各种保健康复活动；每年检查一次老年人身体，平时做好卫生保健指导。

对需要半护理等级服务的老年人，老龄服务机构除了做好上述服务项目外，还要做到如下方面：一、在个人卫生护理方面，要为无力梳洗的老年人梳洗，并协助洗浴；搀扶老年人上厕所；夏季每日给老年人洗擦一次；定期给老年人修剪指甲；观察老年人日常情况，及时报告医生处理；定期上门理发、剃须，保持老年人仪表端正。二、在衣食起居方面，要将饭菜、茶水供应到居室；协助医生观察老年人病情变化，用药反应，发现异常情况及时报告医生处理；协助老年人整理床铺，每周换洗一次被罩、床单、枕巾；经常清洗毛巾、洗脸盆。三、居室卫生护理方面，要每周消毒一次餐具和茶杯；做好心理护理和卫生宣教；每周洗涤内衣一次，每周洗涤外衣一次。四、在医疗康复护理方面，实行医护人员24小时值班制，做好查房给药，到床头注射；帮助并指导老年人开展个体康复活动。

小贴士

自理老人指日常生活行为完全自理，不依赖他人护理的老年人；半失能老人指日常生活行为依赖扶手、拐杖、轮椅和升降等设施帮助的老年人；完全失能老人指日常生活行为依赖他人护理的老年人。

32

针对全护理和特别护理等级，老年人想知道其服务内容时，怎么办

对需要全护理等级服务的老年人，老龄服务机构除了要做好自理等级护理和半护理等级护理的所有服务项目外，还需要做到如下方面：一、个人卫生护理。每日为老年人在室内或床上进行晨间、晚间的全套护理服务；每周给老年人修剪一次指甲，定期理发、剃须；为大小便失禁或发生呕吐的老年人定期清洗更换衣物；加强基础护理，防止并发症的发生。二、饮食起居护理。按时喂饭、喂水、喂药，严密观察病情变化并做好记录，每隔30分钟巡视一次。三、居室卫生护理。保持被褥、气垫、被单的清洁、平整、干燥、柔软。四、医疗康复护理。每隔两小时为卧床不起的老年人翻身一次，变换体位，检查皮肤受压的情况，严防褥疮的发生；做好心理护理和卫生宣教工作；对易发生坠床、座椅意外的老年人提供床栏、座椅加绳等安全保护器具，确保安全。

对需要特别护理等级的老年人，除了要做好需要全护理等级的老年人的全套服务以外，还要做到如下方面：一、个人卫生护理。对大小便失禁和卧床不起的老年人做到勤查看、勤换尿布、勤擦洗下身，及时更换衣服，每周洗澡一次，夏季酌情增加次数，每日不少于一次；及时帮助老年人大小便，为插导尿管的老年人更换尿袋和清洗导尿管。二、饮食起居护理。每隔15~30分钟至少巡视一次，防止随意外出和发生意外。三、居室卫生护理。保持被褥、被单的清洁、平整、干燥，柔软无碎屑。四、医疗康复护理。保证24小时都有指定人员护理，密切注意老年人的病情变化；确保各项治疗措施的落实，保证正常输液及引流管通畅；根据特护对象病情需要，配备各种医疗监护抢救设备和急救药品，随时准备配合抢救；每隔1~2小时为卧床老年人翻身一次、变换体位、检查皮肤受压情况，严防褥疮的发生。

小贴士

老年护理院是为老年人提供集体居住，并有相对完整的配套服务设施的老龄服务机构，它综合了医院和老年公寓的优点。慢性疾病和卧床不起的老年人住在老年护理院能享受专业员工提供的日常生活和医疗服务。

33

护理管理非常重要，老年人想知道其管理模式时，怎么办

护理管理是老龄服务机构工作的核心内容。护理无小事，直接关系到入住老人晚年生活质量与安危，以及老龄服务机构经营与发展。护理管理可划分为三种模式：

一、临床护理管理模式。老年护理院、老年临终关怀机构、老年医疗护理中心以及其他老龄服务机构中的老年护理病房和临终关怀老年病房采用这种模式。主要照料、护理生活不能自理、长期患病卧床甚至是临终的老年人。这类老龄服务机构一般取得卫生行政部门颁发的医疗服务资质，设有医院、病房，或者本身就是医疗机构，一切护理活动都是按照临床护理模式进行的，所不同的是医生配备相对较少，护士和养老护理人员配备得较多。这类机构一般采取科主任领导下的护士长负责制度，一个科室或中心主任可以管理一个或多个病房，每个病房配备一个护士长，护士长具体负责该病房的老人临床护理、生活护理与管理工作。

二、非临床护理模式。采用这种模式的老龄服务机构照料的多是生活尚能自理的老人，或无须临床诊疗护理的老人，如老年公寓、养老院和农村敬老院。主要任务是照顾老人的饮食起居，因此，一般按住区、楼层组织护理工作。每个住区、楼层设一名护理长，其属下有若干名养老护理人员，以此开展养老护理工作。这类机构可以安排数名医务人员满足老年突发疾病救治和入住老人的一般性医疗保健需求，或委托附近的医疗机构，承担老龄服务机构医疗服务。

三、混合型护理管理模式。较大型的老龄服务机构接受的入住老人较为复杂，既有自理老人，也有半失能或完全失能老人，一般按照入住老人的生活自理能力和患病情况划分为不同的护理区。自理老人居住区采取非临床护理管理模式；生活不能自理、长期患病卧床、临终老人采取医护结合的临床护理管理模式。自理老人患病或突发疾病可在老龄服务机构附设的医院、门诊部进行诊治或救治。

小贴士

较大型的老龄服务机构实行的是在主管院长的领导下，护理部主任（或总护士长、总护理长）、护士长（或护理长）的两级护理管理模式，较小型的老龄服务机构可以是护理长（或班组长）的单级护理管理模式。

34

老龄服务机构的护理分为多种类型，老年人想知道具体形式时，怎么办

目前，我国老龄服务机构护理工作的组织一般有专人护理、功能性护理和全责护理三种形式：

一、专人护理，属于特别护理级别，又称"一对一"的护理，是指养老护理员与老年人的配比常常为1∶1的关系，而且相对固定。养老护理人员全权负责该老人的一切生活照料与护理，类似于全天候的家庭"保姆"。专人护理的优点在于专，缺点在于互动性比较差，人力资本成本高，多数情况是应家属的特殊性要求而安排的，需要收取额外的护理费用。

二、功能性护理。功能性护理是将护理工作进行分类，形成不同的功能性、专业性较强的工作岗位，如临床护理岗位、生活护理岗位、心理护理岗位和清洁卫生岗位等。针对每一位老人，护理人员交叉进行照料和护理，一位老人要面对多名工作人员。功能性护理的优点是专业性较强，工作效率较高，缺点是缺乏整体感和连续感。这种形式的护理在老年护理院、护理病房和临终关怀机构较多采用。

三、全责护理。全责护理是将老人和护理人员组成若干个小组（团队），护理团队中的每个养老护理员在其工作时间内，全责负责该小组老人的照料和护理，当其下班或休假时，该团队的其他养老护理员将继续完成既定的护理计划和任务。此种护理形式容易提高护理人员和老人双方的满意程度。但对团队内每个养老护理员的综合工作能力提出较高的要求，他们要面对各种类型的老人。另一种形式的全责护理，是一位养老护理员包干负责若干名老人，实行24小时全天候护理，一般没有节假日。此种护理工作形式在老龄服务机构中也比较常用。

小贴士

子女对待父母要像爹娘老爱幼，媳妇对待公婆要像女儿孝父母，女婿对待岳父母要像儿子敬双亲，干群对待社会老人要像小辈尊长上。

——江苏省扬州市维扬区《"五个养老"托起万名老人的幸福晚年》

35

生活护理是日常护理的重要内容，老年人想知道其工作流程时，怎么办

老龄服务机构的生活护理工作流程，整体上可以划分为白班和夜班两个班次。以一家比较典型的老龄服务机构生活护理的工作流程为例，白班和晚班又具体划分为不同的时段，每个时段都具有不同的服务内容。为了更为简洁地描述老龄服务机构生活护理的工作流程，以表格的形式表示如下：

班次	时间	服务内容
白班	7：45~8：00	更换工作服、打卡或翻牌上班、交接班
	8：00~9：30	打水、整理房间（床铺、桌面、窗台、地面、卫生间）
	9：30~11：00	洗衣服，与老人沟通，了解熟悉情况
	11：00~12：00	准备午餐，分餐，老人进餐
	12：00~12：30	工作人员进餐
	12：30~13：30	餐厅卫生清理，整理活动室
	13：30~14：30	巡视、整理房间
	14：30~16：00	协助老人清理个人卫生，与老人沟通
	16：00	填写交班记录
	16：20	交接班

班次	时间	服务内容
夜班	16：30~17：00	巡视房间，查看每个房间老人情况
	17：00~18：00	准备晚餐，分餐，进餐
	18：00~19：00	打扫餐厅卫生，关闭热水器
	19：00~20：00	陪老人在活动室活动
	20：00~21：00	巡视房间，查看老人睡前有何要求
	21：00~22：00	查看是否关门、关灯
	22：00~次日5：00	每小时要巡回查看一次
	5：00~6：30	打开热水器，做楼层和楼梯卫生
	6：30~7：30	准备早餐，分餐，进餐，清洗餐具
	7：30~8：00	撰写交班记录，交接班

小贴士

老年人要养成规律生活的好习惯。必需的营养，合理的饮食，规律的生活，稳定的情绪，经常的锻炼，适当的劳动，脑力的训练，愉快的心情，良好的睡眠，性格的修养，适宜的环境，个人的卫生，是保持身心健康的必备条件。

36

针对初级养老护理员，老年人想知道其服务内容和要求时，怎么办

老龄服务机构初级养老护理员的服务内容包括：清洁卫生、睡眠照料、饮食照料、排泄照料、安全保护、给药、观察、消毒、冷热运用、护理记录和临终关怀等11个方面。

每项服务内容的要求如下：一、清洁卫生：能完成老人的晨、晚间照料；能帮助老人清洁口腔；能帮助老人修剪指（趾）甲；能为老人洗头、洗澡，以及进行床上浴和整理仪表仪容；能为老人更衣，更换床单，清洁轮椅，以及整理老人衣物、被服和鞋等个人物品。能预防褥疮。二、睡眠照料：能帮助老人正常睡眠；能分析造成非正常睡眠的一般原因并予以解决。三、饮食照料：能协助老人完成正常进膳；能协助老人完成正常饮水；能为吞咽困难的老人进食、给水。四、排泄照料：能协助老人正常如厕；能采集老人的大小便常规标本；能对呕吐老人进行护理照料；能配合护士照料大小便异常的老人。五、安全保护：能协助老人正确使用轮椅、拐杖等助行器；能对老人进行扶、抱、搬、移；能正确使用老人其他保护器具；能预防老

人走失、摔伤、烫伤、互伤、噎食、触电及火灾等意外事故。六、给药：能配合医护人员协助完成老人的口服给药；能配合医护人员协助保管老人的口服药。七、观察：能测量老人的液体出入量；能观察老人的皮肤、头发和指（趾）甲的变化；能对不舒适老人进行观察。八、消毒：能用常规消毒方法对便器等常用物品进行消毒；能进行天然消毒和简单隔离。九、冷热运用：会使用热水袋、冰袋。十、护理记录：能读懂一般的护理文件；能进行简单的护理记录。十一、临终关怀：能协助解决老人临终的身体需求。

小贴士

养老护理员已成为新的热门职业，社会需求量越来越大。为使该行业更加规范，人力资源和社会保障部制定了《养老护理员国家标准》，今后凡从事老年护理工作的人员均要通过专业培训，取得职业资格后才能上岗。

37 针对中级养老护理员，老年人想知道其服务内容和要求时，怎么办

同初级养老护理员的服务内容和要求相比，中级养老护理员的服务内容更多，要求也更为严格。

每项服务内容的要求如下：一、清洁卫生：能为特殊老人清洁口腔；能为老人灭头虱、头虮；能照料有褥疮的老人。二、睡眠照料：能照料有睡眠障碍的老人；能分析造成非正常睡眠的特殊原因并予以解决。三、饮食照料：能协助医护人员完成高蛋白等治疗饮食的喂食；能协助医护人员完成导管喂食。四、给药：能配合医护人员为褥疮老人换药；能配合医护人员完成吸入法给药。五、观察：能测量老人的体温、脉搏、血压、呼吸；能对老人呕吐物进行观察；能协助医护人员完成各种给药后的观察；能观察濒临死亡老人的体征。六、消毒：能用常用物理消毒方法进行消毒；能用常用化学消毒方法进行消毒；能进行传染病的隔离。七、冷热运用：能给老人进行温水擦浴和湿热敷。八、护理记录：能正确书写老人护理记录；能对特殊老人护理进行记录；能对护理文件进行保管。九、急救：能对外伤出血、烫伤、噎食、摔伤等意外及时报告，并作出初步的应急处理。十、常见病护理：能配合医护人员完成对老年人高血压病、冠心病、中风、帕金森病、糖尿病、退行性关节炎、痛风、便秘、老年性痴呆症等常见病的护理。十一、肢体康复：能配合医护人员帮助特殊老人进行肢体被动运动；能配合医护人员开展常用作业疗法；能指导老人使用各类健身器材。十二、闲暇活动：能组织老人开展小型闲暇活动。十三、沟通与协调：能对老人的情绪变化进行观察，并能与老人进行心理沟通；能对老人人际交往中存在的不和谐现象与矛盾进行分析指导；能协助解决临终老人的心理与社会需求。

小贴士

养老护理员是对老年人生活进行照料、护理的服务人员。该职业共分四个等级：初级、中级、高级、技师。

38

针对高级养老护理员，老年人想知道其服务内容和要求时，怎么办

高级养老护理员的服务内容和要求，在初级养老护理员和中级养老护理员服务内容和要求的基础上，又更提高了一步。

在老龄服务机构，具备以下条件之一者，才可以申请成为高级养老护理员：取得本职业中级职业资格证书后，连续从事本职业工作4年以上，经本职业高级正规培训达规定标准学时数，并取得毕（结）业证书；取得本职业中级职业资格证书后，连续从事本职业工作6年以上；取得高级技工学校或经劳动保障行政部门审核认定的、以高级技能为培养目标的高等职业学校本职业（专业）毕业证书。

高级养老护理员的服务内容和要求如下：一、急救：能进行心脏按压和人工呼吸；发生意外后，能进行止血、包扎、固定和搬运。二、危重病护理：能协助医护人员观察与护理危重病老年人；能协助医护人员护理昏迷老年人。三、健康教育：能对老年人常见病、多发病和传染病进行咨询与预防指导；能对老年人的生活习惯进行健康指导。四、康复训练：能对老年人的一般康复效果进行测评；能完成群体康复计划的实施；能完成个体康复计划的实施。五、闲暇活动：能组织老年人开展各类兴趣活动；能参与组织较大型文体娱乐活动。六、心理保健：能向老年人宣讲心理保健知识。七、情绪疏通：能对老年人的忧虑、恐惧、焦虑等不良情绪进行疏导；能与老年人进行情感交流并予以心理支持。八、护理培训：能对初级养老护理员进行基础培训。九、操作指导：能对初级养老护理员的实践操作给予指导。

小贴士

养老护理员应当具备的职业能力特征是：手指、手臂灵活，动作协调；表达能力与形体知觉较强；有空间感与色觉能力；有一定的学习能力。

39
针对养老护理技师，老年人想知道其工作内容和技能要求时，怎么办

在老龄服务机构，具备以下条件之一者，才可以申请成为养老护理技师：取得养老护理员高级职业资格证书后，连续从事本职业工作5年以上，经本职业技师正规培训达规定标准学时数，并取得毕（结）业证书；取得养老护理员高级职业资格证书后，连续从事本职业工作8年以上；取得养老护理员高级职业资格证书的高级技工学校本职业（专业）毕业生，连续从事本职业工作2年以上。

技师的工作内容包括：一、环境设计。能对老人护理环境进行设计；能制订改善老人护理环境的方案。二、护理计划。能制订老人护理计划；能检查老人护理计划的实施。三、技术创新。能在养老护理技术方面进行创新；能选择、论证、申报养老护理科研课题；能参与养老护理科研成果的鉴定与推广。四、护理培训。能制订养老护理员的培训计划。五、操作指导。能对养老护理操作中的各类疑难问题进行示范、指导。六、组织管理。能制订养老护理员岗位职责和工作程序；能对养老护理管理方案予以实施与控

制。七、质量管理。能制订养老组织护理质量控制方案；能对养老组织护理技术操作规程的实施进行管理；能对养老组织护理质量的实施进行管理；能运用现代办公设备进行管理；能撰写养老护理与管理的论文。

国家制定的养老护理员职业技术标准，对初级、中级、高级和技师的技能要求依次递进，高级别包括低级别的要求。在职业道德和基础知识方面，都应该遵循职业守则，具备老年病防治，养老护理员职业工作须知等基础知识，以及老年人权益保障等基本法律知识。

小贴士

截至2009年底，中国1.67亿老年人中，80周岁以上的高龄老人1899万，失能老人1036万，半失能老人2123万，对养老护理员的潜在需求在1000万人左右，但目前全国取得职业资格的仅有几万人。

40

老龄服务机构能够提供医疗服务，老年人想具体了解时，怎么办

医疗服务是老年人最需要的服务之一，也是老龄服务机构重要的服务内容。除了部分老龄服务机构附设有医院外，多数老龄服务机构只设医务室，主要满足入住老年人的基本医疗保健需求。

医疗服务主要包括以下内容：一、健康评估。医务人员对每一位新入住的老人进行体格检查和健康评估，为老年人建立健康档案，定期组织老年人体检，准确掌握老人的健康状况，实施个案化服务。对患病住院的老人按照临床病例建立书写规范的病历，详细记录老年人的病情、诊断、治疗和护理经过。二、住区、病房查房。医务人员每天深入住区、病房进行查房，具体了解每一位老人的健康状况、治疗效果、护理情况和存在的问题，适时调整诊疗和护理方案。三、老年常见疾病诊断、治疗和护理。医务人员在卫生行政部门批准的服务范围内开展临床医疗服务工作。对现有技术条件下能够诊治的疾病，实行就地诊治；对于超出老龄服务机构诊疗能力

的疾病，及时联系老人亲属，进行转诊治疗。四、突发疾病救治、意外事件处置。入住老人突然发病、意外伤害事故并非少见，做好这些突发性事件的紧急救治、处置是老龄服务机构医疗服务的基本职责。老龄服务机构建立有应急处理预案，医务人员将及时救治、处理意外事件。五、临床诊疗、护理记录书写和保管。医务人员按照临床诊疗规范，书写、记录、整理和保管医疗服务过程中的诊疗、护理记录以及相关检验和化验单据。六、健康教育。医务人员对入住老人进行健康教育，帮助老年人客观地认识自己的健康、疾病，掌握一些疾病防治、卫生保健知识，纠正不良的生活方式和习惯。

小贴士

在老龄服务机构中，老年也要增强自我保健意识，同时，也要增强自我保护意识，防止意外的发生。

41 准备要入住老龄服务机构，老年人想了解机构内的设施情况时，怎么办

按照国家关于老龄服务机构的有关规范规定，参照老龄服务机构的实际运作情况，一般老龄服务机构应当有如下基本设施配置：一、卧室：应配置床、床头柜、桌、座椅、吊扇、呼叫器等设施。一级老龄服务机构宜配置空调、彩电、小冰箱、衣架、书架等家电家具。二、卫生间：应配置坐便器、洗面盆、呼叫器等设施。一级老龄服务机构及老年公寓还应配置浴缸或淋浴器。公用浴室应设坐便器、淋浴器、呼叫器、衣物柜、取暖设备、坐凳，并宜设独用浴间。三、公用厨房：应配置操作台、灶具、炊具、洗涤池、排油烟机、冰柜（箱）、库房等设施。公用小厨房应配置微波炉、灶具、洗涤池等设施。四、洗衣房：应配置水池、洗衣机、烘干机等设施。五、医务用房：应根据服务设施类别、等级，配置相应的医疗器械、医护用品、消毒设施及空调、取暖设备，并应有相应的诊断用桌、椅、床。六、活动室：应配置彩电、音响、呼叫器、空调及相应的桌椅等设施。七、值班室应配置传呼监护系统、电话、担架及轮椅等设施。

小贴士

老龄服务机构必须具备以上基本设施，而且还要符合无障碍设计标准，才能申请执业资格审批。国家有关部门已经着手制定老龄服务设施建设规范和设计标准，为老年人创造适宜的生活和居住环境。

42

身边常常能看到很多无障碍设施，老年人想知道相关标准时，怎么办

一般来说，老龄服务机构内的无障碍设施建设有以下几个方面的要求：

一、出入口。出入口不少于两处。主要出入口无台阶、顶部应设雨篷。如设台阶时，其高差不宜大于0.4米，并应设置轮椅坡道。坡道两侧应设栏杆、扶手、挡台。老龄服务机构建筑主要入口内外，应留有1.5×1.5米的轮椅回旋面积。

二、厅和走道。建筑公共走道净宽不应小于1.8米。老年人出入，经过的厅、走道、房间不得设门槛，地面不宜有高差。公共走道、通过式走道两侧墙面应设置扶手。走道两侧墙面下部应设踢脚板。

三、楼梯。楼梯不得采用扇形踏步。缓坡楼梯踏步踏面宽度不应小于0.32米，高度不应大于0.13米，踏面前缘应设异色防滑警示条，踏面前缘前凸不宜大于1厘米，踏面和平台的饰面材料应选用防滑材料。楼梯两侧应设连续的栏杆与扶手。

四、电梯。机构建筑层数在三层及以上的，应设电梯。电梯的候梯厅及轿厢尺寸必须保证轮椅和急救担架床进出方便。电梯轿厢门开启净宽不应小于0.9米，轿厢内设低位操纵按钮。沿轿厢周边应设安全扶手。轿厢正面壁上部应设安全镜或采用镜面不锈钢，以利看清背面人员情况。

五、居室。卧室内净宽不宜小于3.3米。卧室床长边的一侧与墙面的距离不应小于1.2米。床间距离不应小于1.2米。靠通道的床位端部与墙面间距不应小于1.05米。

六、卫生间。独用卫生间应设坐便器、洗面盆及淋浴设备。坐便器两侧应安装安全抓杆。浴缸或淋浴处应分别设置安全抓杆，浴盆内侧应设二层水平安全抓杆。淋浴处面对淋浴龙头的正面应设"L"安全抓杆。卫生间的门净宽度不应小于0.8米，门扇宜采用推拉门，不得设门槛，地面不宜有高差。

七、门。公共外门净宽不应小于1.20米，卧室、走道门净宽不应小于1米。应便于轮椅或担架进出。

八、建筑设备与室内设施。老年人居室床头应设紧急呼叫装置或对讲系统。电视开关应选用宽板防漏电式按键开关。插座应选用安全电源插座。

小贴士

国务院法制办已将无障碍建设条例列入立法计划，住房和城乡建设部、工业和信息化部等相关部门及中国残联也已将制定无障碍建设条例列入工作日程。

第四节　监管措施

43

老龄服务机构实行护理等级划分，老年人想知道划分标准时，怎么办

　　多数老龄服务机构依据入住老年人的健康状况、生活自理能力和年龄，并参照临床医疗护理等级，将入住老年人划分为自理等级、半自理等级、全护理等级、特别护理等级等四个等级。

　　一、凡符合下列条件之一的老年人，将划为自理等级护理：健康老人；思维功能轻度障碍，举止言行有一定影响的老人；年老体弱，但衣食起居等日常生活能基本自理的老人。

　　二、凡符合下列条件之一的老年人，将划为半护理等级：在护理人员的指导和帮助下，饮食起居基本自理的老人；思维功能中度障碍，生活规律有时失常，自理生活有一定困难的老人；患有多种疾病，但病情比较稳定，日常生活需要相应护理的老人；年龄在80岁以上的老人。

　　三、凡符合下列条件之一的老人，将划分为全护理等级护理：一日三餐需要护理员帮助的老年人；思维功能有较严重障碍，言行不能自控及大小便需要他人帮助的老人；视觉严重模糊不清或肢体功能障碍、行动困难的老人；患有两种以上较严重疾病，行动困难的老人；年龄在90岁以上者。

　　四、凡符合下列条件之一的老人，将划为特别护理等级：不能自行饮食，一日三餐需护理人员帮助的老人；思维功能有较严重障碍，完全不能自控和料理大小便的老人；长期卧床不起，不能下地行走的老年人；患有严重疾病，病情正处于活动期必须绝对卧床的老人；病情严重，生命体征不稳定，随时会出现病情变化而需要密切观察或监护抢治的老人；双眼失明或肢体残疾，功能严重丧失，生活需要特殊照顾的老人；90岁以上，患有一种严重疾病的老人；入院者及家属要求提高护理等级，在生活上和医疗服务方面给予特殊照顾的老人。

小贴士

　　不同的护理等级有着不同的服务内容、要求与收费标准，老年人要根据自己真实的护理需求选择合适的护理等级。不要为了减少费用，而降低护理等级，此举可能导致自身的护理需要不能满足，甚至发生意外伤害事故。

44

服务质量应当摆在首位，老年人想知道内部监督的情况时，怎么办

老龄服务机构的内部服务质量监督，包括五个方面：

一、护理质量监督侧重以下内容：服务场所是否清洁卫生；老年人的生活护理是否符合质量标准；老年人的心理护理是否进行；是否按照康复护理要求对长期卧床、中风偏瘫老人摆放良姿，进行主动、被动运动和褥疮护理，是否组织老人进行团体康复训练；老人临床护理是否规范、准确；防火、防盗、防烫伤、防跌倒、防走失等措施是否落实。

二、医疗服务质量监督包括：行医执照是否进行了年审，医务人员是否具有职业资格；病例、医嘱、处方书写和临床诊疗是否规范，护士的护理操作是否娴熟、规范；诊疗效果如何，包括疾病诊断的准确率、误诊或漏诊率以及治疗的有效率、治愈率、差错与事故率等。

三、膳食服务质量监督包括：员工是否有健康证明，厨师等岗位的员工是否具有职业资格；员工着装是否规范、整洁，是否存在不良卫生行为；食堂、餐厅与周边是否做到了卫生清洁；食品采购、加工、制作与储存等环节是否有采购记录、食品原料清洗是否彻底，加工是否卫生，保管是否规范，是否按规定留样等。

四、财务管理监督包括：财务制度执行是否存在违规操作；账务账目是否清楚；现金支取、报账是否规范，保管是否符合财务规定；支票使用和管理是否规范；固定资产是否及时登记，流动资金使用是否规范，账目是否清楚，专项资金是否被挤占、挪用等。

五、后勤服务质量监督包括：物资采购是否有计划和审批，质量是否符合要求，价格是否合理，大宗采购是否经过了招标程序；水电及设施、设备维修是否及时、有效；车辆使用是否符合规定，保养是否及时、有效。

小贴士

老龄服务机构质量管理"5S"方法中的"5S"分别代表"管理"、"整顿"、"清扫"、"清洁"、"教育"等五个日语单词的第一个日语发音组成的，它们都是"S"打头，所以简称"5S"。"5S"管理是日本丰田汽车公司在管理实践中总结出来的宝贵经验。其核心是工作井然有序、一丝不苟。

45

对老龄服务机构的服务质量有顾虑，老年人想知道院外监督的情况时，怎么办

院外质量监督既包括政府对老龄服务机构服务质量的监督，又包括社会对老龄服务机构服务质量的监督。监督的目的是督促老龄服务机构依法经营、提高服务质量。主要包括：

一、行业监督。老龄服务机构业务管理归口地方民政部门，后者肩负着行业监督重任。行业监督包括老龄服务机构论证、申报、审批、注册登记、经营管理和年度审查工作，具有很强的业务指导性，管理者应当主动接受行业监督。近年来一些省市成立了老龄服务行业协会，政府将一部分职能移交给行业协会，其中包括行业自律、指导与服务质量监督。

二、卫生防疫监督。作为直接为老年人提供医、食、住、行服务的老龄服务机构，除了自觉做好环境卫生、食品卫生工作外，还要主动接受地方卫生防疫部门的监督检查。

三、医疗服务监督。已开展临床医疗指导和医疗保健服务的老龄服务机构要接受地方卫生行政部门的监督和技术指导，逐步完善医疗服务设施，规范医疗服务行为，杜绝医疗差错与事故，确保医疗服务安全。

四、消防安全监督。老龄服务机构是消防工作的重点单位。老龄服务机构需要配合消防安全部门查找隐患、制定措施、加强整改，加强对老人和员工消防安全意识教育和消防设施使用培训，确保消防安全落到实处。

五、财务监督。老龄服务机构财务监督多纳入行业年度审查范畴，须如实汇报老龄服务机构财务管理情况、经济运行情况，自觉接受行业主管部门、工商税收部门的审计监督，保证老龄服务机构财务管理规范，经济运行有序。

小贴士

政府对老龄服务机构服务质量的监督涉及民政、消防安全、医疗卫生、卫生防疫、工商税务和环境保护等政府职能部门。社会对老龄服务机构服务质量的监督主要涉及社会公众和社会舆论监督。

46

老龄服务机构必须建章立制，老年人想知道其相应规章制度时，怎么办

老龄服务机构主要涉及的规章制度类型有以下几种：

一、关于内设部门职能的规章制度。主要目的是明确各部门的分工与任务、应履行的职责和享有的权限等，以避免各部门工作互相推诿。

二、关于岗位职责的规章制度。包括三类：一类是管理类岗位职责。主要根据各老龄服务机构管理岗位的设置情况而定，如院长、书记、科室主任、班组等负责人的岗位职责。第二类是专业技术类岗位职责。如医生、护士、社工、财会以及其他专业技术职称系列岗位的职责。第三类是工勤岗位职责。如养老护理员、厨师、锅炉工、水电工、维修工、洗衣工和门卫等岗位职责。

三、各种工作制度。主要依据老龄服务机构实际工作需要制定出相应的工作制度、管理与服务规范，包括以下五类：一是行政类工作制度。如工作会议制度、人事管理工作制度、行政查访制度、值班制度、接待来访工作制度等等。二是业务类工作制度。

包括老人入住管理制度、健康评估制度、护理等级评估制度、转诊制度、医疗服务管理制度、护理服务管理制度等。三是后勤服务类工作制度。包括物品采购、验收、储藏制度，车辆管理制度，维修管理制度，食堂服务管理制度等。四是技术操作规程与标准。包括医疗服务诊疗规范，临床护理规范，生活护理规范，康复护理规范，营养配餐规范，突发事件应急处置预案，临床医疗、护理、康复服务质量标准等。五是考核、评价、奖惩制度。包括月度、季度、年度考核管理办法与评价标准，员工奖励与处罚管理办法等。

小贴士

建章立制，实行制度化、规范化管理，可以使员工人有守则、事有章程、言有依据、行有规约，对保证老龄服务机构各项工作任务的完成、提高工作效益和效率都具有十分重要的意义。

47

面对老龄服务机构负责人，老年人想知道其职责和权限时，怎么办

老龄服务机构负责人的职责包括:

一、贯彻执行党的路线、方针、政策，模范执行国家法律法规、行业规范，确保老龄服务机构各项工作在法律允许的范围内正常进行；二、制订老龄服务机构发展的大政方针、发展规划和年度工作计划，率领员工脚踏实地做好为老年人服务的工作；三、坚持以老人为中心，统筹安排老龄服务机构各项工作；四、深化老龄服务机构组织人事制度、管理制度和分配制度改革，努力提高老龄服务机构运营效益；五、制定老龄服务机构目标责任，并与各部门负责人签订责任书，保证目标责任得以落实；六、深入科室、住区、病房，检查指导工作，帮助基层解决服务与管理工作中存在的问题；七、加强班子内部团结，实行民主管理、科学决策，规避老龄服务机构经营风险；八、加强经营管理，降低成本，杜绝浪费，提高经济效益，增强老龄服务机构自我发展能力；九、坚持以人为本，对员工既要严格管理，又要人性化管理，关心员工的疾苦，切实帮助解决员工的实际困难；十、加强对外交流与宣传，努力争取上级部门和社会各界对老龄服务机构工作的支持。

老龄服务机构负责人的职权包括：一、对老龄服务机构正常服务与经营活动有决策权；二、在紧急情况下，对老龄服务机构发生的重大突发性事件有临时处置权；三、经过组织人事部门考核，领导班子集体讨论，对员工，包括中层干部有聘用权和解聘权；四、根据有关的法律法规、管理办法，对员工有奖惩权；五、对规章制度的制定、修订、废除，在听取有关部门的意见后，有决定权；六、有向上级党委和政府主管部门提名推选负责人的建议权。

小贴士

老龄服务机构负责人是老龄服务机构建设与发展的领军人物，法律赋予较大的权力，对其职责、权限进行明确的界定，以便更好地履行职责。负责人应在法律允许的范围内行使权力，超范围行使权力或滥用职权将受到法律的追究。

48

针对老龄服务机构的内部管理，老年人想知道其具体情况时，怎么办

"人"的管理包括员工管理和入住老人管理。老龄服务机构员工管理的目标在于调动员工的积极性，增强责任意识，保证老人居住安全，提高服务质量，这是老龄服务机构赖以生存与发展的关键。员工管理包括三方面：一、做好员工的选拔、岗前培训、聘用和继续教育，不断提高员工素质和服务技能。二、加强员工的职业道德教育。三、加强员工考核管理，实现奖惩分明。入住老人管理的目标是确保老人居住安全，预防和杜绝意外伤害事件发生。具体内容包括老人入住与出院管理、生活照料与护理管理、医疗服务管理、营养与膳食管理、精神文化生活与入住安全等管理。在入住老人的管理方面，主要通过"入住须知"或"院民守则"，督促老人遵守老龄服务机构规章制度。

"财"的管理，指老龄服务机构的财务和资金的管理，包括财务计划、财务制度、资金分配、周转、成本核算和财务监督等管理。老龄服务机构对财务和资金管理的目标是以有限的资金投入获取最佳的社会与经济效益。

"物"的管理。包括对机构内硬件设施的建设、改造、维修，设备的采购、使用、维护和保管以及财产的管理。老龄服务机构对"物"的管理目标是使所有设施、设备始终处于完好状态，物品采购、使用、管理始终处于规范有序状态，降低采购成本，保证设施的完好率，提高使用的效率，保证老龄服务机构各项工作正常进行。

此外，随着办公自动化和信息化程度的提高，为了提高工作效率，信息化管理已经成为老龄服务机构管理的重要内容，这也是实现老龄服务机构现代化管理的基本条件。

小贴士

同其他企业一样，老龄服务机构的管理也应当遵循管理学的基本原理和办法，按照老龄服务行业建设、经营与发展规律，构建组织管理体系、制定管理规则、目标和方法，实施科学有效的管理。

49

针对老龄服务机构业务管理情况，老年人想深入了解时，怎么办

老龄服务机构的业务管理主要针对机构所开展的各项业务活动而进行的有效管理，主要包括：

一、出入院管理。这是老龄服务机构管理正常运行的重要保障。做好出入院管理可以规范经营服务行为、化解矛盾与风险。入院管理包括接待咨询、登记预约、健康体检、家庭调访、入院审批、试住等工作。出院管理包括出院手续办理等工作。

二、护理管理。这是老龄服务机构管理工作的核心内容。护理无小事，它直接关系到入住老人晚年生活质量与安危，以及老龄服务机构经营与发展。护理管理要重视服务态度，提高服务水平与质量，满足老人需求，确保老人入住安全。护理管理包括健康评估、护理等级评定和变更、生活护理、心理护理、疾病护理、康复护理、老人安全和文娱体育活动组织以及入住老人健康和个人档案等管理。

三、医疗管理。较大型的老龄服务机构多附设有医院或医务室，即使是小型老龄服务机构也配备有一至数名医务人员，存在着医疗服务行为。但是，老龄服务机构的医疗服务技术力量与装备、服务条件毕竟有限，尤其面对的是病情复杂多变、生命十分脆弱的老人群体，开展医疗服务存在着很大风险。为了规避这种风险，一般老龄服务机构都强化医疗服务管理，明确自己的医疗服务范围，在规定的范围内，开展医疗服务。如发生重大、突发性疾病，在进行现场急救的同时，会通知其亲属。没有救治能力与条件的情况下，会配合老人亲属送往外院救治，紧急情况下直接拨打120急救电话，寻求外援帮助。

此外，医疗服务管理还应做好医务人员执业资格管理，药品、处方管理和病历档案管理工作。

小贴士

老龄服务机构管理四原则：以人为本的原则、安全第一的原则、质量第一的原则、依法管理的原则。

50

老龄服务机构实行严格的出入院管理，老年人想知道其具体内容时，怎么办

老龄服务机构出入院管理的内容和要求，主要体现在以下几个方面：

一、做好新入住老年人的接待工作。接到老年人入住通知后，护理长或班组长要检查老人居室、用品备用情况。老人入院后，要热情做好接待工作，使老年人感受到机构的温馨。此外，还会向老年人介绍老龄服务机构的生活环境、服务设施和入住须知，使新入院老人尽快熟悉新的生活环境和入住要求。

二、熟悉新入住老人的情况。老人入住后，护理人员会及时察看老人入院前体检资料、入住协议，询问老人的生活习惯、饮食习惯、健康状况、脾气性格及特殊需求等情况，观察老人的行为举止，进行健康评估，为制订护理计划、实行个性化护理奠定基础。

三、做好试住期间的观察与记录。新入住的老人对生活环境、工作人员和同住的老人不熟悉，工作人员会主动、热情介绍，帮助老人尽快适应新的生活环境，同时还会加强对新入住老人的巡视，与老人交谈，加深对老

年人的了解。按照规定，工作人员还必须对新入住老人进行首日交办，认真填写7天跟进或试住观察记录，试住期结束后，还要对老人是否适合居住和护理等级进行评估，以决定老人是否继续入住和护理等级是否合适。如发现老人病情危重，心理、精神行为异常，不适合在本院居住，工作人员会向主管院领导汇报，及时通知老人的亲属，尽快转院或接送回家。

四、做好出院老人的服务工作。入住老人可能出于种种原因而要求出院，或因疾病要求转院。老龄服务机构工作人员会及时书写出院记录，协助老人及家属整理物品，办理结账手续。

小贴士

老龄服务机构出入院管理的意义在于从源头上把握好服务的入口关，消除安全隐患和对出院、转院的老人做好后续服务工作。

51

针对老龄服务机构的护理管理，老年人想知道其具体内容时，怎么办

入住老龄服务机构的老年人大多年事已高，身患多种疾病，或多或少存在着一些组织器官和肢体功能障碍。因此，在老龄服务机构中开展康复护理十分必要。老龄服务机构的康复护理可以是很专业的，也可以是非专业的。

专业的康复护理一般由机构内经过专业训练并取得职业资格的康复治疗师和康复护士进行，而非专业的康复护理则主要由养老护理员或其他人员担任。专业的康复治疗遵循康复医学原理，运用现代康复评定技术、物理治疗技术、作业治疗技术、言语治疗技术、传统康复治疗技术和康复工程技术对存有明显功能障碍，且在身体允许的情况下，对老年人进行康复治疗和训练。非专业康复护理通常以健身娱乐活动为主，如组织老年人做健身操、散步、打太极拳、舞剑、唱歌、跳舞，参观、旅游等活动。这些活动既锻炼了身体，增进了体质，改善了功能，也有利于改变老年人的心境。

老年人的康复护理通常根据老年人的具体情况而定，例如，对于长期卧床的老人，通常采用卧姿摆放、定期翻身、关节主动和被动运动、受压部位按摩、深呼吸、经常拍背等康复护理办法；对于长期导尿的老年人，主要采用定期膀胱清洗、膀胱功能训练的护理办法。此外，对于能够下床活动的老人，主要是搀扶、陪伴老人进行康复训练，或护送老人到康复治疗室进行更专业的训练。

在康复护理管理中，护理长或班组长的主要职责是：合理安排好整个住区老人的康复护理工作；督促护理人员严格按照医生的要求组织老年人进行锻炼和康复训练，防止不宜参与健身和康复训练的老人参加锻炼或训练；保护老年人进行健身和外出活动的安全，防止训练强度过大，或锻炼、训练时发生意外事件；督促护理人员按护理康复程序做好长期卧床老人的康复护理工作。

小贴士

康复护理是指在康复医学理论指导下，围绕全面康复的目标，护理人员密切配合康复专业人员，从护理角度帮助康复对象，将其从被动接受他人护理转为自我护理的动态过程。

52

安全问题需要特别注意，老年人想知道老龄服务机构的安全管理时，怎么办

老龄服务机构安全管理包括：

一、饮食安全管理。严格执行食品卫生和食品安全各项规定，把好食品卫生安全关。保持食堂卫生清洁，炊具、餐具做到定期消毒，防止传染病和食物中毒。对传染病人的餐具应单独存放、专人使用。食堂工作人员体检合格领取健康证后方能上岗，每年进行一次体检。

二、消防安全管理。严格执行消防安全相关规定，配备灭火器等消防应急、安全设备。建立检查、使用登记制度，做到定期检查、有效管理。加强用电管理，对工作人员及供养人员做好安全用电宣传教育。定期检查电源及其线路等设备的安全状况，发现安全隐患及时解决。严禁在房间内堆放易燃、易爆、有毒物品，公共出入场所不准停放车辆和堆放物品。

三、物资安全管理。实行 24 小时值班制度，做好值班记录，夜间值班人员要定时进行巡视。对入院老人的个人物品，由老龄服务机构统一保管。

定期对房屋和设施进行维护保养，及时添置必要的设备器具。

四、人身安全管理。老年人入院应建立供养人员档案，内容包括协议书、申请书、健康检查资料、身份证复印件、户口簿复印件、供养人员照片及后事处理联系人等有关的资料，并长期保存。严格执行供养对象请假离院审批制度。

五、医疗安全管理。做好防病保健和卫生知识宣传工作。定期为供养对象进行健康检查，并建立健康档案。发现传染病人立刻采取隔离措施，及时做好相应的消毒、治疗工作，并负责做好观察记录。老年人患病时要及时送医院诊疗。

小贴士

"企"字无"人"则止，安全是生命之本，安全生产是企业的生命线。

53

我国台湾地区有个长庚养生文化村，老年人想知道其服务内容时，怎么办

台湾最新推出的长庚养生文化村，被称为全球最大的银发社区之一。这个集养老、医疗、生活、娱乐等功能于一体的养生文化村是台湾"经营之神"、台塑集团董事长王永庆的创意。它以长庚医院雄厚的医疗资源为后盾，延伸出"银发族"养生服务。

长庚文化村健康服务内容包括：设立社区医院，提供居民特约门诊、康复及照顾护理等医疗服务；定期健康检查、防疫注射与体能检测；配备专业人员，提供周到详细的用药管理服务；规划居民个人健康计划，并提供养生处方；建立个人健康资料库；设置全天候监控中心并结合长庚医疗体系，确保高效率的紧急医疗救护功能；定期举办健康讲座、养生咨询等。村内的养生休闲生活也多姿多彩，包括太极拳、乒乓球、台球等运动养生活动，麻将、棋类、卡拉ＯＫ、电影欣赏等娱乐交谊活动，书法、绘画、音乐、戏曲等文艺技艺活动，春节、元宵、端午、中秋等节庆活动，禅修法会、礼拜弥撒、回教聚会等宗教活动。

村内绿地广阔，甚至还可提供种菜的菜地。村里还拥有完整的社区功能，设有超市、银行、书店、图书馆、餐厅、体育馆、水疗池等。如有家属来探访，也有招待所可供住宿。村里还提供有偿工作，老人如有园艺农艺指导管理、简易水电维修等专长，都可通过为大家服务而按劳取酬。养生文化村的入住资格是：年满60岁、配偶年满50岁且接受长庚医院身体检查证明为健康状况合格者。

小贴士

台南是台湾最早开发的地区，对台湾的称呼最初起于对台南地区的称呼。最初在台南一带居住的拉雅族，在介绍台湾时称为"Tayan"，荷兰人拼为"Taioan"，从大陆来的移民则读作"Tai-Oan"。以后由闽南话的"台员"转音为"台湾"。

第五节　国外机构服务

54

美国院舍老龄服务机构比较普遍,老年人想知道其具体情况时,怎么办

美国老人独立性很强,一般退休后不依靠儿女,所以,各种形式的老龄服务机构很多,按等级一般分为老人公寓、老人院和老人护理院三种。每类老龄服务机构都有自身的特点。

美国的老年公寓有三类:一、自住型老年公寓,是专为生活能自理的老人设计的,提供环境优美、生活舒适的居住社区,有丰富的娱乐设施,如游泳池、健身房、图书馆、俱乐部等。大部分公寓每天至少组织一次集体活动。二、陪助型老年公寓,是为日常生活需要帮助,但不需要专业医疗护理的老人设计的,向老人提供与日常生活有关的各种服务,包括做饭、帮助洗澡、喂饭、洗衣、体检、喂药等。三、特护型老年公寓,除以上服务外,还提供全面的医疗服务,包括从传统的医护房间到为老年癌症患者提供的特护房间。

老人院是美国近年来发展较快的老龄服务机构,大约有 6.5 万家,入住人员超过 100 万,约占需要长期照料人口的 15%。入住老人首先要接受个人身体和心理能力评估。一般情况下,只要老人能够接受工作人员的观察和照顾,老人院就会一直让他们住下去。

老人护理院是为康复期病人以及慢性和长期患病的老人提供 24 小时护理照料的机构。美国的护理员通常分为中等护理和专业护理两类。中等护理指一般护理人员就能完成的护理工作,主要包括饮食、变换位置、上厕所、穿衣、洗澡等日常生活的帮助。专业护理则是指需要护士以上级别的护理,如理疗、静脉注射、吸氧、人工呼吸等。

小贴士

在美国,采取利用居家服务机构的老年人远远大于入住院舍服务机构的数量。2009 年,美国 65 岁以上老年人入住院舍老龄服务机构的人数为 150 万人,而利用居家服务机构的老年人为 625 万。

55

美国的牧场风景养老院非常著名，老年想知道其具体情况时，怎么办

牧场风景养老院位于美国威斯康星州的一个小镇，有15个房间，每个房间都有电视电话，每两个房间共用一个卫生间，有公共餐厅、过廊、活动间等。在设施上努力造就居家养老的氛围，每个房间有足够的地方摆放家具和私人用品。活动场地很大，可以使老人们做各种活动，如锻炼、玩游戏、纸牌和打保龄球。每个月的生日聚会，有家人朋友、当地各种俱乐部成员参加，充满了温馨的氛围。

牧场风景为老人提供的日常服务包括：一日三餐和零食，穿衣、洗澡、洗头、修剪指甲等个人照料，服药监督，每日24小时工作人员服务；洗衣、熨衣、打扫房间，闲暇时间组织活动；信息和咨询服务等。牧场风景有注册护士，同居民的私人医生和药店有紧密联系。

牧场风景接受各种老人。但都必须符合以下程序：管理人员要确定打算入住的老人能否独立过居住生活，

能否在紧急情况下撤离住处。老人需要有医生的体检证明。如果老人刚从医院或护理院出来，需要医院或护理院填写表格，也需要提供服药指示。老人需要有胸部X射线透视和血液测试结果检查，以确定是否有传染病。要填写财务表，保证有足够的资金住在养老院。最后是选择房间，并且搬入一些个人用品。养老院为入住的老人准备以下文件：服务项目说明，入住协议，居民权利清单以及其他注意事项等。

小贴士

威斯康星州，在美国五十州内，列第十六位。西北濒苏必利尔湖，东临密歇根湖。面积14.53万平方千米。城市人口约占65%。首府麦迪逊。威斯康星州，名称来自印第安语，其意义是"草地"。

56

法国有一个老年村，老年人想知道其具体情况时，怎么办

法国政府专为老年人设计了代替敬老院的村庄。如位于伊芙琳省什弗赫兹谷地的圣雷米老人村，就是一个典型。

老人村生活设施完备，娱乐活动丰富。为方便老年人生活，村内邮局、杂货店、图书馆、美容美发店、健身中心、游泳池、酒吧、餐厅、音乐厅、活动中心等一应俱全。各类文化、娱乐活动，如桥牌、舞会、音乐会、森林野餐、戏剧课、雕塑课、绘画课及水中体操，更是老人们的精神食粮。这些活动通常由年轻人负责策划安排。村民都是满头银发的老人，平均年龄84岁，有200名工作人员。

老人村里，不仅精神矍铄、耳聪目明的老人可以享受快乐而充实的生活，病痛缠身、行动不便的老人也可以安心住进特别设计的屋内，由一批专业医务人员照料。这些老人的生活与地方社区紧密结合在了一起。村里的泳池，每星期三免费开放给邻近社区的学龄儿童上游泳课。这些孩子每个月由老师带队，到村子里吃一次晚餐，跟老爷爷、老奶奶谈学校的课程及趣事。放长假时，老人村更热闹。从各地来的家属，与老人们欢聚一堂陪他们吃饭，有的还会住上几天。

小贴士

法国政府进行了"颐养天年"小镇排名，格勒诺布尔、甘冈、布古安－家利悠，是法国适宜养老的城镇，也是经遴选而在榜上有名的"颐养天年"的小镇。在评选时，全国共有 62 个市镇递交了材料，这三个地区脱颖而出，成为佼佼者。

57 日本的"诚信香里园"是高科技养老院，老年人想知道具体情况时，怎么办

"诚信香里园"养老院是松下电器公司投资兴建的一家现代化养老院，共有 103 个房间，其中双人间 3 间，单人间 100 间。目前已经入住了 96 名老人，平均年龄 83 岁，最高年龄 96 岁。工作人员有 87 名，基本是按照两名工作人员负责三名老人来设置的。

在有人入住的房间，门上均挂着日式暖帘，门边木制的门牌上写着老人的名字。老人住的房间有 15.2 平方米，家具非常简单，老人院只配备床和桌椅，老人可以根据需要自配家具。床边的墙上有个"失禁感应器"，如果老人失禁尿湿了褥单，感应器就会发出通知。床脚处安有"离床感应器"，能让工作人员在老人从床上跌落时迅速察觉并及时赶来。洗手间全部设施由电脑控制。马桶圈的放下、抬起以及冲水，都是自动感应的，马桶两侧有可以收放的扶手，使用轮椅的老人也能不太费力地坐下。上方有呼叫用的绳圈，如果老人感到不适或无法站起，就可拉动此绳圈呼叫工作人员。此外，为及时发现老人突发不测，洗手间天花板上还装有"动作探知感应器"，如果老人在洗手间内 30 分钟没有什么动作，感应装置就会通知工作人员。为了给老人解闷，"诚信香里园"还研制了能和老人交流的宠物机器人。

在如此高科技的养老院生活，费用可是不菲。入住时除了要一次性缴纳一大笔钱外，每月还要另外付费。金额分为标准、经济、休闲三个档次，以休闲档为例，一次性入住金需要 3071 万日元，这笔钱可以在当地买一套比较不错的住宅了。有不少老年人就是把房产全部卖掉后住到这里安享晚年的。

小贴士

日本在老年人福利的立法上不仅注重经济生活的保障，而且注重健康、教育、文化生活等法律的配套，有《国民年金法》、《生活保障法》、《老人保健法》、《稳定高龄者雇佣法令》、《社会教育法》，《老人福利法》。

58

日本老年公寓种类很多，老年人想知道其具体情况时，怎么办

日本是全世界老年人口比例最高的国家，对老年公寓的需求比较旺盛。1968 年，日本建设省和厚生省联合提出"银发住宅建设计划"，为日常生活可以自理的老年人，提供租赁式公寓。基于上述计划，日本开始了各种老年公寓建设，继"银发住宅"之后，陆续出现了"银发之友"，"年长者住宅"等各种名称的老年公寓。

日本的老年公寓可以划分为专住型和混住型。专住型指全是老年人住户的公寓，既便于管理，又便于老年伙伴之间交往。混住型老年公寓指老年住户与一般住户混住的公寓。混住型的出现，主要是为了解决专住型老年公寓所存在的问题，谋求老年人住户与一般住户之间的密切交流。在混住型老年公寓中，老年住户所占比例一般都不大。

根据混住化的状态，又可以将混住型划分为以下三种：一、横向布置型。在公寓中至少布置一层老年人住宅，通常是布置在一般住宅的下面。这种布置方法是老年人住户与其他住户混住在同一栋住宅中。但是将老年人住户单独集中于一层，明显地有别于其他一般住户。二、竖向布置型。在老年公寓某一端部竖向至少布置一列老年公寓，使各层都有至少一户老年住户。这种布置方法将老年住户分散在各层之中，稍好于横向布置型，但有的老年住户所居楼层偏高。三、混合布置型。在公寓适当位置布置老年人住宅，使之被全包围或半包围在一般住户之间，并临近电梯。这种类型较好地解决了老年住户与一般住户之间的位置关系问题，解决了老年人居住的"孤立化"问题。

小贴士

日本是世界排名第一的老龄化国家。根据日本总务省（相当于我国国务院办公厅）2010 年 9 月 19 日发表的老年人口推算结果显示：日本 65 岁以上的老年人口数量比 2009 年增加了 46 万，达到了 2944 万人，占总人口比例为 23.1%（同比增加 0.4%），这也是迄今为止的最高纪录。

59

新加坡实行乐龄老年公寓计划，老年人想知道其具体情况时，怎么办

新加坡建设发展局在 1998 年 3 月首次推出了"乐龄公寓"计划，乐龄公寓一般都建在成熟社区，各种设施完善，公共交通便利。公寓户型一般分为 35 平方米和 45 平方米，为一位或两位老年人提供生活空间。

"乐龄公寓"和普通住宅有所不同：住宅入口处面积适当增大，便于轮椅通过；门的宽度适当增加，使轮椅可以通行；室内地面平坦，没有高差；厨房和卫生间的面积适当加大，便于坐凳或坐轮椅使用；厕所都靠近卧室，并设长明灯；开关、门铃和门窗把手等设施的位置适当降低；地面和浴池底都防滑，浴池、厕所、楼梯和走廊两侧都设扶手；房间光照度提高两倍以上；提高了报警声响；厕所用了推拉门，不用平开门；厨房洗涤台和灶台以及卫生间洗面台的下部都凹进去，以便老人操作时可坐下伸腿；燃气等各种开关上的字很大，以利老人辨识；各种读物也像幼儿园或小学低年级的课本，字体特别大。

据了解，新加坡乐龄公寓的产权一般是 30 年，之后可延长 10 年，但不可以转售，只能卖回给建设局。乐龄公寓的申请者必须是 55 岁或以上的长者，必须是新加坡人，夫妇可以一起申请购买，单身人士、离婚者或丧偶者也可以申请。

小贴士

新加坡位于马来半岛南端，面积 648 平方公里，人口 420 万，是个多民族的国家，其中华人占 77%，马来人占 15%，印度人占 6%，其他占 2%。官方语言是英语。属于热带海洋性气候国家，常年气温在 25℃ ~33℃ 之间。

第二章

居家老龄机构服务

——足不出社区　居家享服务

　　【导语】能在居家生活中得到周到的老龄服务，是广大老年人的美好愿望。居家老龄服务，就是面向居住在家的老年人，由社区和社会老龄服务机构提供饮食起居、清洁卫生、生活照料、健康管理、康复护理、文体娱乐活动和临终关怀等综合性服务。社区组织、志愿者、邻里等也是老龄服务的补充提供者。居家老龄服务的提供者是社区和社会老龄服务机构，它也是一种机构服务，其特点是入户为老年人提供服务，老年人无须入住院舍服务机构，无须离开自己熟悉的社区，居住在家就可以享受机构提供的服务。本章着重针对老年人在服务前、服务中、服务后可能遇到的一些问题进行解答。读完本章内容，您不仅会对居家和社区老龄服务有更加深入的了解，而且能够"照方抓药"，解决利用居家服务机构可能遇到的问题。

第一节 认识居家老龄服务机构

①
> 居家老龄服务是新的选择，老年人想知道它是如何发展起来时，怎么办

过去人们谈到老龄服务，往往只会想到入住院舍老龄服务机构，现在多了一个更好的选择：居家服务。

20世纪三四十年代，发达国家相继建立院舍服务机构，老年人入住其中，接受各种服务。随着人口老龄化的发展，高龄、独居和患有慢性疾病等需要长期护理的老年人数量迅速增加，发达国家政府对用于老年人护理方面的支出开始感到不堪重负。从70年代开始，人们便对福利机构服务持一种否定的态度。同时，考虑到院舍机构服务费用高、需要老年人进入陌生的环境、照顾设施和质量有待提高等因素，许多国家和地区提出了"就地服务"的方针，提倡老年人回归社区、回归家庭，由社会组织或营利机构在社区建立小型服务机构，开展入户服务，这种做法后来就逐渐形成为一种新的机构服务模式，这就是现在的居家服务。

2000年开始，上海、北京、江苏、浙江、南京、青岛、大连、哈尔滨、广州等地陆续开展了居家老龄服务的试点工作，许多地方都正式下文全面推开居家老龄服务工作。2005年9月21日，回良玉副总理在国内动态清样《宁波居家老龄服务有望破解城市老龄化难题》一文上作出重要批示，表明居家老龄服务模式已经引起了党和政府有关领导的高度重视。

2007年，全国老龄委办公室等有关部门联合出台了关于发展居家服务的政策文件，近年来，经过实践，居家老龄服务已经成为我国建立健全老龄服务体系的新的发展方向，也是我国解决老龄服务难题的一个基本政策取向。

小贴士

1982年，居家老龄服务的做法得到了联合国第一届世界老龄大会的认可，大会发布的《维也纳老龄问题国际行动计划》强调："应设法使年长者能够尽量在自己的家里和社区独立生活……社区福利服务应以社区为基础，向老年人提供预防性、补救性和发展方面的服务。"

2

居家老龄服务不同于家庭服务，老年人想知道其区别时，怎么办

传统的家庭老龄服务模式是以血缘亲属关系为基础的，由家庭成员直接来承担老龄服务责任的一种服务模式，它更多强调家庭的责任。由于家庭规模的日益缩小、空巢空庭比例不断上升，加上工业化、城镇化进程的不断深入，由家庭直接承担老龄服务的难度日益增加，传统模式难以持续。

居家老龄服务是特指满足老年人特殊服务需求的服务形式，具体指老年人居住在家里，在家庭（包括子女、亲属、配偶或者自己）或者社会（包括政府福利与救助、救济，社会养老金等）提供经济支持的基础上，老年人的饮食起居、清洁卫生、生活照料、健康管理、康复护理、文体娱乐活动和临终关怀等综合性服务主要由社区或社会组织承担，以入户方式提供服务，也包括日间照料，既有福利性、公益性特点，也有市场化、营利性特点的一种老龄服务模式。

由此可见，居家服务是对家庭服务的进一步扩展和延伸，其内涵更加丰富、形式更加灵活，根本特点是服务提供主体从家庭转变为社区或社会组织，解决了子女无力照料老年人的难题，解放了劳动力，因此，是更加适应老龄社会要求的新的老龄服务模式。考虑到家庭老龄服务功能的不断弱化，居家服务本质上是发挥政府、社会、企业、社区、非政府组织、志愿者等各方的积极作用，分担家庭的责任。

当然，居家服务不能完全替代家庭服务，我们仍然应当继续发挥家庭在老龄服务中的重要作用，继续巩固和支持家庭为老年人提供照料服务，使老年人得到更好的服务保障。

小贴士

"老年人养老主要依靠家庭，家庭成员应当关心和照料老年人。""赡养人应当履行对老年人经济上供养、生活上照料和精神上慰藉的义务，照顾老年人的特殊需要。"

——《中华人民共和国老年人权益保障法》

3

居家老龄服务不同于老年福利服务，老年人想知道其区别时，怎么办

许多人认为，居家老龄服务就是老年福利服务，这种观点是错误的，容易对老年人造成误导。

老年福利服务是老年人社会福利中的服务项目。所谓老年人社会福利，是根据老年人特殊需要和自身特点，由政府提供给老年人的物质和服务，一般包括老年人收入补贴、老年人医疗保健、老年人住房、老年人日常生活服务、老年人文化娱乐活动等项目。

老年福利服务与居家老龄服务的重要区别是：

一、服务对象不同。老年福利服务的对象主要是城市"三无"老人和农村五保老人，以及其他低收入贫困老年群体。而居家老龄服务的对象是所有居家老年人，其中既包括老年福利对象，也包括其他社会老人。只要有居家老龄服务的需求，都是其服务对象。根据全国老龄委办公室的一项调查，有居家老龄服务需求的老年人大约占85%左右。相比而言，老年福利对象则很少。

二、服务内容不同。从前面的定义看，老年福利服务的内容比居家老龄服务要广泛得多。居家老龄服务侧重老年人日常生活照料方面，特别是对失能老年人的长期护理服务。收入补贴、住房服务等不属于居家老龄服务的范畴。

三、服务性质不同。顾名思义，老年福利服务的性质是福利性，即政府免费提供。但居家老龄服务具有混合性，其中既有政府为部分老年人提供的免费福利服务，也有企业为社会老年人提供的市场化服务。

小贴士

居家老龄服务的口号是：让居家老人享受机构服务，帮天下儿女恪尽孝道。

4

居家服务不同于家政服务，老年人想知道其区别时，怎么办

　　家政服务是城市家庭服务中的热点服务，老百姓家里有服务需求，一般首先想到家政服务。老年人一般有需求，往往也是首先想到家政服务公司。但家政服务不同于居家老龄服务：

　　一、对象不同：居家老龄服务面向有特殊服务需求的老年人，特别是半失能和完全失能老年人，家政服务则是面向所有居民。

　　二、服务内容不同：居家老龄服务包括饮食起居、清洁卫生、生活照料、健康管理、康复护理、文体娱乐活动和临终关怀等综合性服务，其中包括部分家政服务，如饮食起居、清洁卫生等，但这些服务只是居家老龄服务的附带服务。而家政服务仅仅指提供饮食起居、清洁卫生等简单服务。简单地说，居家老龄服务可以包含家政服务，但家政服务囊括不了居家老龄服务。

　　三、服务人员不同：家政服务的工作人员主要是保姆提供，虽然也是经过培训的，但主要限于一般性的生活技能培训，而居家老龄服务的工作人员有医生、护士和护理员，主要提供专业化、规范化的护理服务。因此，老年人首先要弄清自己的具体需求，在家政服务和居家老龄服务之间作出正确的选择。

小贴士

　　不停地换保姆，不如正确选择对路的服务公司。

5

居家服务和社区服务容易混淆，老年人想知道其区别时，怎么办

社区服务是在政府的倡导和支持下，依托街道、居委会、社团等社区组织，动员社区各方面的力量，为满足社区成员的多种生活需要而开展的，具有社会公益性质的居民自助互助的服务活动。社区服务与居家老龄服务有着根本差别：

一、社区服务的服务对象是社区的全体居民，重点包括老年人、残疾人、特困户、烈属军属等，这比居家老龄服务的范围大得多。

二、社区服务的服务对象与服务提供者常常是统一的，体现自助互助的特点，每个人既接受别人的服务，又力所能及地为他人服务，而居家老龄服务的对象失能老年人则很大意义上只是单方面的服务接受者。

社区服务的主体，既有政府相关部门，也有群众自治组织，如居民委员会、村民委员会等，大部分与居家老龄服务的主体相同，但在居家老龄服务，企业发挥的作用更加不可忽视。

三、社区服务的目的是满足社区居民的多种生活需要，因而其服务内容很宽泛，包括老年人服务（简单生活照料、简单医疗保健、文体娱乐服务、权益维护等）、残疾人服务、优抚服务、贫困群体服务等，还有面向一般居民的服务，社区服务的内容比居家老龄服务宽泛得多，即使是社区服务中针对老年人的服务，与居家老龄服务相比也有明显不同，其服务内容比较简单、专业性差、属于基础性服务，不能满足失能老年人的长期护理服务需求。

四、社区服务一般具有公益的性质，而公益性的服务在居家老龄服务中所占比例较小，更多的则是市场性的服务。

小贴士

大力发展社区居家养老服务，重点发展面向老年人及其家庭的商品递送，医疗保健，日间照料、陪伴等服务。具备条件的地方，依托社区服务体系开展老年护理服务，尤其要做好针对空巢老人、高龄老人和生活不能自理老人的社区服务。

——《"十一五"社区服务体系发展规划》

6

居家老龄服务意义重大，老年人想知道其地位时，怎么办

居家老龄服务在整个体系中处于基础性地位，主要基于下面的原因：

一、居家老龄服务符合我国传统。我国传统观念中有"叶落归根"、"儿孙绕膝"、"四世同堂"等思想，这反映出人们希望老年后与子女居住在一起，在家庭中居住的愿望，那些进入老龄服务机构的老年人往往是无儿无女、生活没有依靠的"三无"老人，是社会福利照顾的对象，这其中就有传统思想影响的因素。

二、大部分老年人仍然比较健康，能够享受居家老龄服务。目前，我国人口的预期寿命已经超过73岁，部分经济发达的大城市人口预期寿命甚至达到80岁。同时，老年人退休以后，相当长一段时间是比较健康的，生活自理程度很高，完全可以在家里居住，不需要进入老龄服务机构。

三、居家老龄服务有利于老年人身心健康。根据调查，大部分老人都希望在熟悉的环境中度过晚年，在熟悉的环境中身心比较放松，而对陌生的环境适应能力较低。居家老龄服务更加有利于老年人保持愉快轻松的心情，以熟悉的规律度过晚年生活。

四、居家老龄服务是必然的现实选择。一方面居家老龄服务是大部分老年人的主观愿望，另一方面这也是客观现实对我们的必然要求。机构服务需要大量的前期投入和日常运作费用，我国目前的每百名老年人拥有的老龄服务机构床位数只有1.8张，远远不能满足老年人老龄服务需求，如果从这个数据看，90%以上老年人仍然需要居家老龄服务。

小贴士

发展老龄服务业需要政策引导、政府扶持、社会兴办、市场推动，最重要的是要符合中国国情和广大老年人的意愿。

7

听说有一个"暖巢管家模式"，老年人想知道是否属于居家服务时，怎么办

大连市创造的"暖巢管家"是一种专门为空巢老人提供老龄服务的模式。针对空巢老人的特点，引入管家概念，让老人做主人，为他们配管家。从这些老人退休开始，就把他们的日常生活照料、身体健康监护、生活用品代购和配送、健康指导和咨询、休闲娱乐等承担下来，专门的配送车辆和专业人员上门为老人提供服务。此种模式由大连市沙河口区社康老年综合服务中心首创，大连市已有 10 个暖巢管家服务站。社康老年综合服务中心（以下简称"社康"）在辽宁及全国均有服务站点。这些既可以免费为老人购物，又可以当老人"健康助理"且随叫随到的人，被老百姓亲切地称为"暖巢管家"。

"暖巢管家"的特点是：

一、政企协作、资源整合。在管家服务的"试点"沙河口区，"社康"已经实现了社会化服务与政府"货币化养老"的结合。对于接受管家服务的"三无"孤老和低保对象中不能自理的老人，"社康"实行无偿服务，所需费用由政府埋单；对生活不能自理的老劳模、老优抚对象和有特殊贡献的老年人，"社康"提供低偿服务，差额部分实行政府补贴。

二、与街道、社区的互补。在各级民政部门的帮助下，"社康"与一些街道、社区建立起良好的合作关系，街道和社区将闲置的房子免租或低租，用来建立暖巢管家服务站。这些服务站由"社康"出资，按星级标准装修，配备了 6 种以上健康促进器具，用以促进老人身体健康。

三、与其他社会资源的合作。"社康"一方面与大连锦江麦德龙现购自运有限公司合作，一方面联系日常生活用品厂家，成立了配送服务中心。只要给服务站打一个电话或直接向管家登记所需的商品和规格，配送中心分类汇总后，配送车就会及时把老人所需的商品送到各服务站，由管家送到老人家中，商品价格与家门口的超市同价。

小贴士

"老年空巢家庭"是指达到退休年龄，身边又无子女共同生活的老年人家庭，其中包括单身老年人的家庭和夫妇两人的家庭。全国老龄办 2008 年发布的《我国城市居家养老服务研究》指出，我国老年人空巢比例持续增加的趋势将是不可逆转的。

8

两代居模式开始出现，老年人想知道其实用性时，怎么办

"小两口，老两口，楼上楼下；日可见，夜可聚，其乐融融。"这副对联内容所反映的就是"两代居"的养老模式。这种适合于两代或多代一起居住的模式在很多国家和地区都十分流行，如日本50%以上的老年人都与家庭同住，且此种养老模式近年来在我国的许多城市也开始盛行。

"两代居"养老模式顾名思义就是要老人和年轻人住在一起，相对独立又能够相互照顾，这和我国的传统亲情观念即习惯于以家庭为中心、互相照顾、互相依赖不谋而合，正所谓"老有所养，小有所依"，很好地诠释了中国人养老的"亲情理念"。"两代居"既解决了老人和年轻人生活方式和节奏的区别，同时又能够满足老人与小孩互相照顾的情况。

"两代居"的养老模式，其房间结构一般有以下两种类型：一种是"上下层式"，两代人的厨房、卫生间等都单独设立，互不干扰，老年人因身体等原因居室通常安排在第一层；另一种是"同层邻居式"，这也是在我国运用最多的一种类型，总体意义上是一个面积较大的平面连体住宅，将一个大户型拆分成两个相对独立的户型，主要有二居带一居、三居带一居、三居带二居等模式。"两代居"的养老模式也要求房源设计上尽量多些人性化的设计，如做些防滑处理、增加先进的通信设备、拥有现代化的安全防范系统等。

日本的"两代居"非常流行，通常分2~3层，老年人住底层。两代人共用门厅，但各自有厨卫浴，老年人的居室等处都安装了求救按钮，与年轻人的居室相通，一有问题，年轻人可以迅速救援，十分方便。

小贴士

人不孝其亲，不如禽与兽。

——《劝孝歌》

9

居家老龄服务是个新概念，老年人想知道具体服务内容时，怎么办

居家老龄服务是一个新生事物，老年人只有把居家老龄服务的内容分类弄明白，才能选择适合自己的服务。

首先，从服务内容上讲，居家老龄服务主要是针对居家老年人特别是失能半失能老年人的日常生活照料和护理服务，具体到细项而言，主要包括饮食起居、清洁卫生、生活照料、健康管理、康复护理、文体娱乐活动和临终关怀等综合性服务。也有一些地方进一步扩展了居家老龄服务的内涵，将所有居家老年人，不论健康状况，都作为服务的对象，同时也赋予居家老龄服务权益维护、精神文化服务等更加广泛的内容。

其次，从服务的性质划分，居家老龄服务主要包括：一、无偿服务。对重点服务对象实行政府购买服务，由当地政府发放一定数额的居家老龄服务券，个人和家庭不需要交费。二、低偿服务。对有一定经济来源，但生活仍有困难的老年人，由政府给予适当的补助，按照低于市场价格为老年人提供服务。三、有偿服务。就是按照市场价，对有经济能力的老年人提供服务，老年人自费购买，政府不予

补助。四、义工服务。由志愿者为社区居家老年人提供服务。五、认购服务。由社会力量和个人为重点服务对象购买服务。六、其他服务。包括邻里之间开展的互助服务、低龄老年人为高龄老年人提供的"时间储蓄"等服务。

居家老龄服务的提供主体虽然非常多元，但起根本支撑作用的还是有相应资质的居家老龄服务机构和专业的服务人员。居家老龄服务目前主要以政府购买服务进行推动，但在可以预见的将来，老年人自己购买服务比例将会不断上升，市场机制在居家老龄服务中将发挥重要的资源配置作用。

小贴士

2010年2月16日，上海市心理咨询行业协会发布消息，上海市将诞生注册心理陪护师的新职业。注册心理陪护师是凭借自己所拥有的专业心理知识，陪伴在老人、儿童、患病者以及临危者等人士身旁，以心理沟通的方式为他们提供心理护理。

10

居家老龄服务的护理和医疗护理看似相同，老年人想知道其差别时，怎么办

居家老龄服务包括对老年人日常生活的护理，老年人常常会分不清这种生活护理和平时听到的医院护理、医疗护理的差别。所以，有的老年人会认为，我没有生病，不需要护理。或者，我需要护理的话就找医院的护工，他们比居家老龄服务专业。

实际上，这个问题涉及医疗服务和长期护理服务的区别。老年人应当注意：这两种服务是针对不同需求群体的。医疗服务针对疾病特别是急性疾病的治疗，以及治疗过程中和治疗完成后短期的护理。长期照护服务则针对日常生活不能自理的老年人，其中有很多是慢性病患者，不需要在医院接受治疗，只需要在家中"自养"。具体来说，这两种服务的差别体现在：

一、医疗护理所涉及的服务主要是针对急性病或者急性发作的慢性病，而居家老龄服务的长期护理所涉及服务主要是针对慢性病、没有医疗价值的重绝症（例如晚期癌症）或者导致生活能力永久丧失的疾病。

二、医疗护理所涉及的服务是短期服务，常常有时间限度的规定（例如不同国家和地区对不同疾病的住院时间长度都有硬性的限制性规定），而居家老龄服务的长期护理服务所涉及的服务则是长期服务，没有时间限制。无论国际国内，医疗和护理分开是一个必然的趋势，也有利于节省社会资源和提高失能老年人服务质量。因此，老年人搞清楚了两者的区别，就能够更加科学地选择适合自己的服务。

小贴士

人类疾病谱的发展经历了一个逐步转变的过程，这一过程可以分为三个阶段：第一阶段是由饥饿、瘟疫引起的传染病阶段，第二阶段是由传染病引起的慢性病阶段，第三阶段是由慢性病向功能受损和活动受限转化。

11

面对不同形式的居家老龄服务，老年人不知道如何选择时，怎么办

居家老龄服务既属于公共服务，也属于市场服务，既有有偿的服务，也有无偿的福利性服务。因此，从价值补偿角度，居家老龄服务既有政府的补贴和支持，也有家庭或者老年人自己购买服务。

对贫困老人而言，现在全国很多地方开展居家老龄服务的过程当中有明确的补贴办法和标准。如老人需要居家服务，根据评估确定其需要哪些服务，对身体情况、收入情况等进行评估，所需要的服务价格是多少，老人自己能够支付多少，如果支付不了全部，差多少政府给予相应的补贴。

最主要有两种形式：一种是把老年人"请出来"，动员那些能自理的、身体比较好的老年人尽量从家里走出来，到社区机构网点场所来接受服务，参加一些社区组织的活动，这样对老年人的精神文化情感方面大有裨益，另外，可以让老人更好地了解社会、融入社区。服务可以通过固定的阵地服务，也叫机构设施的服务，这样老人能够得到比较好的满足。身体不能

自理、走不出来的那些老人，要培养训练一批居家老龄服务的护理人员走上门去，到老人家里实行上门包户的服务，这样老人的需求在家里也能得到满足。这是两种最基本的服务方式。

服务队伍由两个部分组成：一个部分叫专业化的养老护理员，不仅要经过培训还要取得相应资质；另一种要发动社会力量，扩大志愿者的队伍，发动社区、单位、学校志愿者利用自己的技能知识，利用节假日给老人提供相应的力所能及的服务。

小贴士

浙江省宁波市海曙区最早提出"走进去"和"走出来"的"两走"模式。所谓"走进去"，主要是指对一些高龄、独居的困难老人对象，通过政府购买服务，由专门的服务人员走进老人的住所，提供上门服务。所谓"走出来"，就是让大部分行动方便的老年人，走出小家庭，融入社区大家庭。

12

面对不同层级的居家老龄服务机构，老年人想知道该找谁时，怎么办

一般来说，发达城市的区、街道、社区都设有居家老龄服务机构，既有领导机构，也有具体的服务机构，老年人只要清楚了它们各自的职责，就知道遇到情况应该找哪个机构了。

居家老龄服务的领导机构就是相关政府部门，也有的地方是建立专门的领导小组，由与居家老龄服务工作相关的社会福利、社会救助、基层政权和社区建设、老龄工作等部门组成，对全区的居家老龄服务工作进行组织和协调。居家老龄服务的领导机构一般设在区，有些街道（乡镇）一级也成立以分管领导为主的居家老龄服务工作领导小组，负责开展此项工作。

从广义上讲，所有参与提供居家老龄服务的企业、社会组织等都是居家老龄服务的服务机构。不过，一般讲的居家老龄服务的服务机构主要是居家老龄服务中心，设在街道（乡镇）、社区都可以。

居家老龄服务中心属于民办非企业单位性质，其主要职责为：受政府部门委托，具体实施本地区内的居家老龄服务指导工作。居家老龄服务中心也是社区居家老龄服务的具体实施载体，充分利用老龄服务机构现有的各种为老服务资源和优势，为居家老人提供多种服务。也有一些地方建立居家老龄服务站。

以浙江省湖州市为例，居家老龄服务机构由县（区）、乡镇（街道）、城乡社区三级工作机构和服务网络组成。县（区）建立居家老龄服务指导中心；乡镇（街道）建立居家老龄服务中心；城乡社区建立居家老龄服务站，负责具体实施。

小贴士

居家老龄服务中心、站点的主要职责是：建立老年人信息库，发布老年人服务需求信息和社会服务供给信息，对享受政府补贴的居家老人进行资格评估；对居家老龄服务人员相关资格进行审查，接受服务对象的服务信息反馈，检查监督服务质量。

13

居家老龄服务中心建设很多，老年人想知道其相关标准时，怎么办

居家老龄服务中心是直接服务老年人的机构，其规范程度和服务水平直接关系到老年人获得服务的质量。目前，国家对居家老龄服务中心的建设没有提出明确要求，但各地都根据自己实际提出了很多标准和要求，包括：

一、要统一规范站点名称。居家老龄服务中心（站）需要统一挂"XX县（市、区）或XX街道（乡、镇）XX社区（村）居家老龄服务中心（站）"牌匾，以使老年人便于识别。

二、要建立适当的开办场所。居家老龄服务中心（站）场所室内面积不应少于200平方米。根据服务对象人数和服务需求，单独或综合设置日托室、配餐室、医务室、阅读室、娱乐室、工作室等。户外需有健身场所和活动器材。积极创造条件建立呼叫信息平台，为老年人提供方便快捷的家政服务、医疗服务和紧急救助。

三、要有完善的各项制度。居家老龄服务中心（站）须建立和完善管理、服务承诺、值班、监督考评等制度，以确保服务质量。同时，相关制度及工作流程应当上墙，让老年人明白，接受老年人和社会监督。

四、要有健全的服务队伍。居家老龄服务队伍包括：专业服务队伍（由社区具备家政服务、水电维修、医疗陪护等专业特长的人员组成），志愿者服务队伍（由青年志愿者和低龄老年人组成）。

五、要清晰划定各自职责。主要包括居家老龄服务中心（站）职责和养老护理员等工作人员职责，不断提高服务中心的管理规范化水平。

小贴士

"十二五"期间，全国城市社区基本建立起居家老龄服务网络。农村社区依托乡镇敬老院、村级组织活动场所等现有设施资源，力争80%左右的乡镇拥有一处集院舍住养和社区照料、居家老龄服务等多种服务功能于一体的综合性老年福利服务中心。

14

政府鼓励发展居家老龄服务，老年人想知道有哪些优惠政策时，怎么办

目前，国务院、全国老龄委和各相关部门出台了大量优惠政策，鼓励和引导社会力量参与兴办老龄服务业，主要包括：

一、土地方面。社会福利机构的建设用地，按照法律、法规规定应当采用划拨方式供地的，要划拨供地；按照法律、法规规定应当采用有偿方式供地的，在地价上要适当给予优惠；属出让土地的，土地出让金收取标准应适当降低。

二、登记方面。对获得民政部门批准设置的社会福利机构按规定到有关部门办理法人注册登记时，有关部门应优先办理。

三、税收方面。对政府部门和企事业单位、社会团体以及个人等社会力量投资兴办的福利性、非营利性的老年服务机构，暂免征收企业所得税，以及老年服务机构自用房产、土地、车船的房产税、城镇土地使用税、车船使用税。

四、医保方面。对社会福利机构所办医疗机构已取得执业许可证并申请城镇职工基本医疗保险定点医疗机构的，经审查合格后纳入城镇职工基本医疗保险定点范围。

五、用水用电方面。对社会福利机构的用电按当地最优惠价格收费，用水按居民生活用水价格收费；对社会福利机构使用电话等电信业务要给予优惠和优先照顾。除了上述国家层面的优惠政策，各地还出台了许多配套政策，主要是开办补贴、床位补贴、服务补贴等。

老年福利服务机构是指专门为民政对象中的老年人提供福利服务的机构。城市一般是老年社会福利院，农村一般是敬老院或养老院。

15

经常听说老龄服务的"9073"、"9064"，老年人想知道是什么内容时，怎么办

20世纪前期，发达国家将院舍机构服务作为解决老年人老龄服务问题的主要途径，但近二三十年来，随着各国和地区人口老龄化程度不断加深，许多国家和地区开始关注居家老龄服务和社区养老，推行社区老年护理服务，即为居家老年人提供多种不同形式的老龄服务，形成覆盖广泛、种类多样的老年居住建筑和服务设施体系。各国和地区的养老模式也都逐渐由设施养老、机构服务，向机构服务和居家老龄服务并重的方向转变。

根据国际经验和我国国情，同时考虑到我国传统居住文化的特点，近年来，我国上海、北京等地创造性地提出了"9073"、"9064"老龄服务格局，许多地方也纷纷跟进。所谓"9073"格局，是2007年上海提出的。其要义是："十一五"期间逐步形成"9073"老龄服务格局的目标，即90%的老年人由家庭自我照顾，7%的老年人享受社区居家老龄服务，3%享受机构老龄服务。继上海之后，2009年，北京市也确定了"9064"老龄服务发展模式，即到2020年，90%的老年人在社会化服务协助下通过家庭照料，6%的老年人通过政府购买社区照顾，4%的老年人入住老龄服务机构享受机构服务。

可以说，"9073"、"9064"服务格局的提出和不断完善，标志着我国老龄服务体系的不断深化，也是我国在探索一条中国特色老龄服务道路上的重要成绩。这一格局的确立，将能够从根本上逐步解决长期困扰我们的老龄服务难题。

小贴士

养老床位的指标：中央文明委2004年9月颁布的《全国文明城市测评体系(试行)》要求，每百名老年人口拥有社会福利床位数，直辖市、省会副省级城市要大于2张，地级市、县级市要大于1.7张。

16

经常听人提起"一碗汤距离"，老年人想知道是指什么时，怎么办

　　家庭是居家老龄服务的重要力量，不管社区服务和市场服务多么发达，老年人都离不开家庭的关怀和照顾。家庭的作用，特别是在精神慰藉方面的作用是不可替代的。为此，有人提出了"一碗汤距离"的概念。

　　"一碗汤距离"就是说儿女和父母的最佳居住距离不能太远，应当是儿女为父母送汤不会冷的距离。中国人喜欢大家庭，喜欢三代同堂，喜欢抱团生活，但社会发展至今，中国的家庭在不断地缩小，时下有条件的年轻人，多半会在结婚时，从父母身边搬离，另觅居所，这是不可避免的。这群一直被父母视若珍宝的"雏鸟"，他们往往会拿着有限的积蓄和父母的赠予，到郊外去购买拥有绿水青山的大房子。等浪漫过后，或小孩出生后需要老人帮忙照看时，才又重回市区，与父母同挤一个不大的空间。老年人为子女选择新的居所，最佳的范围应定在与自己的住所步行可达，如果经济实力较好的家庭，老年人也可以和儿女在同一楼盘内置业，置业同一楼盘、置业同一栋楼、置业同一楼层，却各自都能拥有自己独立的居住空间。

　　两代人每天都守望相助，老年人为儿女照看子女，儿女向父母嘘寒问暖，一碗汤的距离让两代人之间的代沟和他们一起和谐地并存着。

　　用一碗汤的距离来衡量两代人的居住距离，它的恰到好处，犹如视觉艺术的黄金分割线。老王以前和女儿女婿住在一个大三居，但两代人生活习惯不同，经常磕磕绊绊。后来，老王将大三居换成两个同一单元的小两居，与子女分开住，但经常一块吃饭、看电视，结果效果很好，两代人其乐融融。最关键的是，老王再也不担心身边没有女儿照顾了。

小贴士

　　"一碗汤距离"是日本学者在20世纪70年代提出的家庭亲和理论。当时，日本家庭的空巢现象十分严重，日本社会伦理学家积极倡导亲情养老敬老，子女的住处应该和老人的住处离得不太远，这样子女既有自己的世界，又能够方便照顾长辈。

17

经常听说朝九晚五日托式老龄服务，老年人想知道具体内容时，怎么办

　　"日托老龄服务"是一种新型服务模式，这种模式不仅减轻了家庭负担，更缓解了老年人的孤独感，体现了老年人与社会的互动，增加了老年人的自信心，满足、回应了部分老人的需求。

　　"日托所"其实与"托儿所"有些相近，有人称它是"托老所"，一般建在小区附近。老人们早上9点到"日托所"，自带茶杯和茶叶，"日托所"内提供开水，老人在里面悠闲地看报纸，看电视，或者几个老人在一起拉家常，或者下棋、打牌，中午选择适合自己的口味，用4~6元吃顿中饭，到了下午四五点钟，老人们各自回家，此时子女们也都下班回家了，一家人在一起享受天伦之乐。调查显示，54.06%的老人愿意或会考虑去日托所。可见日托所具有一定的发展空间，由于日托所对于半自理的老年人可以提供护理，而且收费低于老龄服务机构，所以受到老年人及其子女的欢迎。一些老年人认为，养老院里的

收费较高，而且里面管理也严格，买个水果什么的都得经过批准，进出非常不自由。但是日托所出入自由，伙食娱乐都安排得井井有条，省心得很。老人们都说，还是日托所感觉好，白天和小区里老人在一起，大家彼此都非常熟悉，时间一会儿就过去了，晚上又能回到家里，很舒服。

　　不过，日托所的发展也面临一些问题。日托所要真正全面深入到所有老人生活中，还需要社会各方面的共同努力，老人自身观念的转变也很重要。

小贴士

　　北京市《关于贯彻落实〈北京市市民居家养老（助残）服务办法〉的意见》提出，将对运营满半年的托老（残）所给予补贴，对月服务18天以上、服务满意率达到90%以上的托老所床位每月补贴100元。

18

有的地方推出"货币化老龄服务模式"，老年人想了解其内容时，怎么办

货币化老龄服务模式就是由相关部门拿出一定的资金，以货币券的形式向特困老人发放，老人可以持券到社区购买服务，从而实现居家老龄服务。

这种模式的适用人群是城市特困和孤寡老人。货币化养老的补贴对象一般是70周岁以上（含70周岁）分散供养的"三无"老人、享受城市居民最低生活保障的特困老年人以及60~69周岁失去自理能力的孤寡、残疾老年人。

居家老龄服务补贴是将补贴金额以代币券的形式发放给补贴对象，补贴对象根据生活需要到所在社区老年服务中心购买服务，社区老年服务中心根据补贴对象的需求配备经过培训的服务人员，并上门为补贴对象服务。

居家老龄服务补贴标准分为：能自理的、半失能（半自理）的、完全失能（不能自理）的等类型，每种类型补贴金额略有不同。补贴对象领取代币券后，可根据自身需要，到社区老年服务中心购买各种服务项目，选择服务人员，并支付服务费用。

申请货币化机构老龄服务的补贴对象，必须将个人收入所得（包括低保金、养老金等），作为生活服务费交给老龄服务机构，个人财产、房产可由老龄服务机构代为保管，房产出租金可补充养老生活服务费。老龄服务机构对老人的衣、食、住、行、医（重大疾病可申请低保对象医疗救助）负责。货币化养老是拓宽老龄服务渠道、解决"三无"老人和特困老人老龄服务问题的一种有效尝试。

小贴士

"货币化养老"，实质上就是政府出钱为特定的困难老年群体购买老龄服务。

19

时间储蓄老龄服务模式很新奇，老年人想知道它是指什么时，怎么办

所谓时间储蓄老龄服务模式是指社区里低龄老人通过"时间储蓄"的方式来照顾高龄且生活有困难的老人，待这些低龄的老人成为高龄老人时，可根据"储蓄"的时间来接受低龄老人同等时间的服务，以此为循环的一种养老模式。

这种养老体系既能使社区成员发扬互助自助精神，鼓励和促进居家的老人积极参与社会建设和志愿活动，满足老年人情感回归的愿望，还能解决高龄老人的具体困难，使他们享受到钟点工不能给予的邻里之间的真诚关爱。

以社区为单位，动员相对"年轻"的健康老人转变观念、树立新风，为高龄人当义工，若干年后，当义工本人需要服务时，可提出申请，由其他义工提供相应时间的老龄服务；政府在组织试点的基础上，增加投入，完善制度，推广"时间储蓄养老模式"的经验，逐步市场化、社会化，尽早建立一套完整的养老管理模式。

这种"时间储蓄老龄服务"模式，与机构服务相比，成本较低、覆盖面广、服务方式更灵活，可以让一部分家庭经济有困难或不愿离开家庭但又有老龄服务需求的老年人得到价廉物美的照料服务，也减轻了政府养老基础设施建设等成本支出。

小贴士

"时间储蓄"老龄服务，最早源于德国、日本等国。我国实施"时间储蓄"最早的是上海，随后北京、南京、杭州、太原等市的一些机构或居民小区也开展了"时间储蓄老龄服务模式"的探索。

20

居家老龄服务实行"橄榄形"发展思路，老年人想知道具体内容时，怎么办

所谓"橄榄形"发展思路，就是将老年人按照其经济状况、身体状况、居住状况分为三部分：

"橄榄形"相对较小的底部，主要是"三无"、五保、独居、空巢等困难老人，由政府承担服务经费集中供养；"橄榄形"相对小的顶部，主要是一些家庭经济条件优越的老人，通过有效配置资源，以市场运作为导向；而"橄榄形"中间段的一般社会老人，是主体部分，则通过制定优惠政策，加大扶持力度，积极鼓励社会力量参与。

"橄榄形"的发展思路较好地满足了不同层次老人的服务需求，是居家老龄服务发展的主要方向。同时，区分不同老年群体提供不同服务，也是整个老龄服务业发展的思路。具体而言，可以依据老年人的生活自理能力分为五个层次：

一、有很大一部分60岁以上的老人身体健康、生活状况良好，他们可以自由出行，完全有能力自己照顾自己，他们的活动范围很大，甚至是没有限制。对于这类老年人，政府基本不需要提供帮助；二、老年人生活尚能自理，但活动半径变小，政府就要加大投入开始为他们准备老龄服务设施，最典型的例子就是"星光老年之家"、老年食堂、洗衣房等；三、当老年人出现部分生活不能自理时，其活动范围缩小到只能待在家里的时候，政府就需要培育专门的机构提供居家老龄服务，解决老年人服务难题；四、如果老年人生活自理能力进一步恶化，甚至完全不能自理，就需要考虑增强居家老龄服务强度和专业度，有些时候则必须送往专业的老龄服务机构；五、接近生命终点的老年人，需要提供临终关怀服务，或者入住临终关怀医院，以帮助老人减少痛苦，有尊严地走完生命最后一程。

小贴士

浙江省杭州市上城区最早提出"橄榄形"老龄服务社会化发展思路。上城区地处杭州市中心，是一个老城区，也是浙江省人口老龄化比率最高的一个城区，老年人占全区总人口的23%。"橄榄形"的发展思路较好地满足了不同层次老人的服务需求，为上城区实现老龄服务全覆盖提供了有效保障。

第二节　使用居家老龄服务

21
居家老龄服务好处多，老年人想知道如何申请时，怎么办

居家老龄服务需要由老年人向社区或街道居家老龄服务中心提出申请，具体流程如下：

一、申请人（老年人或其委托人）持户口簿、身份证到居家老龄服务中心填表申请服务。二、居家老龄服务部派人上门进行服务评估，根据老人情况制定具体的服务内容。三、如属于政府购买服务对象，在申请时还需提供能够反映其属性的相关证件，如低保证、低收入证、伤残军人证或者劳模证等，然后经过居民委员会、街道的审核，并报区民政局备案后才能享受免费或补贴服务。四、居家老龄服务员上门为老年人提供服务。提供的服务包括打扫卫生、洗衣服、陪看病、煮饭、购物、聊天、巡视、巡诊、康复锻炼等。五、居家老龄服务中心向老年人了解服务评价，听取老年人的意见。居家老龄服务是面对所有老年人的，只要有需求，都可以申请。

一般而言，各地都划定了若干类政府购买服务的对象，主要包括：一、福利对象。包括城市"三无"老人、农村五保老人等。二、困难老人。享受低保或经济困难家庭中，生活不能自理或部分不能自理的老人。三、特殊贡献老人。伤残优抚对象、省市级以上劳动模范（全国单项先进等）和归侨中经济相对困难，生活不能自理或部分不能自理的老人。四、百岁以上老人。五、80岁以上独居、空巢以及其他需要政府购买服务的老人。上述五类老人，根据其困难程度和服务需求的强度，由居家老龄服务中心确定补贴标准（不同数额的服务券或者不同的服务时间）。

小贴士

老年、残疾或者未满16周岁的村民，无劳动能力、无生活来源又无法定赡养、抚养、扶养义务人，或者其法定赡养、抚养、扶养义务人无赡养、抚养、扶养能力的，享受农村五保供养待遇。

——《中华人民共和国农村五保供养条例》

22

居家老龄服务是新生事物，老年人想知道相关服务规范时，怎么办

目前，一些地方已经制定出台了地方性的居家老龄服务相关规范和标准，例如上海、宁波等地。但是，全国性的专门针对居家老龄服务的强制规范还没有，目前对居家老龄服务具有较大指导意义的是老龄服务业方面的"两规范一标准"。

所谓"两规范"，一是《老年人建筑设计规范》，主要针对城镇新建、扩建和改建的专供老年人使用的居住建筑及公共建筑设计时，在基地环境、建筑设施、室内设备等方面提出规范性的要求。二是《老年人社会福利机构基本规范》，主要针对各类、各种所有制形式的为老年人提供养护、康复、托管等服务的社会福利服务机构，在服务、管理、设施设备等方面提出要求。

所谓"一标准"，是指《养老护理员国家职业标准》，对养老护理员的职业名称、职业定义、职业等级、职业环境、职业培训、基本要求、工作要求等进行规范，提出相应的国家标准。

居家老龄服务机构也属于老龄服务业，"两规范一标准"是所有居家老龄服务机构必须遵循的规范性文件。目前，对照"两规范一标准"，我国居家老龄服务机构的发展存在着居住环境较差、无障碍设计不到位、设备不齐全、服务人员职业水平不高等问题，因此，距离不断规范化发展还有很长一段路要走。

小贴士

2009年10月，上海市发布《社区居家养老服务规范》，这是我国首个社区居家老龄服务规范地方标准。该规范明确了生活护理、助浴、助餐、助洁、助行、助医、代缴费用等方面的服务要求，定义了"社区居家老龄服务社"、"老年人日间服务中心"、"社区老年人助餐服务点"等各类服务机构的概念，并分别从事前、事中和事后确定了对它们的质量评价指标与方法。

23

子女下岗无工作，老年人想介绍其从事居家老龄服务时，怎么办

针对家庭困难的下岗职工，一些地方在推进居家老龄服务的同时，都把这项工作和安排下岗职工再就业结合起来，优先安排下岗职工承担居家老龄服务工作，收到了良好的社会效果。

以上海市为例，他们提出"以居家老龄服务促万人就业"。自2003年11月起，市民政局决定进行深化居家老龄服务和社区助老万人就业项目工作的试点，明确了从事居家老龄服务的人员主要招用失业、低保人员和农村富余劳动力的原则。上海市对这部分招聘的人员进行培训（政府财政负担培训费用），目前已经有大约1.4万人经过培训上岗了。

北京市也出台了类似政策。根据计划，北京市3年内将招聘1万名社区居家老龄服务助残员，2010年各区县计划招聘养老员2000人左右。养老员招聘的主要对象是"4050"人员、下岗失业人员。此外还有女35岁及以上、男40岁及以上且失业一年以上，符合享受北京市城镇居民最低生活保障待遇的人员；"零就业家庭"人员也在招聘范围之内。正式聘用后将按照社区公益性岗位有关标准发放工资，含五险一金。以西城区看，居家老龄服务助残员的月工资将达到1300元左右。所以，如果符合上述的条件，老年人可以让子女去居家老龄服务中心报名，老年人和子女就都可以从居家老龄服务中受益了。

目前，全国居家老龄服务开展程度不一，城市的老年人也可以向当地居家老龄服务部门进行咨询，了解具体政策。

小贴士

公益性岗位是指城市公共管理和涉及居民利益的非营利性的服务岗位，主要是由政府出资扶持或社会筹集资金开发的，符合公共利益的管理和服务类岗位，用来优先安置大龄就业对象就业。

24

健康档案保健康，老年人想知道其内容和作用时，怎么办

　　建立健康档案是居家老龄服务的一项重要内容，为老年人建立健康档案，可以及时掌握老年人的健康状况和变动，对于为老年人提供针对性、及时性的居家老龄服务具有重要意义。

　　老年健康档案是居民健康档案的一部分。居民健康档案是由个人基本信息表、健康体检表、接诊记录表、会诊记录表、双向转诊单、居民健康档案信息卡组成的系统化档案记录，是记录有关居民健康信息的系统化文件，是社区卫生服务工作中收集、记录社区居民健康信息的重要工具；是社区顺利开展各项卫生保健工作，满足社区居民的预防、医疗、保健、康复、健康教育、生育指导等"六位一体"的卫生服务需求及提供经济、有效、综合、连续的基层卫生服务的重要保证。

　　通过建立个人、家庭和社区健康档案，能够了解和掌握社区居民的健康状况和疾病构成，了解社区居民主要健康问题和卫生问题的流行病学特征，为筛选高危人群，开展疾病管理，采取针对性预防措施奠定基础。

　　很多地方在建立老年人健康档案时，还注重搜集和记录老年人子女、亲朋、单位等的联系方式。这样，一旦居家老年人发生意外，居家老龄服务中心不仅能第一时间知道老年人的可能病因和治疗要点，更能在第一时间找到老年人的子女和亲人，及时通知他们。

　　从 2009 年开始，逐步在全国统一建立居民健康档案，并实施规范管理。定期为 65 岁以上老年人做健康检查，为高血压、糖尿病、精神疾病、艾滋病、结核病等人群提供防治指导服务。

25

花钱购买居家老龄服务，老年人心理上不好接受时，怎么办

南京的李奶奶已经 80 岁了，生活自理能力部分丧失，对居家老龄服务有强烈的需求。但由于子女都在身边，家庭经济状况尚可，政府根据她的情况只给予两个小时的服务优惠，超过两个小时的服务，则需要按照市场价格支付服务费用。对此，李奶奶心里很不舒服。李奶奶的这种情况是比较普遍的，很多老年人节衣缩食一辈子，养成了节俭和不求人的习惯，除了日常生活必需品和医疗看病等必要支出外，舍不得花一分钱，更不用说花钱买服务了。如何解决这个问题呢？

首先，老年人应当转变自己的消费观念。现在社会物质比较丰富，人们的生活水平稳步提高，在温饱问题已经解决的基础上，追求更高更好的生活质量是必然趋势，也是无可厚非的。老年人不应当固守因为历史原因形成的消费习惯，而应顺应时代，转变消费观念，树立合理消费、理性消费的新观念，同时认识到通过消费能够提高自身生活质量。

其次，花钱买服务实际上是产生更多的效益。子女为老年人买了服务，表面看是花了钱，但是，父母的服务问题解决了，子女能够腾出更多的时间，更大的精力从事经济社会生产，能够产生更大的经济社会效益，赚更多的钱。从这个角度来看，老年人享受服务，不是在花子女的钱，而是在给子女赚钱。想明白了这两点，老年人就会放下心理负担，坦然地接受居家老龄服务。

小贴士

老年人的消费行为具有七个明显特征：一、求实求廉、价格敏感度高。二、习惯性消费。三、理性为主导，冲动型热情少。四、讲求便利，习惯于就近消费。五、重体验，轻广告。六、图小利，重服务。七、消费喜欢结伴而行。

26

居家老龄服务员上门服务，老年人想克服"不放心"之感时，怎么办

　　居家老龄服务员上门服务是好事，但有些老年人总感到居家老龄服务员是陌生人，对他们不放心。在家做家务担心偷了家里的东西，出去买菜担心给老年人乱花钱、不货比三家。总之，老年人就是觉得对这些"陌生人"不怎么放心。

　　产生这种情况是可以理解的。居家老龄服务员第一次上门，老年人有陌生感，小心提防也是情有可原的。特别是对于空巢生活不能自理的老年人，子女不在身边或者没有子女，自己又完全卧床行动不便，一个陌生人在家里忙来忙去，确实让老年人不放心。

　　遇到这种情况时，首先，老年人大可以宽宽心，因为所有居家老龄服务员都是经过严格招聘和培训持证上岗的，具备良好的职业素养和操守，绝不会乱拿乱动老年人的私人物品。同时，居家老龄服务中心对服务员的工作有完善的监督机制，会有专门人员上门了解其服务状况，老年人也可以把自己对服务员的意见予以反映。

　　其次，老年人对服务员也有一定的自主选择的空间。老年人可以根据自己的习惯和喜好，让居家老龄服务中心派自己放心的服务员上门。而且，经过一段时期的相处，老年人对自己的居家老龄服务员不断增进了解，对其信任程度也能不断加深，从而最终克服陌生感，建立起良好的信任关系。

　　当然，作为老年人自己，如果存在谨小慎微、疑神疑鬼的问题，也应当努力克服。老年人可以试着与自己的居家老龄服务员多沟通、多聊聊天，增加彼此之间的熟悉感。

小贴士

　　疑心生暗鬼，不信自然无；朋友是最好的心理医生。

27

接受服务让人不习惯，老年人想摆脱"靠别人伺候"之感时，怎么办

有些老年人年轻的时候，是个很要强的人，什么事情都不用人帮，所有难题都自己解决。但退休以后，特别是日常生活很多方面都需要别人照顾时，不得不接受社区提供的居家老龄服务。很多困难解决了，但老年人总觉得老了、不中用了、只能靠别人伺候了。其实，老年人大可不必过分悲观。

首先，现代社会是个分工日益精细的社会，所有工作都由不同的人分别承担，一个人不可能完成所有的事情。具体到老龄服务，养老护理员绝对比老年人自己要专业得多，服务质量要高得多。所以，接受服务将是现代社会的一种常态，连成年人生活照顾、家务劳动、家具修理等，都需要购买社区或者社会的服务，很多事情不需要自己来完成。

其次，随着年纪的增长，人的体力会有所下降，这是一个自然规律，

任何人都不可能回避。老年人要知所不能，做到"知天命"，不必强求自己还像年轻时候事事不求人。

最后，老年人虽然体力下降，但智力、经验等方面能力不会衰退。老年人可以积极做些力所能及的事情。学者型老人可继续从事科学研究和撰写著作；技术型老人可受聘发挥余热；领导型老人可到工矿企业、街道居委会充当顾问、参谋，提建议，出谋划策。

总之，老年人要多与周围的人交往，使自己心胸开阔、乐观豁达，融入社会，就不会有"老而无用"之感。

小贴士

桑榆之时，壮志逾励；松柏之性，晚岁常坚。

——《旧唐书·李麟传》

28

居家老龄服务照顾周到，老年人想避免产生依赖时，怎么办

居家老龄服务能够满足老年人的大部分生活需求，时间长了，老年人事事都有人代劳，难免产生依赖情绪，结果本来自己能动手完成的事情也不愿意做了，只等着居家老龄服务员上门。

客观地讲，老年人自己做些力所能及的事情，对身体是有益处的，一定程度上可以延缓身体和头脑的衰老过程。如果一天无所事事，身体越来越懒，脑袋越来越沉，心境也会越来越差，人也就老得快了。

从心理学的角度讲，过分依赖别人就是过早地把自己归入老年行列。有的老人心理上认为自己年老力衰，无能为力，事事干不来，甚至把自己打入"多余人"的行列，而心情一旦被"无能"、"无用"、"无奈"困扰，就很容易失去生活的独立性和主观能动性，懒得按个人的意志和爱好安排自己的生活，这样就会加速身心老化。一般来说，老年人从工作岗位退下来的头几年，身体比较健康，精力比较旺盛，独立生活能力也比较强，完全不必过分依赖他人。另外，一些有慢性病的老人，本来经过自己的调养和功能练习，是可以逐渐好转并恢复的。但由于过分依赖别人的照料，总觉得离开了别人自己不行，就会丧失战胜疾病的意志、毅力和信心，削弱自身的免疫功能和内在的抗病力。由丧失信心，到丧失能力，结果由自己树起的"顽敌"成了自己康复的致命障碍。

居家老龄服务的本质并不是替代，而是增强和帮助，增强老年人自立能力，帮助老年人完成生活各种事务。老年人应当摈弃依赖居家老龄服务的思想，用好居家老龄服务，使自己生活得更自主、更快乐。

最好的长生不老药，便是在己身未填沟壑之前彻底地用尽自己。老年人要善用自己的力量，而不要低首于无聊的苦恼与疾病。

——（英）萧伯纳

29

居家老龄服务员态度不好，老年人感到委屈时，怎么办

老年人在接受居家老龄服务时，经常要与服务员进行沟通，让服务员明白自己的需求，也可以向服务员提出自己的合理要求。但是，有些居家老龄服务员常常会不耐烦听老年人讲话，有时候甚至顶撞老年人，这样，老年人感到很受委屈。遇到这种情况，怎么办？

首先，老年人要明白，向居家老龄服务员提出服务要求是自己的权利。在做饭方面，老年人可以根据自己的喜好对饭菜的口味提出要求。做家务方面，老年人也可以对做哪些家务、做到什么程度向居家老龄服务员提出要求。这些要求都是很正当的，居家老龄服务员必须遵从老年人的要求。老年人不必一味迁就服务员，使自己觉得"吃了亏"，受了委屈。

其次，如果遇到服务员不接受老年人的意见，甚至与老年人顶嘴，态度蛮横的。老年人可以通过两个办法维护自己的权利。一是拒绝向其支付居家老龄服务券，二是向其所在的居家老龄服务中心进行投诉。

当然，要想真正和居家老龄服务员融洽相处，是一门学问。老年人要学会四点：一要"平等对待"，我们毕竟是老人，又是长者，视他们为公民，别把他们当"下人"而歧视；二要互相尊重，异性相处互相尊重更重要，彼此自爱自尊；三要宽容一些，他们个人或家庭都有难处，如遇特殊困难也可量力扶助；四要耐心培养，多将自己的情况和服务员沟通，使他逐渐了解和适应自己。日久天长，老年人和服务员之间不断熟悉和适应，就可以很好相处了。

小贴士

年老受尊敬是出现在人类社会里的第一种特权。

——（法）拉法格

30

发现家里的贵重东西不见了，老年人想知道合适的处理方法时，怎么办

发现家里的贵重东西不见了，老年人千万不要慌张。

首先，老年人要认真回想一下，自己的东西是不是确实放在原来的地方了？会不会记错了。一般来说，老年人记忆力不如从前，东西丢三落四是常有的事情，如果因为自己记错而冤枉好人，不仅居家老龄服务员觉得委屈，老年人也会感到内疚的。所以，首要的还是认真回忆一下东西的存放地点和情形，最好把子女叫来，一同认真寻找一下，看看能不能找到。

其次，向居家老龄服务中心沟通是一个好办法。老年人可以主动找居家老龄服务中心，或者请他们派人上门来，把事情的前因后果、来龙去脉好好反映一遍。把居家老龄服务员的近期表现，以及自己丢失财物的具体情况如实反映。居家老龄服务中心将会根据老年人反映的情况，展开相应的调查。如果发现确实存在居家老龄服务员违背职业规范的事情，他们一定会秉公处理，给老年人一个满意的答复。

最后，就是报警。不到万不得已，老年人一般也不愿意选择这一方式。报警后，老年人要配合警察同志，把自己掌握的情况一五一十地告诉警方，之后耐心等待警方的侦破。为了不与居家老龄服务员关系弄僵，老年人可以有一个小技巧。先不用说自己怀疑谁，只当作普通的盗窃案件报案，随着警方的调查不断深入，真相自然能够浮出水面，孰清孰浊，最后自有公断。

小贴士

《列子·说符》中有一个"疑人偷斧"的故事。大意是说，有一个人家里的斧头丢了，怀疑是邻居之子所为。看他走路的动作说话的表情都像是偷斧之人。后来斧头找到了再看时，动作、说话都不像偷斧之人了。

这则故事给我们一个重要启示：丢了财物，首先是报警，不要有罪推论。这样会影响邻里和睦。

31

居家老龄服务员为自己擦拭身体，老年人感到不自在时，怎么办

老年人卧床不起，需要服务员经常帮忙翻身和擦拭身体，否则容易长褥疮，影响老年人的身体健康。但当着陌生人裸露身体，老年人常常会觉得很不自在。特别是当服务员是异性时，老年人更会觉得尴尬。遇到这种情况，怎么办？

首先，"有疾不讳医"。老年人卧床之后，需要别人照料是不可避免的。在这种情况下，必然要放下一些平时的禁忌要求，以配合居家老龄服务员为自己服务。居家老龄服务员给自己擦拭身体，就像医生为病人诊病是一样的，不必难为情。

其次，要相信专业。居家老龄服务员都经过严格的职业培训，其中最重要的一项技能就是为失能老年人擦拭身体的技术。在这方面，老年人可以相信自己的服务员，他们一定能以最专业的态度、最好的技术为您服务。受过良好训练的服务员，还能够通过言语交谈使老年人放松紧张的情绪，帮助老年人消除尴尬。

最后，有些老年人不愿意让居家老龄服务员擦拭身体，恰恰是因为害怕自己长时间没擦，身体有异味，害怕服务员嫌自己脏。这也大可不必。正因为有擦拭的需要，老年人才应该接受居家老龄服务员的服务，如果一味阻拦不配合，时间长了，对老年人的身体健康是非常不利的。如果能够经常擦拭，使身体保持清洁，不仅有利于增进健康，也可以使老年人增添信心，更加自信地面对居家老龄服务员，更加舒适地享受每一天的生活。

小贴士

不少老年人冬季容易感到皮肤瘙痒，他们常常以为洗澡越勤、水温越高，越有利于瘙痒症的缓解。其实，这是一个误区。洗热水澡虽能解一时之痒，但过后会加剧瘙痒，因为过热的水会严重破坏皮肤表层的皮脂膜，使皮肤更加干燥，瘙痒更严重。

32

对现在的服务员不满意，老年人想知道如何换人时，怎么办

老年人如果对现有的居家老龄服务员不够满意的话，可以向居家老龄服务中心进行说明，讲清楚对其不满意的地方，请其及时按照老年人的意见进行改进。或者，可以要求居家老龄服务中心重新为其指定居家老龄服务员。

为了配合居家老龄服务中心开展工作，老年人应当尽量详细地向居家老龄服务中心描述自己的需求，是更需要会做家务的，还是需要更会做日常护理的，是喜欢善于沟通的，还是喜欢勤勤恳恳话语不多的。居家老龄服务中心将根据老年人的意见，为老年人选配适合的服务人员。

每一个居家老龄服务员为老年人服务后，中心都会进行相应的服务质量回访调查，这时候，老年人要如实反映其服务情况以及对其满意程度。居家老龄服务中心将根据老年人服务反馈，确定居家老龄服务员是否称职，是否需要对其进行重新培训或者改进。

除了更换服务员，老年人也可以尝试与居家老龄服务员进行沟通。有时候，之所以对其不满意，可能他的服务方式不符合老年人的要求，如果老年人能把自己的意见及时告诉服务员，让他根据您的意见调整自己的服务方式，相信能够让老年人更加满意。

小贴士

与人交流要求我们巧妙地听和说，而不是无所顾忌地谈话。

33

居家老龄服务员做的饭菜虽然有营养，但老年人不喜欢其口味时，怎么办

老年人多年来形成了自己的饮食习惯和口味，但这并不一定代表饭菜有营养。居家老龄服务员是经过培训的，做的饭菜比较注重营养，适合老年人的特点，但口味上可能会与老年人的不太符合。出现这种情况时，老年人应该虚心听取居家老龄服务员的意见和建议，逐步调整一下自己的饮食习惯，学习一些健康的饮食知识。

老年人饮食要注意几个方面的搭配：一、粗粮、细粮要搭配：粗细粮合理搭配混合食用可提高食物的风味，有助于各种营养成分的互补，还能提高食品的营养价值和利用程度。二、副食品种类要多样，荤素搭配：肉类、鱼、奶、蛋等食品富含优质蛋白质，各种新鲜蔬菜和水果富含多种维生素和无机盐。两者搭配能烹调制成品种繁多、味美口香的菜肴，不仅富于营养，又能增强食欲，有利于消化吸收。三、主副食搭配：主食是指含碳水化合物为主的粮食作物食品。主食可以提供主要的热能及蛋白质，副食可以补充优质蛋白质、无机盐和维生素等。四、干稀饮食搭配：主食应根据具体情况采用干稀搭配，这样，一能增加饱感，二能有助于消化吸收。五、要适应季节变化：夏季食物应清淡爽口，适当增加盐分和酸味食品，以提高食欲，补充因出汗而导致的盐分丢失。冬季饭菜可适当增加油脂含量，以增加热能。

当然，在注意营养和健康的基础上，老年人适当地照顾一下自己的口味也未尝不可。

小贴士

老年人应当根据具体情况（如性别、年龄、劳动强度），确定每日总热能及营养需要量，然后根据食物所含的营养素科学计划每日膳食。

34

居家老龄服务员开口借钱，老年人想知道该不该借时，怎么办

一般来说，老年人清楚，和居家老龄服务员平时相处，彼此接触并不深入，特别是对于相处时间较短的情况，不应该有金钱方面的往来。另外，老年人知道有些服务员属于下岗家庭，没有其他收入来源，家庭经济拮据，若非遇到难事不会向自己开口，不借钱自己心里无论如何过意不去。

遇到这种情况，老年人应该区别对待。如果是确实相处时间较长，或者就住在同一个小区，知根知底，真是遇到了难事，老年人如果有能力，可以帮助他渡过难关。这时候，老年人要找一个熟人作为第三方见证，让其证明自己借钱给服务员，同时要订立书面的借据，约定归还的时间和方式，以防将来发生不必要的麻烦。

有的时候，老年人对服务员不够了解，不知道他所谓"急事"的真假，不愿意借钱给他。或者对方要借的数目较大，超出了老年人能够出借的范围。这时候，老年人要学会说"不"，委婉地拒绝对方的借钱要求。第一，老年人可以告诉对方，自己年老多病，每月支出大，基本没有什么积蓄，爱莫能助。第二，老年人可以告诉对方，如果实在是生活有困难，可以向居家老龄服务中心反映，或者向政府有关部门申请临时救济，政府会解决其困难。

最后不管结果如何，老年人只要做了自己该做的事情，就大可以安心，不必再为了这样的事情耿耿于怀。

小贴士

借贷他人要注意：最好签订书面协议，避免口头协议纠纷。当借款人不能如期还款时，出借人应及时起诉，防止超过起诉时效。

35

服务人员做家务时打碎花瓶，老年人想知道应否要求赔偿时，怎么办

　　首先，木已成舟，事情已然发生，老年人过分的生气只能伤害自己的身体，对事情毫无补益。老年人只能平静地接受这一事实，寻求补救的办法。

　　如果是损坏不太严重，应当尽快找找相关的工匠，看看能不能进行修补。如果损坏严重不能修补，就看看别处还有没有同样的花瓶出售，这样或许能够稍微安慰一下自己的心情。

　　如果花瓶确实价值不菲，那么老年人可以要求居家老龄服务员照价赔偿，这一点不用不好意思。居家老龄服务中心也应当承担相应的责任，对于居家老龄服务员在老年人家中服务过程中产生的后果，居家老龄服务中心应当照价赔偿老年人的损失。

　　如果花瓶并不值太多的钱，只不过老年人个人比较喜欢，那么老年人也不必过分责备服务员。所谓旧的不去新的不来，相信一定还有许多更好的花瓶可供老年人选择。而如果老年人此时能够善意地对居家老龄服务员说些宽慰的话语，相信能够缓解服务员的紧张和尴尬，也有助于更好地解决问题，帮助两者建立更加亲密的关系。

小贴士

　　瓷器、玻璃等易碎品，不小心打破了，都叫作"碎碎平安"，谐音"岁岁平安"。老年人大可不必为此生气，也不必觉得兆头不好。

36

与居家老龄服务员发生争执，老年人想知道如何化解烦恼时，怎么办

化解这类烦恼有四种方法：

一、离开现场。俗话说得好，眼不见为净。如果老年人身处烦恼现场，最好的办法是先离开现场。可以出去到公园散散步，或者找自己的老朋友、老街坊串串门、聊聊天。离开了烦恼的现场，找到了别的事情做，自然容易忘掉原来的烦恼，慢慢就消气儿了。

二、自我劝慰。"算了，算了！"不断地自我劝慰；"不去管了，此事到此了结，不去再计较。"可以在心中反复安慰自己，甚至于来点阿Q精神，自言自语："人吃点亏就是积德行善，我一定会长命百岁的。"

三、迅速遗忘。如果对伤心烦恼之事耿耿于怀，一定会伤害身体。因此，必须以最快的速度把这些烦恼事从脑海里逐出去，并且学会忘掉它，就像此事没有发生一样。老年人可以选择看看电视或者看看报纸，转移自己的注意力，不要一直想着生气的事情，过一会儿就能好起来。

四、学会"释放"。在所有的情形中最伤人的是"生闷气"。为此，一定要找一位最贴心的亲人或朋友，把心头之气吐露出去。甚至可以找个无人的地方"吼两嗓子"。总之，要把胸中的郁结之气发泄出来，不能强压下去，使之伤害身体。

小贴士

人生就像一场戏，因为有缘才相聚。相扶到老不容易，是否更该去珍惜。为了小事发脾气，回头想想又何必。别人生气我不气，气出病来无人替。我若气死谁如意，况且伤神又费力。邻居亲朋不要比，儿孙琐事由他去。吃苦享乐在一起，神仙羡慕好伴侣。

——《莫生气》

37

服务员摔伤要求赔偿，老年人想知道应当如何处理时，怎么办

遇到这种情况，老年人应当首先打电话给居家老龄服务中心或者医院，为服务员提供及时的救治，以免延误治疗时机。待服务员伤情稳定时，再商量责任和赔偿的问题。

在确定责任时，应当首先搞清楚当时的具体情况，分清楚各自的责任。如果老年人尽到了提醒义务，也没有强迫服务员从事危险的工作，那么，老年人可以不承担责任。如果存在老年人强迫服务员从事危险工作，或者家中某处存在危险隐患但老年人没有及时提醒服务员时，则可能需要承担一定的赔偿责任。

除此之外，老年人应当知道，居家老龄服务中心在指派服务员上门为老年人服务时，也具有一定的监督和管理责任，如果发生了意外，老年人可以与居家老龄服务中心沟通协商，找到适当的方法来处理善后事宜。

事实上，出现事故有时候是难免的，针对各地经常出现的事故后赔偿责任难以确定的情况，一些地方在推行居家老龄服务时，也向老年人提供相应保险服务，一旦在服务中发生了意外，不管是老年人还是服务员，都由保险公司来承担赔偿责任，最大限度地保障老年人的利益。

小贴士

2010年12月起，苏州市开始实行老龄服务机构、居家老龄服务护理责任险及老年人人身意外伤害三项保险，届时，70周岁以上老年人、各类老龄服务机构和居家老龄服务组织在保险期内，如发生意外，将获得相应的保障。其中，居家老龄服务责任保险是国内首创。

38

政府发放老龄服务券，老年人想知道使用流程时，怎么办

目前，北京、上海、太原、深圳等许多城市都为老年人发放居家老龄服务券，老年人得到了真正的实惠。居家老龄服务券的使用流程如下：

一、申请。由老年人本人或家属（无家属或有困难的可以委托居民委员会或者其他相关组织）向街道（镇）居家老龄服务中心提出居家老龄服务补贴申请，填写申请表。

二、评估、审批。申请人将填写好的申请表交至街道（镇）社会救助事务管理所，由救助管理所对申请对象经济状况进行认定并盖章。再将申请表交至评估组织，对老年人健康状况进行评估并盖章。申请人将经过评估后盖章的申请表交给街道（镇）居家老龄服务中心，由其综合评估结果，对于符合条件的，提出补贴标准，经区（县）居家老龄服务中心审核并盖章，发给服务券（服务券由服务社代管）。

三、购买服务。街道（镇）居家老龄服务中心根据服务对象的补贴标准和服务需要，以政府购买的服务形式，由居家老龄服务站选派符合条件的服务人员，为服务对象提供服务。

四、服务券兑现。服务人员通过提供服务，获得居家老龄服务券，每月依据服务券与居家老龄服务站兑现一次。居家老龄服务站每月一次将本月发生的服务券汇总后上报，由所在街道（镇）居家老龄服务中心结算相应数额人民币。

五、经费结算。街道（镇）居家老龄服务中心每月与区（县）居家老龄服务中心结算一次。区（县）居家老龄服务中心每月与市居家老龄服务中心进行结算。市居家老龄服务中心按照市、区（县）分担的费用比例，核拨相应的经费。

六、变更。服务对象对其服务补贴标准提出变更要求的，按照申请程序重新办理。

小贴士

居家老龄服务券是政府发放的"券"的一种。除此之外，还有食品券、教育券、旅游券、消费券等等。

39

政府发券而不发钱，老年人想知道原因时，怎么办

之所以最终选择用券而不发现金，主要是如下原因：这项政策的目的是改善老年人生活条件，提高生活质量，同时能培育和开发居家老龄服务的服务市场。可以说，这项政策肩负着双重责任。

如果只是发放现金，老年人并不一定会去购买服务，可能实际服务困难得不到解决，也起不到开发居家老龄服务市场的作用。但是，现实生活中，用居家老龄服务券购买实物的现象屡见不鲜。

在北京市某家政公司提供给老年人的报价单上，就详细罗列着饮料、方便面、牛奶、粮油、副食及日用品等几大类的商品，涉及上百种。总结老年人的意见，在实际操作中，导致居家老龄服务券他用的重要原因，一方面是服务跟不上，有券换不到需要的服务，只好转换为其他用途。另一方面是需求评估不准确，老年人券多而服务需求少，其剩余正好用来购物。

作为老年人，应当珍惜政府给予自己的居家老龄服务补贴，尽量做到专券专用。老年人要将这些补贴真正用到自己的服务需求上，使纳税人的钱发挥最大的效用。不要听信某些商贩的游说，将服务券折价兑换成别的商品。同时，政府也会不断完善居家老龄服务券的发放和使用政策，提高其发放针对性和使用的有效性。

小贴士

截至 2010 年 9 月，北京市约有 28 万 80 岁以上老年人领取老龄服务（助残）券，北京市政府为此支出达 3.2 亿元。

40

商家不认识或者不接受服务券，老年人想知道如何处理时，怎么办？

南京的刘阿姨和老伴今年满足了居家老龄服务券的申领条件，政府根据其资格审查，给他们发放了价值200元居家老龄服务券。刘阿姨平时舍不得花，但到了年底，眼看快过期了，于是去附近的老年餐桌，想把券消费掉。谁知道结账的时候，饭店服务人员说刘阿姨的券是假的，刘阿姨最后无奈还是用现金结了账。

针对这种情况，首先，居家老龄服务券只能在指定的加盟店消费。老年人在拿到券时，要向居家老龄服务中心了解清楚，本区域的加盟店都有哪些，都能提供什么商品和服务？如果老年人因为不了解加盟店的情况，误到非加盟店消费，他们除了不会收居家老龄服务券外，还因为没见过这种券而认为是"伪造"的代金券，给老年人消费造成不便。

其次，居家老龄服务券虽然防伪性不高，但目前尚未发现市场上有假券出现。老年人如果遇到商家声称券是假券，甚至要予以没收时，要谨防上当受骗。这个时候，老年人可以与商家据理力争，如果他们拒不接受，老年人可以收回服务券。之后，老年人应当及时将这种情况向当地居家老龄服务中心反映，让他们确定券的真伪，同时，对于那些妄图骗取老年人服务券的无良商家，由居家老龄服务中心追究其责任。

最后，老年人也应当注意对服务券的保管。一方面要尽量使其保持干净整洁，避免折损、污损；另一方面，老年人合理规划自己的消费，不要"攒"。"攒"来"攒"去破损或者丢失了，都会影响其使用。

小贴士

北京市从2010年4月起发放的新版养老助残券增加了防伪功能和盲文。

41

服务券用途很多，老年人想知道如何正确利用时，怎么办

居家老龄服务券有很多用途，可以用来购买护理服务，也可以购买平常的家务劳动，还可以用于小餐桌的支出，由于用途多，老年人与老伴儿常常发生争执，谁也说服不了谁，怎么办？

最简单的办法就是将各自的券分开使用，每人决定自己的使用去向，而不要管对方的。这样就能够减少争执。如果真的需要将两个人的券集中使用，老年人应当和老伴儿提前商定好居家老龄服务券的用途去向，多少券用于购买家政服务，多少券用于购买护理服务，多少券用于小餐桌，多少券用于其他用途，以及每个月的券消费进度如何，都可以事先做好约定，避免临时使用时产生纠纷。

一般来说，居家老龄服务券首选的用途应当是购买服务，因为这是服务券被设计出来的初衷，一方面能够满足老年人需求，另一方面对于居家老龄服务的市场培育也是一个很好的推动。服务方面，家务劳动、护理服务、小餐桌等都可以，具体要根据老年人家庭的需求情况来选择。

有些老年人将服务券用来购买一些日用品，有的甚至是为孙子买食品和玩具，这就违背了居家老龄服务券的初衷，起不到它本来的作用。

小贴士

老伴儿，老伴儿，一辈子陪在你枕边。陪你醒，陪你眠，陪你日日夜夜不孤单。烦了同你说说话，愁了和你聊聊天。做上一桌好饭菜呀，为你热壶老酒解解馋。老伴儿，老伴儿，一辈子陪在你身边。陪你苦，陪你甜，陪你年年岁岁无怨言。

——《老伴儿》

42

加盟商的服务质量有待提高，老年人想知道如何对其进行监督时，怎么办

居家老龄服务加盟商是每天与老年人打交道的对象，他们服务质量的高低直接决定着老年人的满意程度。虽然居家老龄服务中心对其服务情况有所监督，但由于中心人力有限，而服务商数量较多，有些时候监督跟不上，导致加盟商服务质量下降。这种情况下，老年人完全可以自发组织起来，对加盟商的服务质量进行监督。

首先，老年人可以监督其是否按照约定，为老年人提供所承诺的服务。例如，有的饭店承诺为老年人送餐服务，但一到忙时就只卖不送；有的洗衣店承诺可以上门取送衣服，但从来没有兑现；有的商店为老年人提供的可以使用居家老龄服务券消费的商品，其价格会高出普通超市一大截。对于这些情况，老年人都可以记录下来，向居家老龄服务中心反映，由其对加盟商进行调查和处理。

其次，老年人要监督加盟商的服务态度。有些加盟商对老年人很冷淡、爱理不理，有的与老年人大声争执、仗势欺人。老年人如果对加盟商的服务态度有不满意的地方，尽可以到居家老龄服务中心投诉，中心将根据调查给老年人满意的答复。

最后，老年人要监督其服务质量。有的老年食堂饭菜一开始还行，慢慢就质量下降了。有些加盟商前期对老年人很热情，时间长了就淡了。老年人发现类似这些情况，都可以向加盟商进行交涉，或者直接反映到居家老龄服务中心。

老年人应当明白，自己平时对加盟商的点点滴滴的监督，正是为了居家老龄服务能够长期健康地发展下去，做这件事情不是为了别人，而是为了老年人自己能够得到更多、更好、更舒心的居家老龄服务。

小贴士

一些老龄机构直接请老年人协会会长作为居家老龄服务监督员，定期征求和收集本街道老年人的意见和服务需求，定期对被服务的老年人进行走访，反映他们的意见及要求，负责对区街居家老龄服务工作的考评。

43

性格内向不善言谈，老年人想知道如何与服务员沟通时，怎么办

　　服务员上门为老年人聊天解闷，但老年人自己不善言谈，不知道怎么和服务员交谈，时间久了，服务员也不太愿意和老年人聊天了。老年人也想与服务员好好沟通，但就是不知道怎样打开"话匣子"。想打开"话匣子"，关键是找到话题。

　　老年人可以从以下几个方面，寻找共同的话题：

　　一是互相了解情况。老年人可以主动了解服务员的姓名、年龄、家庭情况、性格爱好等，通过了解情况不断拉近两人的距离。二是讲故事。老年人可以向服务员讲述自己的人生故事，比如自己年轻时候的"丰功伟绩"，不妨提提"当年勇"，也可以听服务员讲讲他身边的趣闻趣事。三是聊聊社会话题。比如最近有什么新闻，大家对同样的事情有什么不同的看法。国家最近又发生了什么大事，街坊邻居有什么新闻，等等。通过聊天，即达到了沟通目的。四是聊聊共同爱好。

　　比如书法、音乐，带孩子的经验等。五是可以聊聊养生等问题。老年人比较注重健康，而居家老龄服务员经过培训，一般具备一定的专业知识。老年人可以借机向居家老龄服务员请教一些养身的小知识，或者学习一些自我保健、自我护理的小技巧。寓学习于聊天。

　　总之，只要细心发现，总能找到很多可以聊的内容，关键是克服害羞心理，大胆表达自己，时间长了，慢慢就能沟通自如，老年人性格也会变得更加阳光、快乐。

小贴士

　　老年时像青年一样高高兴兴吧！青年，好比百灵鸟，有他的晨歌；老年，好比夜莺，应该有他的夜曲。

——（德国）康德

第三节　利用社区老龄服务

44

社区老龄服务就在身边，老年人想知道如何利用时，怎么办

经过20多年的发展，我国社区老龄服务越来越多，主要有五类：

一、社区老年人紧急援助服务。主要是通过经常问候、安全检查、应急救助、热线咨询等措施，从关心服务和紧急援助的角度建立起针对独居、空巢老年人家庭的服务网络。

二、社区老年人生活照料服务。主要是建立老年服务中心、老年护理中心、日间照料中心、家政服务中心、老人食堂和老年餐桌等，通过上门和日托等形式，为居家且需要帮助的老年人提供日常生活方面的护理服务、生活照料和精神慰藉。

三、社区老年人医疗保健服务。为方便老年人就诊和康复保健需要，依托社区医疗卫生资源，在社区内开设老年门诊、家庭病床、保健中心或兴建老人医院、老年康复保健站等，以建立健康档案的形式为老年人进行健康检查，并提供医疗、保健服务。

四、社区老年人文化娱乐服务。通过在社区建立老年活动中心、老年学校、老年人才市场等服务形式，以增进老年人生活的情趣、扩大社交范围、使精神生活得到充实，既满足了老年人求知、自尊的需求，又可以使老年人发挥余热，参与社会发展，满足他们自我价值实现的需求。

五、社区老年人权益保护服务。通过开展社区老年人法律援助、咨询、调解庇护等服务活动，帮助老年人解决诸如丧偶、离异后的再婚问题，无子女及亲人的赡养问题，老年人受虐待问题，家庭财产分割问题等，维护和保障老年人权益。

小贴士

社区老龄服务是一个有多种服务项目、能够进行持续照顾的服务体系，可以给不同需求的老年人提供选择服务的机会。

45

社区老龄服务在我国发展较快，老年人想知道它有哪些特征时，怎么办

社区老龄服务作为我国一种新型的老年社会保障和社会服务模式，呈现出以下几个方面的特征：

一、社会性。社区老龄服务的人力、财力、物力资源主要取之于社会。例如，广州文昌地区通过社区的公益团体慈善会筹集社区服务的资金，慈善会的理事会成员都由社会成员担任。

二、区域性。社区老龄服务是以基层社区为单位，以社区成员为主体和对象的一种社会服务，是一种区域行为。服务对象以社区内的成员为主，具有相对稳定的服务关系。这种服务与居民对社区的认同感、归属感紧密相关。服务工作着眼于利用和开发本社区资源，依靠社区内单位和居民的力量。服务内容的确立、服务项目的选择、服务方式与发展途径，依社区实际情况而定，具有自主性、针对性和灵活性。

三、群众性。社区老龄服务依靠居民、服务于居民、具有深厚的群众基础；它为老年人解决切身的实际问题，使老年人得到实惠，获得社区群众的支持和参与。这种群众性，既是客体与主体、权利与义务的统一，又是社会服务社会办思想的具体体现。

四、综合性。社区老龄服务在服务对象上，既侧重于福利对象，又覆盖社区内的全体老年人。在服务内容上，既有物质生活服务，又有精神文化生活服务，涉及居民衣食住行等各个方面。在服务功能上，既有排忧解难，又有缓解矛盾、稳定社会、提高生活质量等功能。在工作性质上，既是政府职能部门指导范围内的工作，又是一项广泛的社会性工作。

小贴士

20世纪30年代，我国著名社会学家费孝通先生将"社区"一词引入我国，并根据我国的特点将其定义为：社区是若干社会群体（家族、氏族）或社会组织（机关、团体）聚集在某一地域里所形成的一个生活上相互关联的大集体。

46

社区安装"紧急呼救系统"，老年人想知道如何正确使用时，怎么办

作为居家老龄服务的一项重要内容，很多地方都为老年人安装了"紧急呼救系统"，只不过名称各不相同，有的叫老年人呼救通，有的叫亲情通、百事通，有的叫医疗紧急呼救系统，有的叫电子保姆，等等，不一而足。但其用途都是一样的，即当老年人遇到紧急状况时，能够用这一系统进行求救，并在第一时间内得到有效的救治，确保老年人生活安全。

紧急呼救系统包括用户终端和管理中心（也叫服务平台）两大部分。用户安装的终端包括：呼救主机（也可能与电话机相连），遥控器，紧急按钮，烟雾、火灾探测器、燃气泄漏探测器等。这些硬件措施是紧急呼救的基础。以北京市为例，他们主要推广老年人一按通，一键求救。有些时候，老年人拿起话筒却无法自己呼救，这种情况，电话机将自动拨打紧急呼救电话，对方能够马上定位老年人的位置，作出及时反应。

紧急呼救系统的软件包括：机房服务器和数据库。整个系统记录保存着成千上万的老年人自愿提供的资料，

方便紧急情况下被护理急救。任何一位老年人的资料都包括如下部分：姓名、性别、年龄、病史、健康资料、急救资料、亲戚联系方式以及可能发生的不同意外对应的应急处理提示、护理提示、服务等级、收费模式等等。老年人在紧急状况下可以使用呼救系统，在平时也可以使用该系统订制居家老龄服务。

很多地方将此系统开发了更多的服务功能，老年人通过电话将自己的服务需求告诉系统接线员，接线员即自动为老年人指定居家老龄服务的加盟商，将老年人的信息和服务需求告诉加盟商，由加盟商提供上门服务。

小贴士

北京市为老年人发放"小帮手"电子服务器。老年人按"一键通"将免费拨打该中心 96003"小帮手"服务热线，从而获得承诺的生活便利服务。"小帮手"电子服务器采用大字体、大音量、大键盘，适合老年人（残疾人）使用。

47

社区老年食堂带来噪声、污水等问题，老年人想知道如何应对时，怎么办

为了方便老年人就餐，社区在小区内举办了老年食堂，一开始，老年人都很欢迎，得到了很多实惠。但是，慢慢的老年食堂的问题开始暴露出来，食堂的噪声常常吵得老年人心情烦躁，食堂经营产生的污水、剩饭剩菜等，由于处理不当，给小区造成了很多卫生问题。老年人开始讨厌身边的这个老年食堂了。之所以出现这种情况，说明食堂的选址和经营存在问题。为此，老年人应当与社区积极沟通解决。

在食堂选址方面，应当尽量选择离老年人住楼有一定距离的位置，如果社区比较狭小，必要的时候可以在社区外选址，老年人就餐时走两步前往就可以了。

在食堂经营方面：一、要形成良好的时间规律，在凌晨或者深夜，食堂尽量避免使用噪声大的加工机器，以防影响居民特别是老年居民休息。二、要处理好食堂垃圾，切勿随地乱扔。否则不仅容易引来蚊虫、老鼠，而且可能引来各种细菌和传染病的流行，给老年人健康带来隐患。最好是密封储存，当天垃圾尽量当天送往垃圾回收站。三、要做好各种消防、卫生等检查，确保不给小区带来安全隐患。四、要建立良好的通风系统，防止油烟味给周围老年人带来困扰。

相信经过与社区的协商，食堂的问题应该能够得到较好的解决，既能解决老年人就餐难题，为老年人提供实实在在的方便，又能够把对老年人生活不利的影响降到最低，尽量不影响老年人生活质量。

小贴士

文新街道老年食堂是杭州市最大的老年食堂，这个老年食堂不仅对街道辖区的老年人开放，还欢迎辖区内所有的居民前来就餐，"赚年轻人的钱，贴老年人的饭"。

48

社区活动室有很多项目，老年人想参加却嫌人多时，怎么办

一些社区的活动室面向所有人群开放，有时候使用活动室的人很多，有些拥挤，老年人想去，但嫌人太多，不愿意凑热闹怎么办？

老年人要习惯融入社区，融入到集体中去。到社区活动室活动，一方面是为了填补空闲的时间找点事情做，另一方面也是一个重要的交际机会，能够和其他人接触。一些国外在老年活动设施建设的同时，常常考虑"老少共融"的要求，力求避免将老年群体单列出来，以免与其他人群所割裂，使老年人产生脱离社会之感。所以，作为老年人自身，也应主动融入进去，多和社区的年轻人、孩子们接触，使自己的生活圈子更大一点，使自己的心态也更年轻一些。

老少在一起难免会有一些互相不适应的地方。例如，老年人喜欢静、年轻人喜欢动。对此，社区活动室的管理者可以采取一些措施，使两个人群互相之间的影响降到最低。一是可以采取划分时段的方法，例如周末可以让年轻人用得多一些，平时年轻人都上班了可以主要供老年人使用。或者按周一三五、二四六划分，将日程安排公示出来，大家都可以照章遵循。二是可以完善相关制度，例如，不得喧哗，不得影响他人等，各行其道，互不影响。三是可以组织一些老少咸宜的小活动，让老年人和青年人结对子，把他们的积极性都调动起来。

对于部分偏爱安静的老年人，如果社区活动中心人多，还有很多其他的选择。可以到老年大学学习绘画、书法，或者到老年电教室上课，还可以约上三五好友到湖边钓鱼散步，抑或到公园呼吸一下新鲜空气。

总之，老年人只要开动脑筋，一定能把自己的生活安排得丰富多彩。

小贴士

德国莱比锡大学是一所允许老年人与青年人一起学习的大学。几乎所有课程都向老年学生开放，老年人可从莱比锡大学的 200 多个可选课程中自己编排。

49

大病小情需要诊治，老年人对社区卫生服务中心不放心时，怎么办

　　社区卫生服务机构是居家老龄服务的重要支持力量。社区卫生服务指在一定社区中，由卫生及有关部门向居民提供的预防、医疗、康复和健康促进为内容的卫生保健活动的总称。

　　社区卫生服务中心能够为老年人提供：一、预防服务：包括传染病、非传染病和突发事件的防控。二、医疗服务：除在医院开展门诊和住院服务外，重要的是根据社区居民的需要，开展家庭治疗、家庭康复、临终关怀等医疗服务。三、保健服务：对社区居民进行保健合同制的管理，并定期进行健康保健管理。四、健康教育：健康教育是实施预防传染病、非传染病和突发事件的重要手段。

　　社区卫生服务中心是包括老年人在内的社区居民的健康守门人，普通的疾病在社区中心就能够得到有效的医治，无须跑大医院。而如果病情严重，可以通过社区卫生服务中心向大医院转送病人，能够确保得到及时有效的治疗。通过社区和医院的有机联系，最终形成"小病在社区、大病到医院、健康进家庭"的局面。

小贴士

　　卫生部在全国推广双向转诊制度，建立社区卫生服务机构与预防保健机构、医院合理的分工协作关系，建立分级医疗和双向转诊制度，实现"小病不出社区，大病及时转诊"的目标。

50

开办托老所前景不错，老年人想知道注意事项时，怎么办

社区托老所是一个非常有前景的行业。现在，一对夫妇负担四个老人的状况非常普遍。由于还有孩子要照顾，许多家庭都没有精力照顾老人，只能把老年人送到托老所。老年人如果想开办托老所，将是既有市场潜力也有社会效益的好事。但是，开办托老所也有许多需要注意的问题：

一、要做好前期调查。不仅要搞清楚所在社区有多少老年人，而且要知道每位老年人的健康状况，了解其潜在需求，大致分析老年人的消费能力。这些对于设计托老所的规模具有重要参考意义。

二、要招聘合适的服务人员。居家老龄服务是个服务性行业，托老所将来的运行好坏，很大程度上取决于服务员的素质和质量。目前，我国持有居家老龄服务护理员证书的人员只有2万余人，远远不能满足需求。

三、要符合老年福利机构建筑规范。主要是配置足够的功能区、服务人员以及服务设施，符合安全、卫生、无障碍等方面的要求。

四、要严格管理。首先是保证对老年人的服务态度和服务质量。为老年人服务有时候非常辛苦，托老所员工要做到细心、耐心、关心。如果怕脏怕累，就做不了这一行。

五、定价要合理。照顾老人的费用可以视老人的情况而定，既要能够保证运营合理的利润，又不能太高让人难以承受。老年人消费能力毕竟有限，即使由子女进行支付，老年人有时也会心疼，所以托老所定价不宜过高，必须充分考虑当地老年人的生活消费水平，做好认真的成本核算。

小贴士

《北京市养老设施专项规划》明确提出，到2020年，每个城镇社区要拥有一处托老所和一处老年活动场站。新建居住项目应按照配套标准，严格落实托老所、老年活动场站等社区养老设施。

51 "虚拟养老院"听起来不错，老年人想知道具体情况时，怎么办

所谓"虚拟养老院"，就是由政府向家政服务企业购买或补贴老龄服务项目，为居家老人提供专业化全天候老龄服务。

"虚拟养老院"不是真的养老院，而是模仿养老院的管理模式，以现代通信技术和服务系统为支撑，为老年人提供所有养老院里所能提供的服务，给老年人全方位的照顾，使老年人不用去养老院就能在家享受到如养老院一般的周到服务。这个养老载体称为"虚拟养老院"。这种养老形式实际上类似于一些城市社区建立的"没有围墙的养老院"。"虚拟养老院"容量大、投资少，可以满足多种养老需求。

"虚拟养老院"兴起后得到政府和社会的极大关注，一些专家和学者认为"虚拟养老院"是破解人口老龄化迷局、突破养老瓶颈、破解养老难题的较好途径。如兰州城关区"虚拟养老院"，已有13家企业加盟，另有百余家企业正在与"虚拟养老院"商谈合作事宜。除了企业加盟外，"虚拟养老院"也吸引了社会志愿助老者的关注，加盟兰州城关区"虚拟养老院"的志愿者达到1472人。社会力量的有效加入，使兰州城关区"虚拟养老院"原本只有6大类60多个小项的服务，迅速衍生成为涵盖"生活照料"、"保健陪护"、"家政便民"、"心理慰藉"、"法律咨询"、"娱乐学习"、"物资配送"7大类170多个小项的全面服务。截至2010年6月，全区已有40398位老人加盟，4407位老人享受到了服务。

小贴士

2007年12月，全国首个"虚拟养老院"——"居家乐"老龄服务中心，在苏州沧浪区正式创办。之后，徐州、杭州、沈阳、辽阳、太原、余姚、兰州等地一些城区也相继进行了"虚拟养老院"的试验和发展。

第四节　地方特色居家老龄服务

52

北京有个"九养政策"，老年人想知道具体情况时，怎么办

"九养政策"是北京市推进居家老龄服务的一项重要举措。2010 年 1 月 1 日起，北京市人民政府实行《北京市市民居家老龄（助残）服务（"九养"）办法》，包括：

一、建立万名"孝星"评选表彰制度。二、建立居家老龄服务（助残）券服务制度和百岁老人补助医疗制度。向符合条件的老年人（残疾人）发放养老（助残）券，以政府购买服务的方式，为老年人（残疾人）提供多种方式的养老（助残）服务。三、建立城乡社区（村）养老（助残）餐桌。四、建立城乡社区（村）托老（残）所。争取用 3 年左右时间将托老（残）所基本覆盖至全市城乡社区（村）。五、招聘居家服务养老（助残）员。优先从"4050"人员和取得社会工作者资质且符合全市就业特困认定标准的人员中招聘，纳入公益性岗位。六、配备养老（助残）无障碍服务车。由市政府统一为每个街道（乡镇、地区办事处）配发一辆具有无障碍功能、带有全市统一标识的养老（助残）无障碍服务车，用于组织老年人、残疾人参加社会活动等。七、开展养老（助残）精神关怀服务。八、实施家庭无障碍设施改造。按照自愿的原则为有需求的老年残疾人家庭实施无障碍设施改造，给居家生活的老年残疾人提供洗澡、如厕、做饭、户内活动等方面的便利。九、为老年人（残疾人）配备"小帮手"电子服务器。

小贴士

光彩居家老龄服务中心是我国第一家全国性的社区居家老龄服务中心，2009 年 4 月 8 日，经民政部批准，由中国老年报社兴办，在北京成立。

53
上海市最早开展居家老龄服务，老年人想知道其具体做法时，怎么办

　　上海是较早开展居家老龄服务试点的地方。从 2000 年开始，上海就探索发展居家老龄服务，为老年人开展上门服务和日托服务，摸索出了政府主导、中介组织、实体服务的运作机制，在社区逐步形成了一个多层次、多形式、广覆盖的居家老龄服务网络。

　　上海对居家老龄服务的定位是比较广阔的，即服务对象是全体居家老年人，服务方式以市场化运作为主，个人付费购买服务和政府补贴困难老年人相结合。政府补贴对象主要包括：一、困难老人。享受低保或经济困难家庭中，生活不能自理或部分不能自理的老人，补贴标准每人每月一般在 100~250 元。二、特殊贡献老人。伤残优抚对象、省市级以上劳动模范（全国单项先进等）和归侨中经济相

对困难、生活不能自理或部分不能自理的老人，补贴标准每人每月一般在 50~250 元。三、百岁以上老人。补贴标准每人每月 100 元。四、80 岁以上其他老人（指以上三类对象之外的老年人），在接受居家老龄服务时，按其服务费用总额给予 15% 的优惠。每月优惠补贴最高不超过 150 元。

小贴士

　　上海是我国最早进入人口老龄化的地区，早在 1979 年，上海 60 岁以上老年人口就达到总人口的 10%。30 年来，上海的人口老龄化程度一直位列全国之最。目前，上海市 60 岁以上老年人口 300.57 万人，占总人口的 21.6%。

54

上海"家庭护士"实现持证上岗，老年人想知道具体情况时，怎么办

上海市静安寺街道和上海市老年学学会联合进行深入调研，研究"社区＋居家"、"家政＋护理"的社区长期护理服务模式，为破解未来居家老龄服务难题寻求良策。

调研显示，在静安寺街道扶持创建的社会组织"青凤老年生活护理服务社"里，700余名居家老龄服务员大多为外来中年妇女，她们普遍来自农村、受教育程度颇低，难以胜任这项任务。为此，街道先挑选一批年龄较轻、文化程度较高的居家老龄服务员，让她们试点接受培训，成为首批"居家保健员"候选人。

保健员培训实行"1+X"模式，由华东医院资深护士长担任授课老师。所谓"1+X"，"1"是指医护基础知识，"X"指某种疾病的初级专业护理技能，包括老年人常见的中风后遗症、癌症、失智、骨折骨松、心肺呼吸、糖尿病等。保健员培训重点为基础知识传授和实际操作训练。培训还将分等级进行，并设有实习科目。学员在完成90小时"不脱产"学习以后必须接受考核，合格的发给初级结业证书。"居家保健员"将为高龄独居老人提供优先服务，这一做法将逐步向上海全市推广，让越来越多老年人享受家庭医疗护理服务。

上海市老年学学会专家还提出，建议今后参照香港设立离院病人家居照顾员和注册保健员的做法，建立居家保健员专业岗位，以填补上海市居家医护人才的空缺。这种培训制度和管理制度理应在全国各地推广，只有保健员的素质和水平提高，老年人才能享受到更优质的服务。

小贴士

北京师范大学公益研究院院长王振耀表示，我国人口老龄化现象日趋严重，但养老护理人员不论是规模还是专业水平都不能适应这种严峻的现实，目前我国最少需要1000万名养老护理人员。

55

大连开办"居家老龄服务院"，老年人想知道其具体做法时，怎么办

　　大连市沙河口区根据辖区内老龄服务的需求，于 2002 年在全国首创了"居家老龄服务院"这一新的老龄服务方式。具体措施为：

　　一、财政拨专款，购买公益岗位，专门用于家庭养老院养护员的补贴。二、出台家庭养老院补贴标准。根据老人家庭收入及身体状况，制定三类补贴标准，分别为每月 300 元、200 元、100 元的财政补贴。三、建章立制，统一规范。各街道成立家庭老龄服务中心，社区成立居家老龄服务管理站。此模式安排经过培训的社区下岗失业女工，为居家老人提供老龄服务，政府出资购买公益岗位，用于居家老龄服务养护员补贴。因整合了老人和失业职工这两方面的资源而受到欢迎。

　　安泰人寿保险公司连续三年资助大连市居家老龄服务，共捐赠 80 多万元。同时，为了满足不同老年人群的服务需求，推出了系列养老模式，在全区低保老人群体中实行"货币化养老"；在社区建设中深化托老所建设；引导、扶持中介组织针对空巢老人在社区开展"暖巢管家"配送服务；出台每张床一次性补贴 1500 元的优惠政策，鼓励社区兴办老龄服务机构。

　　小贴士

　　大连探索出了十大养老模式，分别是：机构服务模式，小型家庭养老院模式，日托养老模式，居家老龄服务模式，货币化养老模式，暖巢管家养老模式，异地互动养老模式，养老助教模式，信息化养老模式，合资合作式养老模式。

56

南京市成立了"心贴心社区服务中心"，老年人想知道具体情况时，怎么办

2003 年 11 月，南京市鼓楼区自主创新建立以政府埋单、民间组织运作的"居家老龄服务网"，首批为本区内 200 多位独居老人及部分空巢、特困老人家庭免费提供照应起居、买菜做饭、清洗衣被、打扫居室、陪同看病等生活照料服务。

当时，鼓楼区公共财政安排 30 万元资金购买服务，并委托民间组织——"心贴心社区服务中心"组建服务队伍，承载"服务网"的运作，引起社会广泛关注。之所以选择民间组织来运作居家老龄服务，主要是因为社会组织具有专业化服务，无行政化约束；适应性强，能够把握市场经济机遇；自主经营，融资渠道多样化；用人机制开放灵活，以及专业化、职业化等优势。

目前，"居家老龄服务网"的服务对象已从独居老人逐步扩展到部分空巢老人和困难老人。服务方式已形成"1+2"模式，即在生活照料服务的

基础上增加"老人家庭探访制度"，以问候、探访、心理疏导等方式施行精神慰藉服务；免费为独居老人、"空巢"老人家庭安装"安康通"呼叫服务器，以保障老年人居家安全。

由于政府购买服务的导向，鼓楼区"居家老龄服务网"的服务方式拉动了老年群体的养老消费，许多家有老人的居民纷纷慕名前来要求提供有偿服务，"服务网"有偿服务量越来越大。

小贴士

"心贴心社区服务中心"负责人韩品嵋，是南京手表厂一名下岗职工。1999年兴办金陵老年大学协和分校，创办协和职业技术培训中心，专门培训家政服务员和养老护理员。2003 年承担居家老龄服务工作。

57

杭州绿城园区养老经验全国出名，老年人想知道具体情况时，怎么办

杭州绿城集团率先在国内发布园区养老"生活服务体系"，将房地产和老龄服务结合起来，为老年人提供全方位的服务，主要是：

一、于行业的发展，房地产行业的竞争已经逐渐从产品竞争向服务竞争阶段过渡。二、目前园区养老的服务体系已经逐渐体现它的价值，不再是房产价值的附属品，而成为一个房产价值重要组成部分。三、园区养老的服务已经完全从对于物的管理和服务，逐渐向对于人的管理和服务进行过渡。四、绿城所要营造的园区养老的服务是以关心人、关怀人以及善待人生为出发点和归属点。五、能够真正的体现行业价值、房产价值以及房产开发企业的社会责任。

为充分发挥生活园区服务体系服务功能，绿城集团探索出一种全新运作模式：首先成立一个统一社区服务中心，由它为广大的老年人提供所有的服务内容。在服务中心下，又分别设立子服务中心，主要由相关的销售服务中心、健康服务中心、物业管理服务中心、社区教育服务中心以及会所服务中心组成。

在这种服务组织架构下，园区老龄服务体系开设三大服务系统，分别是健康服务系统、文化教育服务系统和生活服务系统。园区老龄服务体系是园区开发建设的重要组成部分，是园区养老管理创新的全面探索和开拓者，尤其是园区老龄服务体系的功能更加完备，成为园区养老价值挖掘非常具有潜力的领域，很值得效仿与推崇。

小贴士

民政部和天津市联合投资兴建的全国首座田园式养老院，落户天津市武清区河西务镇。据了解，该养老院占地面积达500亩，由民政部和天津市共同投资超过2亿元，建成后将是全国养老示范社区。

58

甘肃省山丹县的"文化养老"独树一帜，老年人想了解其内容时，怎么办

甘肃省山丹县的6个社区和部分农村，"文化养老"已逐渐成为老人养老的新时尚。全县5乡3镇和基层村社新建了一批文化活动室、"农家书屋"、农民文化大院、休闲健身广场。宣传文化部门根据各村实际和群众需要，及时为各村文化室配备了图书、电视机、DVD机、音响设备、乒乓球台、健身路径等15种文体器材，发动各社区、村民组织，在全县成立老年文艺团队，或写或画，或唱或舞，使全县的社区和农村老年文化活动更加丰富多彩。通过这些健康文明的老年文化活动，让老年人过上了有品位的晚年生活。

文化养老是一种能体现传统文化与当代人文关怀的养老方式。它以满足精神需求为基础，以沟通情感、交流思想、强健体魄、调适心态为基本内容，以张扬个性、崇尚独立、享受快乐、愉悦精神、强身健体、延年益寿为目的，具有广泛性、群体性、自愿性、互动性和共享性的特点。

文化养老的实施对象是老年人，实施载体是文化娱乐活动。相关单位和部门结合自身实际，发挥组织和引导作用，为老年人的"文化养老"铺路搭桥，形成了文化养老的新路子，提高了老龄服务的品位。

小贴士

在中国的传统中，文化和养老关系十分密切。孔子说："今之孝者，是谓能养。犬马，尚能有养，不敬，何以别乎。"就是说要尊敬老年人，这是人和动物的重要区别。

59

吉林"农村老龄服务大院"很有特色，老年人想知道具体情况时，怎么办

　　吉林农村的老龄服务大院克服了农村老年人居住分散，依靠居家老龄服务中心上门服务难度很大的问题。主要做法是：

　　一、建立活动室。各市（州）利用村屯集体闲置房舍等资源或原有老年活动设施，因地制宜地建设"农村老龄服务大院"。"农村老龄服务大院"活动室使用面积不低于 60 平方米，有基本取暖设施，配有桌椅、书柜、电视、音响等器材，并有适量图书、报刊及电子音像制品。日间照料室有适当数量床位、卧具，具备提供日间照料服务的基本条件。室外建有不低于 100 平方米的活动场地，配备适宜的健身器材。

　　二、照料困难老人由政府埋单。各市（州）开展居家老龄服务以空巢、失能、高龄、贫困等老人以及分散供养五保老人为重点，针对不同老人的情况和需求，采取不同的服务方式。对经济困难确需政府保障的居家老人，主要通过政府购买服务的形式提供生活照料、精神慰藉、健康保健等福利性服务，对其他有服务需求的居家老人则更多通过社会力量提供公益性服务，重点积极发动和组织农村党员、志愿者，以结对帮扶、定点定时、邻里守望等形式向农村居家老人开展无偿服务。

　　三、建立老年人信息档案。各市（州）建立老年人信息档案，具备条件的设立为老服务和求助热线，为有困难老人提供上门便捷服务。依托中小学校党团组织、妇女和民兵组织、部队等建立志愿者服务队伍，逐步建立起义工和专职人员相结合的农村居家老龄服务队伍。

小贴士

　　根据规划，吉林省将在 2010 年年底有 30% 的村建成老龄服务大院，2011 年年底有 60% 的村建成老龄服务大院，2012 年年底全省所有的村实现建有老龄服务大院。

60

赣榆县采取农村老年人集中居住养老，老年人想知道其做法时，怎么办

随着人口老龄化加速发展及人们思想观念的更新，一部分老年人为了摆脱分散居住的孤独感、寂寞感，享受更完善的社会化服务、更丰富的精神文化生活，期盼老年家庭聚集而居，一种新的养老居住模式——集中居住养老，已成为老年人追求的时尚。

1996年，为了妥善解决好因居住条件而引发的矛盾纠纷，赣榆县青口镇大盘村拿出部分闲置土地，村里统一规划用地、统一建设面积、统一设计要求，由48户入住老年人投资建设，形成了第一个农村老年人集中居住点。之后，农村老年人集中居住点不断壮大和完善。

赣榆县农村老年人集中居住点主要有以下特点：一、保留了家的生活方式。各老年人集中居住点均采取每户一套的形式，每户仍保持原来"家"的生活方式，各吃各的灶，各干各的活。二、村里统筹规划建设。赣榆全县老年人集中居住点总体上可分为三种建设方式，一是因陋就简建，即利用废弃的村办企业、村办小学等闲置场所设施，进行简单改造而成。二是因地制宜建，即利用村里的空闲地，根据土地空间的大小进行规划建设。三是标准规划建，即将老年人集中居住点纳入村级发展规划，进行标准化建设。三、发挥老年志愿者服务和管理作用。老年人集中居住点都设有服务管理部，人员主要来自村"两委"委员和老党员、老教师等低龄志愿者，服务管理部实行24小时值班制。四、不断完善服务设施和功能。随着实践的不断深入，各老年居住点的服务设施、服务功能也不断完善。

2010年赣榆县将建成居家老龄服务中心37个，基本实现城镇社区居家老龄服务中心全覆盖；2011年将工作重点转向农村社区，逐步实现居家老龄服务中心城市农村全覆盖。

61

台湾地区实施"长期护理十年计划"，老年人想了解一下时，怎么办

台湾地区于 2007 年提出了《长期护理十年计划》，准备 10 年内投入817.36 亿元新台币经费，构建一个多元化、社区化（普及化）、优质化、可负担的长期护理服务制度。

这一计划的服务对象主要是日常生活功能受损而需要他人提供照料服务者，具体界定为：一、65 岁以上老年人；二、55~64 岁的山地原住民；三、50~64 岁的身心障碍者；四、仅 IADL 失能且独居的老人。按这一标准，台湾目前约有 27 万需要长期护理的老年人。

其服务原则是：一、服务提供为主，现金给付为辅；二、以失能程度和家庭经济状况为依据，提供适当补助；三、失能者需根据经济状况，部分负担服务费用。

补助的标准是：家庭总收入低于社会救助法规定的最低生活费用 1.5 倍的，由政府全额补助；高于 1.5 倍低于 2.5 倍的，政府补助 90%，个人负担 10%；一般户由政府补助 60%，自己负担 40%。

目前，台湾各县市均设立长期护理管理中心，负责长期护理管理制度的执行，以提供失能者及其家庭单一窗口整合性服务。设立专门的照顾管理专员，每位专员负责约 200 人，均由具有社工、医学、护理、公共卫生等相关专业背景的人员担任，负责需求评估、资格核定、拟定照料计划等任务。此外，每 5~7 名照料管理专员配置 1 名监导员，负责对管理专员的工作进行监督指导。

小贴士

根据 2000 年年底台湾行政主管部门的报告，约有 33.8 万人需要长期护理，其中 65 岁及以上老年人口占 53.9%，有 18.2 万人。台湾内政主管部门的研究表明，2006 年，全部人口中失能人数合计达 55 万人，预计到 2016 年将达到 72 万人。

62

香港特区政府开展安老服务，老年人想知道其具体情况时，怎么办

香港早在1981年便进入老龄社会，安老服务在20世纪90年代开始就深受香港政府的重视，在1997年回归后，特区政府更将安老服务列为三大民生工作之一，重点发展，宗旨是以"社区照顾"的原则为主导，关心照顾老人，让他们感到老有所养、老有所属、老有所为，目标是提高老人的生活素质。

至今为止，主要有以下社区护理机构：

一、家务助理队。为有需要的人士包括老人、家庭病弱者及伤残人士提供饭餐、器具照顾、接送服务、洗衣及家务料理服务。香港共有138支家务助理队，使用这项服务的人士80%以上为老人。

二、长者综合服务中心。提供各种日间服务，包括家务助理、服务辅导、长者支援服务队、社交与康乐活动、食堂、洗衣与沐浴设施，以及社区教育。

三、长者日间护理中心。为不能自理的老人提供服务，包括起居照顾、有限度的护理服务、膳食及康乐活动。每个中心均设有两部16座的小巴，用来接送老人往返中心。

四、长者活动中心。以独立形式设立，或是附设于长者综合服务中心内。该中心着重满足社区内老人对社交及康乐活动的需求，也开展老年教育及咨询活动。服务包括小组活动、咨询提供、服务转介及互助活动。

五、长者度假中心。目前还只有一个，于1993年开始启用。让老人包括需要长期护理的老人，可以在郊外度过短暂的假期，并让护老者可以稍作歇息。

六、长者户外康乐巴士服务。有4部50座的巴士都设有特别装置，例如救护椅、车尾设升降板等，让老龄服务机构租用，给行动不便的老人安排户外康乐活动。

小贴士

未来香港的人口将持续老龄化。65岁及以上人口的比例将由2009年的13%显著上升至2039年的28%。预计年龄中位数会由2009年的40.7岁升至2039年的47.6岁。

第五节　国外居家老龄机构服务

63

日本实行"黄金计划"，老年人想知道其中对居家服务有何规划时，怎么办

日本于 1990 年开始实施《老人保健福利推动 10 年战略》，又称作"黄金计划"，主要有八大重点：

一、市町村居家福利推动 10 年计划：培训 10 万名居家服务员、设立 5 万张短期照料床位、设置 1 万所日间服务中心及居家照料支援中心等。

二、零卧床老人战略计划：建立以全体国民为对象的脑中风情报系统、充实民众有关预防脑中风或骨折等健康教育知识、有计划地在居家照料支持中心配备保健护士等专业人员，目标为培训 2 万名居家照料指导员（保健护士）及 8 万名居家照料咨询协助人员（如志愿者）。

三、设置 700 亿日元长寿社会福利基金：用于支援居家服务及居家医疗服务，并补助老人活动所需的各项经费。

四、机构对策推动 10 年计划：设置特别养护老人之家 24 万床、老人保健机构床位 28 万床、护理之家 10 万床，以及 400 所偏远地区高龄者生活福利中心。

五、推动高龄者生活教育。

六、推动长寿科学研究 10 年计划。

七、推动社区开发事业，以及相关服务设施土地问题。

八、其他配套政策。例如，"黄金计划"实施后，考虑到福利人才的供给问题，1991 年特设立了福利人才咨询中心，建立福利服务人才资料库，1992 年又设立了照料实习及推广中心，提升照料服务品质。可以看出，"黄金计划"的重要导向是发展居家老龄服务。

小贴士

黄金计划执行三年后，日本重新制订了"新黄金计划"。它提出了四大基本理念：一是使用者本位、支援自立；二是普遍主义：不仅针对生活困难者或独居者等需要特别援助者，也涵盖所有待援助的老人，提供普遍性的服务；三是提供综合性服务；四是社区主义：提供居民在社区使用所必需的服务，采用以町村为中心的体制建构。

64

日本开展长期护理保险，老年人想知道如何支持居家服务时，怎么办

日本于 2000 年 4 月正式实施长期护理社会保险制度，该制度覆盖 40 岁以上人口，其中 65 岁以上的老年人是第一类被保险人。

加入长期护理保险的日本老年人如果需要得到长期护理服务，必须首先向专门的"认定审查委员会"提出书面的申请，根据主治医生的意见和审查委员会对老人健康状况的调查和评估，最终确定申请者是否需要长期护理服务以及需要什么等级的服务，根据不同等级，老年人可以获得相应的经费补偿。一段时间（一般是半年）以后，这一委员会还将对老年人进行跟踪健康调查和重新评估，根据其健康状况的恶化（或改善）情况，调整相应的照料级别和经费补助数额。

日本把长期护理服务需求分成五个层次（除仅需要照料帮助者外），一旦需要服务，受益人得到的给付分服务时间和服务金两种。其中，照料帮助只是提供少量的服务金，具体服务内容也是比较简单的日常生活服务。

从一级到五级照料，服务的强度越来越大，服务金给付也越来越多。

服务方式也是分为居家服务和机构服务两种。其中，居家服务的内容包括：一、入户访问／日间服务，二、洗澡、康复、护理、福利设施租借，三、短时服务／短时照料，四、户内医疗护理咨询，五、老年痴呆症患者的照料，六、私立营利机构照料服务，七、福利设备购买津贴，八、户内设施（扶手、楼梯改坡道）改装津贴。

小贴士

日本是全世界最长寿的国家，目前日本人的平均预期寿命达到 81.25 岁，其中男性 79 岁，女性 85.81 岁。日本在 1970 年进入了老龄社会，2008 年，日本 65 岁及以上的老年人口占总人口的 21.5%，共有 2746 万人。预计到 2055 年，日本老龄化程度将达到 40% 以上。

65

英国是福利国家，老年人想了解其居家老龄服务情况时，怎么办

英国是福利国家，居家老龄服务很发达，主要包括：

一、生活照料。包括上门送饭、做饭、打扫居室、洗涤衣物、洗澡、理发、购物、陪同上医院等项目。从事居家服务的工作人员有志愿服务者，也有政府雇员，这些服务或免费，或收费低廉。因家人临时外出或度假，无人照料的老年人可送到暂托所，由工作人员代为照顾，几小时或几天不等，最长不超过一个月。

二、物质帮助。政府对65岁以上的纳税人给予适当补贴，住房税也相应减少。66岁以上的老年人可以享受国内旅游车船票减免的权利，电灯、电视、电话费和冬季取暖费也有优惠。

三、健康支持。保健医生上门为老年人看病，免处方费；保健访问者上门为老年人传授养生之道，如保暖、防止瘫痪、营养及帮助老年人预防疾病等，每年约有60万老年人接受此类帮助。还有家庭护士上门为老年人护理、换药、洗澡等。另外，政府还规定了为老年人提供视力、听力、牙齿、精神等方面的特殊服务。

四、整体关怀。英国政府出资兴办社区活动中心，为老年人提供一个娱乐、社交的场所。行动不便的老年人则由中心定期派专车接送。英国各个社区经常举办各种联谊会，提出带老年人到乡间去郊游的口号。人们自愿组织起来和孤老交朋友，利用休息日和他们谈心，用自己的车带他们去郊游，或请到家中来喝茶，为老年人的生活增添乐趣。地方政府每年还帮助3.6万名老年人外出度假。

小贴士

英国最早宣布建成福利国家。1942年，贝弗里奇向英国政府提交了题为"社会保险和相关服务"的报告，这就是著名的"贝弗里奇报告"。1948年，英国首相艾德礼宣布英国第一个建成了福利国家。贝弗里奇也因此获得了"福利国家之父"的称号。

66

英国也在推行居家老龄服务，老年人想知道其机构和服务方式时，怎么办

英国老龄服务的市场化、产业化出现在20世纪80年代以后。在此之前，英国政府推行院舍型老龄服务模式，政府承担大量责任。80年代之后，英国开始打破纯粹由国家独撑养老福利的格局，强化政府的主导作用，通过政策引导，积极鼓励非政府非营利组织发展居家老龄服务机构，开拓新的服务模式。

一、社区服务中心。这种中心由政府出资兴办，工作人员大都是政府花钱聘请，活动经费来自政府拨款，基本上属于无偿服务。凡是老年人都可以在社区服务中心开展娱乐活动和社交活动，那些行动不便的老年人，则由工作人员定期用车接送他们到社区服务中心参加活动。

二、社区老年公寓。这是政府为有生活自理能力但身边无人照顾的老年人提供的一种住房。公寓设有洗衣房和公共活动场所。这类公寓收费标准较低，往往只限于社区内低收入老年人入住。

三、家庭照顾，具体表现为由家庭成员进行照顾，政府发给适当的护理津贴。

四、暂托处。这是为因家庭成员有事外出或度假而得不到照顾的老年人提供服务的短期护理机构。暂托处的照顾服务可以是几小时，也可以是几天，最长不超过一个月。

五、上门服务。这是对居住在家里，尚有部分生活能力但是又不能完全自理的老年人提供的一种服务。

六、社区老人院。老人院集中收养生活不能自理又无家庭照顾的社区老人。老人院是一种小型养老院，分散在各个社区，使入住的老年人不脱离他们熟悉的社区生活环境。

小贴士

随着人口老龄化问题加重，英国有关机构要求将男性和女性的退休年龄都延长到68周岁，而且要求政府提高医疗服务质量，使老年人能够更加长久地享受健康、独立的生活。

67

瑞典是典型的福利国家，老年人想知道其居家老龄服务情况时，怎么办

瑞典60岁以上的老年人口有219万，占总人口的24%。瑞典政府老龄服务的基本出发点是"最大限度地让老年人住在自己家里养老"，通过开展社区服务，远程服务，定点、定期上门等为老服务，切实解决居家老龄人的各种生活困难和问题。

瑞典政府规定，由市一级政府提供各种保障，在各市建立政府服务，服务内容包括入户服务、住房维修、短期照料、日常活动、社区医保等。瑞典具有完善的老龄服务组织机构，分为国家、地区和县三级。国家老龄服务工作机构设在卫生福利部，有三位部长分别负责社会保险、生活照料、医疗公共卫生等涉老事务。地区和县配置相应的工作机构，专门负责老年人的健康保健和社会照料服务等工作。县级政府聘用有爱心、有经验、有能力的人员组成社工组织，负责对本地区老年人收入、健康状况作出评估，并就老年人应不应该享受服务及补贴作出决定。

此外，为了实现"让老年人住在自己家里养老"的目标，瑞典政府还采取了其他一系列措施，如在普通住宅区内建造老年公寓、康复中心，或在一般住宅建筑中建设便于老年人居住的辅助住宅，免费为老年人改建住房，使之更适合于老年人居住；为患有慢性病需要长期护理的老年人配备家庭护理保健助手，国家发给家庭护理补助费；社区还雇佣走家串户的家庭服务员定时上门为散居的老年人购物、备餐、整理卧室和处理家务；边远地区的邮递员在送信途中还负责探视分散居住的老年人，服务费用由政府社会局支付等。

小贴士

从1932年开始，瑞典就逐步建立了闻名于世的"从摇篮到坟墓"的福利保障制度。所有定居瑞典的人年满65岁都可以根据居住年限领取数额不定的基本养老金，政府对所有低收入退休者提供住房补贴，老年人退休后仍能够享受几乎免费的医疗服务。

68

美国居家老龄服务有自己的特色，老年人想知道具体情况时，怎么办

美国的居家老龄服务大致可分为如下几类：

一、针对居家体弱老年人和高龄老年人的服务。这方面的服务主要有家务服务、家庭保健、送饭上门、定期探访、电话确认、紧急响应系统等。

二、针对健康老人的服务和计划。绝大多数社区老年中心一般都为那些健康及能自己旅行的老人提供一系列服务项目，包括交通和陪伴服务、老年食堂、法律服务、就业服务。交通和陪伴服务就是为老人提供门到门灵活交通工具的服务，老年人可以选择小轿车、小客车、大客车等车型。老年食堂就是在老年中心、学校、社区中心、教堂等中心地带设立老年食堂，为老人提供一顿午餐。法律服务就是为老年人所需求的房屋出租、消费者权益保护、准备遗嘱等提供法律服务。就业服务就是一些非营利性志愿者就业机构专门帮助老年人寻求就业。

三、专门服务。这类服务包括老年人日托中心、咨询服务和保护服务

等。在美国绝大多数社区都建立了老人日托中心。如果有的老人不能在家独立居住，但又不愿意去养老设施，就去日托中心。日托中心可以满足老年人的社交、心理、康复服务，健康锻炼，娱乐活动等各种需要。咨询服务就是针对老年人在个人和家庭矛盾、退休、财政、生活安排等方面的各种问题，提供信息咨询和解答，从而使老人的个人权益得到最好的尊重。保护服务就是由法律服务中心或公共机构提供的用来保障老年人合法权益的服务。

小贴士

美国最大的居家老龄服务提供商成立于1994年，现拥有6万名护理员、800多个加盟店、遍布17个国家。据美国劳工统计局公布的数据，美国居家老龄服务创造的就业机会逐年增长，预计至2016年将达115万个。

69

美国的"家庭式照料计划"很有吸引力，老年人想了解一下时，怎么办

美国的"家庭式照料计划"是一种居家老龄服务的模式，是指一些家庭或个人利用自己的住所对需要照料的人提供照料服务，这种照料方式的优点是拥有家庭一样的氛围和更加贴近被照料者需求、偏好和利益的服务，一般被照料对象不超过 3 人。

"家庭式照料计划"的服务对象必须是能够自理或半自理，如果需要更高级别的照料则必须入住专门的护理院。当地的老龄部门负责对准备参与该计划的人进行资格审查，以确定其是否适合。家庭照料计划的服务比较简单，主要是照顾个人卫生、提供三餐、整理房间和洗衣等。如果有需要服药的，管理者会认真监督其按时按量服用。由于一般规模较小，可以确保每个人都得到很好的照顾和注意，同时给人一种"稳定"、"家庭"的感觉，以及归属感和独立感。

"家庭式照料计划"的提供者包括各个年龄层的人，有些是寡妇，有些是老年夫妇，有些是孩子尚小但愿意提供照料服务的家庭。申请提供这种服务也需要经过当地老龄部门的严格审查，审查内容主要包括：是否超过 21 岁，是否拥有或租住独立房产，是否能与被照料者同住，身体健康证明，是否具有急救资格证明，无犯罪记录，等等。

当然，参加这一计划的家庭也并不都是为了营利，他们中有一些是出于爱心和社会公益的目的，扶养和照料那些无依无靠的老年人。参加这一计划的老年人大部分一定程度上能够自理，所以在生活上也并不完全依赖他人照顾。

小贴士

据美国人口普查局的预测，美国 65 岁及以上老年人口，2030 年达到 7150 万，2050 年达到 8670 万，老年人口占其总人口的比例依次达到 13%、19.6% 和 20.6%。

70

新加坡鼓励三代同堂，老年人想知道其具体措施时，怎么办

伴随工业化的成功，急剧的社会变迁与生活方式与道德标准的改变，新加坡的年青一代深受西方个人本位思想的影响，抛弃了东方传统价值观，小家庭的数目急剧增加，三代同堂的大家庭日渐衰落。

新加坡政府认为，政府必须采取坚决的措施鼓励和帮助大家庭的亲人住在毗邻的组屋里，以便让祖父母帮助照顾孙子，已婚的子女也便于定期与父母聚会、进餐，并采取了一些实际有效的措施。

针对年轻人不愿照顾老人的问题，建屋发展局规定，年轻的单身男女不得购买组屋，但如果与父母同住，购买条件可以放宽，父母或子女一方收入不超过 2500 新元即可申请，不必计算总收入；如果三代同堂则可优先解决住房问题。

新加坡政府又通过立法规定子女必须照顾和赡养老人：在分配政府住屋时，对三代同堂家庭给予价格优惠和优先安排，年轻夫妇首购房屋，可获得 4 万新加坡元津贴，如所购的房屋与父母居住靠近可再多得 1 万元。

如子女和丧偶的父亲或母亲一起居住，则父（或母）所遗房屋可享受遗产税减免优待。

新加坡还把照顾老人和孩子结合起来。他们成立了专门的"三合一家庭中心"，将托老所和托儿所有机结合起来，即在照顾学龄前儿童、小学生的同时，兼顾到乐龄人士，年轻的夫妇每天将老人和孩子一起送到这里来，非常方便。这种老少集中管理的模式，既顺应了社会的发展需要，解决了年轻人的后顾之忧，又满足了人们的精神需求，增进了人际交往和沟通，凝聚了代际之间的联系。

小贴士

1995 年，新加坡国会通过《赡养父母法令》，成为世界上第一个为"赡养父母"立法的国家。在此法令下，被控未遵守《赡养父母法令》的子女，一旦罪名成立，可被罚款一万新元或判处一年有期徒刑。

第三章

老年人自我服务

——掌握自我服务本领　提高自我服务能力

【导语】多数老年人想保持独立性，不愿意给子女"添麻烦"，只要身体条件允许，往往喜欢自己的事自己做。本章结合老年人的实际生活情境，对老年人做家务、出行、购物等自我服务过程中遇到的困难和问题作出解答，帮助老年人减少意外事件的发生，减轻其他家庭成员的照料和护理负担，旨在提高老年人的生活生命质量。

第一节　家务劳动

1

家务劳动也需要注意安全，老年人想知道如何进行自我保护时，怎么办

　　一般来说，家务劳动工作量不大，对人的身体不会有明显的损害，但从事家务劳动的老年人切不可因此而掉以轻心，即使从事简单的家务劳动，也要注意防止意外的发生。随着年岁的增长，老年人在生理机能会出现不同程度的衰退，在劳动中必须注意劳动强度不要过大，动作频率不要过快，劳动时间也不宜过长，以免发生碰伤、扭伤、跌跤或累病。

　　除此以外，家务劳动中还要注意以下几个方面：

　　一、打扫卫生是最常见的家务劳动。为尽可能减少灰尘对老年人呼吸系统的损害，要少用扫帚，尽量使用吸尘器和湿抹布，最好戴上口罩，防止吸入灰尘。清除工作之后，要及时洗脸洗手。

　　二、洗洗涮涮也是居家过日子的基本内容。老年人在用洗衣粉、洗涤灵、去油剂等化学剂清洗时，应戴上橡胶手套，防止手部皮肤直接接触这些东西。

　　三、油烟对人体、房间污染性最大，而很多老年人的呼吸系统有问题，因此要注意减少油烟的吸入量。一是尽量购买高级烹调油，这种油不出烟，也不需要很高的温度就可以烹炒食品；二是尽量少吃油炸食物，减少油烟污染机会；三是安装抽油烟机，及时排除室内油烟及其他不良气体，如厨房里无抽油烟机，那要有良好的通风条件；四是做好饭后，马上洗脸，及时除去烟尘对皮肤的浸染。此外，手脚不大灵便的老年人，还要注意防止切削食品时割伤，做饭时被火和热水烫伤，以及开启各种电器时遭到电击等。家中要备有红药水、紫药水、创可贴、烫伤药、消炎粉等常用药，以备发生意外时急用。

小贴士

　　跌倒是老年人最常遇到的安全隐患，也是导致老年人意外死亡最主要的原因。老年人要时时留心地面和周围状况，平时多进行促进平衡功能的运动，如打太极拳等。

2

家务劳动不分男女，老年人想知道如何分工合作时，怎么办

中国传统的家庭分工，都是"男主外女主内"，家务主要靠家庭妇女来承担，随着广大妇女走上工作岗位，这种观念已经过时。尤其对赋闲在家的老年人来说，"男主外女主内"已经无法作为逃避家务劳动的借口了。因此，作为家庭成员，只要有劳动能力，都应该积极参加，增强家庭的温馨感和幸福指数。

老年夫妻进行家务劳动，首先要依据各自的生理、心理特点科学分工。在一般情况下，丈夫比妻子身体强壮，又富于想象力，可以在维修房屋、换煤气罐、擦地板、修理家庭水电设备、布置房间、洗涮大件衣服被褥等方面多做些；妻子则在缝补、烹调、采购食品、浆洗等方面多做一些。

其次，老年夫妻在进行分工时，也要考虑兴趣爱好，尽量使分工与兴趣爱好统一起来。比如，丈夫喜欢养花，可以把家庭绿化的活交给他；妻子喜欢逛市场，就可以让她负责采购；等等。

当然，大多家务劳动还要通过夫妻双方的通力合作来完成。比如，家具位置移动调整，喷刷房屋，大范围的清洁扫除等，就需要双方合作。再比如，丈夫有力气，会安装电器，可以承担摆放家具、布置房间的工作，但他的审美观念不一定比妻子好，如果双方配合起来，妻子提建议，搞实验，丈夫负责实施安装摆放，就会相得益彰，把事情做得圆满。另外，合作还常常能体现出一种默契，一种心的沟通与相融，会更增添生活情趣，增进夫妻感情。

小贴士

全国老龄办统计数据显示，截至 2009 年年底，我国纯老年人家庭达到 44%，空巢老人家庭接近 50%，城乡空巢比率分别为 49.7% 和 38.3%，今后空巢现象将更加普遍，空巢期也将明显延长。

3

面对繁杂琐碎的家务劳动，老年人想知道如何应对时，怎么办

家务劳动很琐碎，想把家收拾得井井有条，需要掌握运筹艺术。以下列举几种，给做家务的老年人一点提示：

一、可以运用序列法。面对一大堆家务事，老年人应该根据事情的轻重缓急，把它们分门别类排好次序。排次序应遵照这样几个原则：第一，有时间限制的，要求急的，排在前面。如，水电费今天到期，不及时缴纳要罚款，就要把这件事排在前面。第二，有求于他人或涉及他人的，应排在前面。因为别人也有自己的工作次序，早点与人接洽，就可以早排上队，也给别人留有时间余地。例如，求人裁衣服，就要提前送衣料，而不应该等到要穿了才送去，使别人措手不及。第三，重要的事情先办。比如，陪老伴看病与洗衣服，当然是陪老伴看病重要。根据这样的原则排好顺序，事情再多，也会眉目清楚，便于下手做。

二、可以运用立体法。即经过科学安排，在同一时间内，同时完成几件事，以提高劳动效率。比如，一边炖鸡一边洗衣服，如果洗完衣服再炖鸡，就可能耽误吃饭时间。再比如，清晨一边收拾房间，一边做早饭，一边听广播，也是运用立体法的例子。

三、一次完成法。即经过科学安排，可以把本来要分成几次做的事情合并为一次完成，从而减少劳动量，节约时间。例如，要到银行缴水电费，那么同时就可以把存钱、买金融债券的事情一块捎上，回来的时候，还可以顺便买菜。这样，只上一趟街，却可以办几件事。反之，如果计划不周，想起一件办一件，就要多跑冤枉路，浪费不少时间。

小贴士

让家庭变得有条理的几条忠告：一、确保家庭成员对自己的物品负责；二、创建一个集中式家庭信息中心；三、不要在每个平面上乱堆东西；四、有规律地对家里的东西进行盘点；五、使每个人都感到愉快。

4

空巢带来很多问题，老年人想知道应对办法时，怎么办

随着家庭结构小型化格局基本形成，"4-2-1"时代（4个老人、2个中年人和1个小孩）正式到来，独生子女往往无力兼顾多位老人，家庭的养老功能正在逐步减弱。

全国老龄办2008年发布的《我国城市居家养老服务研究》指出，今后空巢现象将更加普遍，空巢期也将明显延长。与发达国家独居及夫妇空巢户高达70%~80%的比例相比，我国老年人空巢比例持续增加的趋势将是不可逆转的。所有老人都需要精神慰藉，空巢老人可能更加明显一点。这是一个社会问题，应该由政府、社会、家庭来共同解决，不是哪一个单独的力量能解决的。

总体上看，这些空巢老人将面临三大挑战。

一、生活保障，主要是经济方面。随着经济社会的发展，城市空巢老人一般有房、有独立经济能力、有单独的生活空间、生活质量更高，这部分人的经济保障不是问题。而农村地区老人的养老问题将在今后很长一段时期困扰着我们，目前的"新农保"水

平还太低，难以承担农村老年人的养老支出。在这方面，我们更应该关注广大农村的空巢老人。

二、日常照料服务。开展适合老年人特点的服务，是当前应对老龄化的核心问题。目前老年专业化服务水平不高，既缺乏专业的管理公司，又缺乏大批专业的护理员。比如养老护理员，全国只有2万多人，而实际需求接近千万。

三、精神慰藉。目前老年人的精神慰藉主要靠家政服务员，专业的老年人心理服务的从业人员较少。我国已明确以居家养老为基础、以社区养老为依托、以机构养老为辅助的养老模式。毫无疑问，子女是照顾空巢老人的第一责任人。

小贴士

空巢老人是指无子女或子女不在身边、独自生活的老年人。在我国1.85亿60岁以上老人中，空巢老人占了一半。

5

身上出现"老人味"，老年人想知道如何清除时，怎么办

人到老年，身上常常会出现一种酸馊的味道，俗称"老人味"，特别是穿着邋遢、不爱洗澡的老人，这种味道会更浓烈。自己习惯了，往往会不觉得，而别人接触了，会觉得别扭和反感。

有一位老汉，一天到晚搓麻将，老伴叫他理发洗澡换内衣，他懒得动窝，当老伴指出他身上有股难闻的味道，他还认为老伴作践他，会大发脾气。结果那种味道越来越浓烈，外人见到他，就捂鼻子，家人见到他，则皱眉头……

从生理学上来说，60开外的人，不管男女，由于新陈代谢功能逐步衰退，气血运行不畅，加上消化系统退化或病化造成营养转化不完全，还由于牙齿残缺，积嵌饭屑菜垢，很容易出现口臭。老人的皮肤新陈代谢也比较缓慢，沉积了大量的死皮，如手和脚老茧比较厚的地方，也容易产生一股酸馊味儿。如果不注意刷牙洗澡，这种异味会更加浓烈，即所谓的"老人味"。

"老人味"的产生，是一种必然的生理现象。要把"老人味"减少到最低程度，要注意以下几点：一、要坚持健身锻炼，加快血液循环，促进新陈代谢。二、要养成良好的饮食习惯，少食多餐，尽量吃些易消化食物，多吃清火解热的蔬菜和水果。三、要养成良好的卫生习惯，如早晚刷牙，勤加漱洗，勤换衣裤，也可以嚼嚼口香糖，清除口腔异味，等等。同时，老年人洗澡时最好使用磨砂沐浴露，把全身涂抹一遍，细细揉搓，这样可有效去除死皮，同时使臭味消除。注意减少自身的"老人味"，不仅是装扮形象、开展人际交往活动的需要，也是老人热爱生活、珍惜生命的体现。

小贴士

一些特异的体味背后往往隐藏着各种疾病，最好及时到医院进行检查。比如，烂苹果味可能是糖尿病酮症酸中毒的特征之一；酸性汗味常见于发热性疾病，如风湿热或长期口服解热镇痛药物的病人；等等。

6

居室产生异味，老年人想知道如何消除时，怎么办

室内空气质量与人体健康的关系十分密切。老年人居室住久了，会有一种异味，让人闻起来很不舒服。要消除这种异味，必须注意保持室内空气新鲜洁净。

家庭室内空气污染主要包括两大类：一类是气体污染物。如厨房煮饭炒菜产生的一氧化碳、氮氧化物；室内装饰材料、化妆品、新家具等散发出的有毒有害物质，主要有甲醛、苯、醚酯类、三氯乙烯、丙烯腈等挥发性有机物等。另一类是微生物污染物。如细菌、病毒、花粉和尘螨等。室内潮湿的地方，容易滋生真菌，造成室内空气污染。"家庭环保"的重点就是要消灭这些污染源，改善室内空气的质量。

以下几点是老年人日常生活应当注意的：一、老年人在装修房屋的时候，要选择带有环保标志的绿色装饰材料，可以向中国建筑装饰协会等单位咨询这方面的详细情况，也可以请室内监测中心的人员来检测室内的空气质量。二、要充分发挥抽油烟机的功能。无论是炒菜还是烧水，只要打开灶具，就应把抽油烟机打开，同时关闭厨房门，把窗户打开，这样有利于空气流通，消除污染物。三、马桶冲水时放下盖子，平时不用时尽量不要打开。水箱中最好使用固体缓释消毒剂，并选用安全有效的空气消毒产品来净化空气。使用空调的家庭，最好能启用一台换气机。另一种有效的办法是使用空气净化器。四、在打扫卫生时，有条件的最好使用吸尘器，或者用拖把和湿抹布。如用扫帚，动作要轻，不要把灰尘扬起加重空气污染。尽量不使用地毯、"鸡毛掸子"。

小贴士

烟枪老友来访，一番吞云吐雾之后，会使屋子里充满一种熏人的香烟味。可用毛巾或绒布蘸上一些香醋放置在室内，由于醋味的散发，香烟味就会被消除。另外，点燃两支蜡烛，也能消除香烟味。

7

家务劳动非常枯燥，老年人想知道如何才能"寓劳于乐"时，怎么办

长时间保持一种态势，重复一种动作，或是处在一种单一的环境中，是最容易疲劳的。烦琐枯燥的家务劳动就常常让人觉得厌烦，这就要求老年人善于调节，想方设法把娱乐活动引进劳动中去，提高家务劳动的愉快值。

可以尝试把游戏引入家务劳动。做家务确实不能等同于做游戏，但是，让家务劳动多一些游戏色彩，既符合老年人"老顽童"的心理特点，也能活跃气氛。特别在儿孙满堂的大家庭中里，把游戏引进家务劳动中，效果更好。例如，吃完晚饭，一家人围坐桌边，玩一个猜谜、联词等类的智力游戏，让输了的人去刷锅洗碗，就是个很不错的办法，这其中有智慧，有欢乐，也有轻松的解脱。

也可以把音乐引入家务劳动。有了音乐，可以把人带入音乐的意境，使人忘记眼前家务的烦恼，在不知不觉中就把家务干完了。可以根据不同的家务内容选择不同的音乐。需要快节奏的工作时，如洗衣服、擦洗地面等，就选择迪斯科、进行曲之类的乐曲；需要细致、慢节奏的工作时，如挑拣米中的杂质、清洗鸡鱼内脏等，就选择轻柔、舒缓的乐曲。在菜板上剁肉馅时，可以一边剁一边听老年迪斯科音乐。在这个音乐的伴奏下，老年人特别是喜欢迪斯科音乐的老年人，会觉得全身细胞都兴奋起来，剁馅的节奏与音乐合为一体，虽然速度比较快，但不觉得手酸臂痛，可以不加间歇地剁下去。把音乐引入家务劳动中，能消除或缓解你的疲劳，还能增添生活情趣，陶冶审美情操。

小贴士

在人类漫长的发展历史中，游戏和劳动都是人类生命的非常重要的组成部分。在人类早期，游戏活动与劳动活动的实际内容是同一个过程的两个方面。人类就是在不断地游戏和劳动的过程中，成长发展起来的。

8

洗澡是日常生活中必不可少的，老年人想知道如何避免意外发生时，怎么办

老年人比较喜欢泡澡，但因洗澡而产生的意外事件也时有发生，因此，老年人一定要提高安全意识，注意以下禁忌。

一、洗澡过勤。洗澡体力消耗大，去脂过多，可使皮肤干燥，易患皮肤感染和瘙痒症。除非在炎热多汗的夏季，其他季节老年人一到两周洗一次为宜。二、水温过热。老年人自身血管比较脆弱，水温过热，全身皮肤的血管就会适度扩张，更多的血液流向周围的血管，导致心脏和脑部血流量减少，造成心、脑缺血、缺氧，加重心、脑血管疾病的病情，甚至危及生命。三、使劲搓澡。不少老年朋友为了洗得干净，喜欢用力搓澡，用力搓下的"泥"实际上是皮肤表面的上皮细胞，皮肤长期被搓，不仅影响皮肤弹性，而且会加重皮肤瘙痒。四、时间过长。有些老年朋友洗澡时喜欢在浴盆里长时间浸泡，认为这样洗得干净。其实，这样会使老年人的心肌耗氧量加大，加重心脏负担。五、饭前洗澡。老年人饭前血糖偏低，洗澡时消耗体力较大，易发生低血糖，重者可发生低血糖休克。六、饭后马上洗澡。饭后身体的血液较多集中于消化道以助消化，洗澡可使体表血管扩张，使消化道的血液供应减少，不利于食物消化。饭后间隔一到两个小时洗澡比较合适。七、剧烈活动后马上洗澡。大运动量后身体疲劳、出汗，在这种情况下立即洗澡会因体力不足而虚脱，更有甚者可导致休克。所以剧烈活动后要适当休息，待体力恢复后再洗澡为宜。八、单独洗澡。现在大部分家庭都有浴室，家里无他人时，老年人最好不要单独洗澡。对于那些有冠心病、高血压、高血脂、糖尿病、颈椎病的老年人，尤其要有家人陪伴，以免发生意外。

小贴士

正常皮肤表面有由皮脂腺、汗腺分泌物及脱落的上皮细胞形成的酸性保护膜以及角质层，只有0.1毫米厚，呈弱酸性，但它却是阻止病菌和有害射线入侵人体的防线。洗澡时如果用力搓擦，很容易损伤皮肤，易患多种皮肤病。

9

天冷时需要电热毯，老年人想知道如何科学使用时，怎么办

　　隆冬季节，电热毯成为老年人抵御寒夜的"贴心保姆"，特别是对那些体质比较虚弱的老人，能提供很好的呵护。此外，它对患有风湿病痛的老年人也有不错的保护效果，可以减少其发作的机会。

　　但是，传统电热毯在发热的同时，也会产生较强的电磁波辐射和感应电，长时间使用会伤害人体健康。比如，电热毯持续性散热，人体皮肤水分被蒸发，容易导致过敏性皮炎，使老年人皮肤过敏，出现瘙痒或丘疹，抓破后可出血、结痂、脱屑，常常瘙痒难忍，彻夜难眠，影响休息。再比如，长时间在温度过高的电热毯上睡觉，会降低睡眠质量，起床后精神不振。此外，电热毯长期使用，如果维护不好还可能发生漏电现象，直接危害老年人的生命安全。

　　因此，老年人使用电热毯，必须注意以下几方面事项，以防止"贴心保姆"变成健康杀手：一、使用电热毯之前，应详细阅读使用说明书，严格按照说明书操作；二、使用的电源电压和频率要与电热毯上标定的额定电压和频率一致；三、电热毯应严格禁止折叠使用，使用电热毯的过程中，应经常检查电热毯是否有集堆、打褶现象，如有，应将皱褶摊平后再使用；四、电热毯不要与其他热源共同使用；五、如使用预热型电热毯，应绝对禁止整夜通电使用，当使用者上床前，应拔掉电源；六、长期卧床或生活不能自理的老年人，不要单独使用电热毯；七、不要在电热毯上放置尖硬物，更不要将电热毯放在突出金属物或其他尖硬物上使用；八、经常使用电热毯的老年人，应适量增加饮水。

小贴士

　　在严冬里喝酒御寒是不可取的。饮酒能加速血液循环，热量消耗增加，令全身有种温暖的错觉，并不是酒精能御寒。酒喝得过多，会引起体温中枢神经调节紊乱，更容易损伤调温功能。

10

冬季用热水袋取暖，老年人想知道如何科学地使用时，怎么办

老年人在冬季取暖，常常使用热水袋。要科学地使用它，有一些注意事项。

注意水温不要太热，水也不能灌得太满，2/3 为最好。如果装热水过满，水蒸气形成的气压可能把热水袋撑破。灌好后，要把袋内多余的空气挤出来，使水位上升到热水袋口的位置，然后拧紧塞子。拧的时候不要用力过猛，以防滑丝。在热水袋外面最好套一个防护套，防止水流出来。应放置于身体旁一定距离处，不要直接与身体接触，最好是睡觉前放在被子里，睡觉时就拿出来。对患有糖尿病或者末梢神经感觉迟钝的老年病人，最好不要使用热水袋取暖。在热水袋不用后，将袋内的水倒干、控净，避光避热收藏就可以了。

对老年人来说，热水袋不仅可以作为取暖设备，还有一些医疗保健用途。一、可以促进伤口愈合。如果老年人在切菜时不小心划破了手指，可以用热水袋放在手上热敷，连敷几天，就能促进伤口愈合。二、可以缓解疼痛。对患有关节疼、腰痛、坐骨神经痛等老毛病的老年人，也可以拿热水袋热敷，会有明显的止痛效果。另外，对老年人因扭、挫伤引起的皮下血肿，于受伤 24 小时后，用热水袋热敷，可以促进皮下瘀血吸收。三、可以敷背止咳。有的老年人一到冬季，稍受风寒就咳嗽不止。可以把热水袋灌满热水，外用薄毛巾包好，敷于背部驱寒，能够很快止住咳嗽。此法对伤风感冒早期出现的咳嗽尤其灵验。四、可以催眠。老年人睡觉时把热水袋放在后颈部，可起到催眠作用还适合治疗颈椎病、肩周炎。

小贴士

在冬季，老年人尽量减少洗脸的次数，不要使用过热的水洗脸，以免皮肤干燥；不要用舌头舔嘴唇，嘴唇只会越舔越干；洗头应选择一天温度最高的时候，切忌睡觉前洗头；穿衣服不要过紧；尽可能加强身体锻炼。

11

网上冲浪乐趣多，老年人想知道如何消除其健康危害时，怎么办

网络越来越受老年人的青睐，出现了很多老年"网虫"。但上网时间长了，常常出现肩背肌肉酸痛等症状，老年人可做一些"网络保健操"，来调节血液循环，缓解肌肉酸痛。

头部运动：一、两脚分开站立与肩同宽，双臂屈上举，双手伸直置于头上，抬头挺胸，收腹沉肩，两臂尽量向后外展。屈膝，双臂由上至下，两肘关节尽量内收，低头含胸，收腹弓背。二、两脚站立稍宽于肩，一腿向内屈膝，另一腿直立，同侧手屈臂上举，手伸直置于异侧耳部，并轻轻向下拉引头部，伸展颈侧肌群，重心在直立腿上。两腿伸直站立，上面的手随着身体的直立，伸直放在头上，收腹挺胸，眼睛平视前方。三、两脚前后站立，前腿屈膝，重心在两腿中间，两臂伸直下垂，肩下沉，头部向前伸，拉长颈部的肌肉。下肢不动，头向屈腿的一方转动，收下颌，同时两臂屈放于腰部，上体随头部转动。

肩部运动：一、两腿站立稍宽于肩，一腿向内屈，另一腿直立，重心在两腿中间，两手屈臂上举并置于头后，两手拉住，向屈腿的一侧下拉上臂，头向下看。两腿伸直站立，双臂伸直上举，两手握住，抬头挺胸，收腹站立。二、下肢站立或坐姿均可，身体面对正前方，一臂向异侧平举，另一臂屈，并下内拉引直臂，五指尽量伸展。

腰部运动：一、两脚分开站立与肩同宽，一臂上举，另一臂下伸，身体向侧拉伸，上臂尽量向远伸，抬头挺胸。下肢不动，身体恢复直立，上臂屈侧展，手握拳，肌肉紧张，下臂伸展，两肩尽量打开，收腹收臀。二、两腿并拢伸直站立，双手分开向后（可握把杆或扶墙），头和躯干向后屈，抬头挺胸，两肩放松。下肢不动，双手握把，头和躯干由后向前屈，低头弓背。

小贴士

做上述"网络保健操"，要按照节拍，一拍一动，每个动作可做2~4个八拍，左右交替进行练习。所有动作都要根据个人的身体状况来掌握其幅度、速度和强度。

12

茶杯用久了形成积垢，老年人想知道怎样进行清除时，怎么办

习惯喝茶的老年人常常对使用顺手的茶杯产生感情，不舍得更换。然而，茶杯如果清洗不到位，在杯底和杯壁上会积攒下一层厚厚的茶垢，泛黄发黑。经常用这样的茶杯喝茶，杯具可能会引发悲剧。

专家证实，茶叶的茶多酚与茶杯中的一些材质在空气中会发生氧化反应，其中镉、铅、砷等多种金属以及其他一些对人体有害的物质，会附着在茶杯表面形成茶垢。茶垢进入人体，与食物中的蛋白质、脂肪和维生素等营养成分结合，容易生成难溶的沉淀，阻碍人体对营养成分的吸收。同时，这些氧化物进入身体，还会引起神经、消化系统功能紊乱和病变，导致人体过早衰老。

清除茶杯积垢的方法很多：

可以把茶杯用加热过的米醋或小苏打水浸泡一昼夜，再用牙刷刷洗，就可以很轻松地除净茶垢。如果使用的是紫砂壶，则不用这样清洗。因为紫砂壶身有气孔，茶垢中的矿物质能够被这些气孔吸收，对壶能起到养护作用，也不会导致有害物质"跑"到茶水中被人体吸收。

用维C片剂也可以有效地清除这些沉淀物。在杯中倒少许温水，将几片维C片捣碎，放入杯中，搅匀，用该水溶液浸润杯子内壁。然后，用食指抵着一片维C片，轻轻地摩擦杯子的内壁，积垢即可去除。

还有一种更简单的土办法，将土豆皮放在茶杯中，冲入开水，盖上杯盖，闷几分钟，也可将茶垢轻松除掉。另外用牙膏擦拭杯子内壁也很有效。如果是茶具桌上沉积了茶垢，可以在桌上洒点水，用香烟盒里的锡箔纸来回摩擦，再用温抹布擦拭，就能把茶垢洗掉。

小贴士

老年人喝茶最好不要在饭前、午后和睡前，早饭后20分钟左右饮茶最宜，过了午后喝茶可能会对晚上的睡眠质量有影响。老年人有溃疡病和胃功能紊乱者，不宜饮茶，尤其是性凉的绿茶。

13

砂锅煨汤熬药效果好,老年人想知道如何延长砂锅使用寿命时,怎么办

砂锅是老年人常用的一种炊具,但由于是用黏土烧制的,很容易破裂损坏。老年人可以采用以下办法使用和清洗砂锅,延长其使用寿命。

砂锅买来后,先放满淘米水或米汤在微火上煮沸,使水里的淀粉渗进砂锅缝隙,以后再煮东西,就不会裂口了。或者先在里面盛满食醋,放在火上烧,让醋慢慢渗入到锅体内,也可以防止砂锅日后开裂。如果有较大的烤箱,还可以用纸巾先将锅子擦干,放入烤箱,用150℃的温度干烤一小时,然后自然放凉,也可以增强砂锅的耐用性。

对砂锅加热之前,外表面必须擦干。凉锅切忌急火加热,加温时,要先开小火,再开大火,不能直接用大火烧。火力不应集中,可以配合外圈火使锅底受热均匀。要注意锅里面的水不要加得很多,以防水沸腾时溅出来,弄坏砂锅。同时注意加热时间,不要把水烧干。不要用砂锅熬制黏稠的膏滋食品。滚烫的砂锅,要让它自然冷却,不能用冷毛巾敷上去,也不宜直接放在瓷砖或水泥地上,而应放在干燥的木板、草垫上,或者铁制三脚架上,否则会因冷却不均匀而开裂。使用之后,应放置10~15分钟,待锅身降温了再清洗,以免温差太大发生破裂。冲洗时间宜短,不可以浸泡,否则锅子会吸入污水,导致发霉发臭。

砂锅上有肉眼看不到的气孔,不宜用碱性清洁剂。若是偶尔用一次砂锅,则要用清洁剂清洗,以防收藏期间滋生细菌。洗后要用抹布擦净水渍,放在阴凉通风处晾干,再收藏起来。

小贴士

老年人在用砂锅熬药时,往往直接用自来水。其实,熬药要把烧开的水晾凉后再使用,因为自来水多用氯消毒,或多或少有残留,同时自来水中的钙、镁离子较多,容易和药材中的化合物发生反应,影响药效。

14

搪瓷杯掉了瓷，老年人想知道怎样修复如新时，怎么办

搪瓷是将无机玻璃质材料通过熔融凝固于基体金属上，并与金属牢固结合在一起的一种复合材料。用这种材料制造器皿，不仅可以赋予制品以美丽的外表，而且安全无毒，易于洗涤。现在搪瓷类制品非常多，使用也很普遍。

在 20 世纪六七十年代，搪瓷杯是国人最不可或缺的生活必备品，它浓缩了一个时代的记忆。现在的老年人，在风华正茂的岁月时，几乎是人手一只搪瓷杯，上面印着工农兵图案，或是写着"向雷锋同志学习"、"好好学习，天天向上"等字样。这些杯子虽然早已不再使用了，但不少老年人还保存着，作为对过去岁月的一种纪念。

搪瓷杯用久了，难免磕磕碰碰，表层的珐琅质破碎，出现掉瓷，斑斑驳驳甚至布满褐色锈迹，显得很难看。老年人可以用下面的办法，巧妙地修复它们。

一、可以把鸡蛋蛋白与生石灰粉拌匀涂在掉瓷部位，阴干后即可。二、先把掉瓷地方的铁锈擦净，用烧红的烙铁或铁棍把旧塑料牙刷柄熔化，滴在掉瓷处，并用薄铁片烫平。或用 2/3 的立德粉和 1/3 的熟石膏粉混合，再与烘干漆调和成糨糊状，用它涂在掉瓷处并抹平。三、如果掉瓷的地方已锈蚀穿孔，要焊补。焊补的方法是在地上铺一层细沙，再用旧牙膏皮或别的锡料放在小铁勺里，用火把它熔化成锡水，根据破穿洞口大小，往细沙层上倒锡水，立即把搪瓷器的破洞紧压在热的锡水上面，锡水就像铆钉一样把破口焊住，最后在焊锡处和掉瓷处涂抹搪瓷黏合剂。焊成后，如果锡的表面不光滑，可用小锉刀加工修饰。

小贴士

近年来搪瓷杯又风行起来，"工农兵形象"的图案配上网络语言，如"天天睡到自然醒"、"不要迷恋哥，哥只是个传说"等。很多年轻人买来送给父母，既满足了老人怀旧的心理，也迎合了年轻人讲究个性的特点。

15

工艺品出现破损和污渍，老年人想知道如何进行科学补救时，怎么办

人上了年纪，常常会收藏一些工艺品，每一件藏品，都记录着老年人一段温馨回忆，摆放在书柜案头，有助于老年人追忆过去，愉悦身心。当这些工艺品出现污渍、发生破损时，总会引起老年人的感伤，因此，掌握一些清洗修复补救的小窍门，在老年人的休闲生活中，十分有用。

五金器具的除锈。金戒指、金耳环、镀金装饰品用久了颜色暗淡，可用线香熏，再用胭脂水洗，赤色就会粲然。银器污渍，可用棉花蘸醋，或用宫粉擦，就可现白，银器色暗，用棕炭和水洗刷，或用牙膏擦拭，也能光亮如新。铜器色暗，用桐油或用布蘸瓦片磨成的末擦拭。铁器生锈，浸入酸菜缸或淘米水中两三天可以除锈。用粗糖及稻草灰擦拭可出去锡器污锈。

陶瓷器皿的粘补。先把破口处擦干净，放到炉子上烤热，然后用70%的环氧树脂、20%的丙酮和10%的乙二氨，再加上一点二氧化钛配成的胶水在破口处抹匀。破口对好后，用细铁丝扎紧，再用毛笔蘸上胶水把破口处抹一抹，放到火上烤干。烤时要在火上放块铁板，使火力均匀。烤三四十分钟后，打磨干净即可。

石膏像去污。用洁净的鸡毛掸子或软毛刷、毛笔等轻轻拂去石膏像上的灰尘，不能用湿布揩。对小块污迹，可用小刀将其表面薄层刮去，对渗透较深的墨迹，先挖去，再用调和过的石膏填补，晾干后用细砂纸打平即可。如果石膏像陈迹多年，十分肮脏，可以将其浸入比例为1000毫升肥皂水加10~20毫升氨水中，轻轻洗涤10分钟左右，取出用清水冲净即可。如果无法洗净，可在石膏上涂一层仿铜颜色，将其改制成仿铜塑像，也很雅观别致。

小贴士

老年人喜欢看电视，喜欢上网，电视荧光屏和电脑显示器容易产生积垢，可用两三块拇指大小的棉花（勿用手绢和擦镜纸），蘸上酒精，从屏幕中心开始，逐渐向四周做圆圈状擦拭，便可擦得干净明亮。

16

物品越积累越多，老年人想知道如何妥善保管时，怎么办

老年人俭朴惯了，用过的物品不舍得扔，以备下次再用。日积月累，室内的物品越来越多，妥善地保管它们，就成为家务管理的一项重要内容。老年人有必要了解一些保管物品的小常识。

一、衣物的保管。各类衣物的洗涤、熨烫和收藏都有不同的要求，其中最要经心的是毛料衣服，虫蛀是对毛料衣服的很大威胁，要保持服装干净，适时晾晒，并放置防虫剂。另外，不同颜色的衣服，要分别放置，以免颜色污染。

二、家用电器的保管。家用电器常常是家庭中价值最高的物品，老年人应具备一定的电器维修保管常识。例如，停电时应怎样保护电器，电器停用时应注意什么，平时怎样保持电器清洁，电器需要什么样的通风条件，多长时间需要检修一次，等等。

三、书籍的保管。对书籍的主要威胁来自受潮和虫蛀，把这两方面的威胁排除了，书籍本身的安全就有了保证，此外，保管书籍还有合理分类摆放，方便使用，及时追回借出的图书，以及修补破损书籍等内容。

四、食品的保管。粮食要防止发霉、受潮、虫蛀和异味侵入等等；蔬菜方面，要懂得蔬菜的储存，保持蔬菜鲜嫩等等；水果方面，要知道家庭储存较多的苹果、梨等果品的保管。对其他食品，如滋补品、鱼肉类、半成品食品以及熟食的保管，都有一定的学问，要收集掌握。

五、其他物品的保管。不同家庭还有各自的特殊物品，如家具、卧具、玩具等，也需要精心保管，经常检查，定时晾晒，保持通风，等等。总之，只要用心，做个有心人，老年人保管好这些物品，是不难做到的。

小贴士

合抱之木，生于毫末；九层之台，起于累土；千里之行，始于足下。

——老　子

17

适宜的温度有利健康，老年人想知道怎样保持居室温度时，怎么办

　　老年人居住是否感到舒服，与其居室温度有很大关系。室温过低，老年人易着凉、感冒；室温过高，老年人易感到疲惫、精神不振，特别对患慢性呼吸系统疾病的老年人，室温过高，容易感到闷热，呼吸不畅，加重呼吸困难。

　　适宜的室温，不仅使老年人感到舒适、安定，而且有利于机体进行新陈代谢，预防疾病。老年人选择住宅时，要注意考察住宅的气候环境，要能保证居住者机体温热的大致平衡，不使体温调节机能长期处于紧张状态，可以有良好的温热感觉、正常的活动效率和休息睡眠，也就是保持温热平衡或体温调节机能状态正常。

　　一般情况下，老年人在居室内的时间较长，所以应保证居室的微气候适宜。夏季老年人室内的适宜温度为 21℃~32℃，最适合范围为24℃~26℃。夏季室内微气候受太阳辐射、隔热性能和室内通风情况等影响较大，因而应该选择适宜的住宅内部设计和主要房间的合理朝向，创造穿堂风，加强绿化、遮阳、围护结构的隔热作用，必要和有条件时，可设置机械通风或利用空调等，来保证居室具有适宜的温度。冬季老年人室内温度为 19℃~24℃最为合适。冬季室内微气候主要受室外气温、围护结构传热性能、门窗漏风量和采暖条件的影响。为保证冬季室内的温度，一般是采用较厚的、保温性能较好的围护结构，同时安装密闭的门窗以及采暖设备、空调等。

小贴士

　　老年人居室需要保持适宜的空气湿度。湿度高可引起体温下降，神经系统和其他系统的机能活动会随之降低，出现一系列病态。极干燥的空气也不利于老年人身体健康。一般情况下，老年人居室内的相对湿度要求为 30%~65%。

18

舒适的环境让人心情愉悦，老年人想知道如何营造良好居住环境时，怎么办

老年人要建立良好的居室环境，应注意以下几个方面：

一、家具的选择和布置要适合老人的特点，避免或减少使用棱角尖锐、开启不便、不好存放的家具。老人的床位不宜放在穿堂风的通道上，以免风量过大或直吹人体。床铺一般以铺板加松软的棉垫为宜。如能在居室内放一把安乐椅或藤椅，往往比沙发还要实用，老年人可坐在上面休息、阅读。

二、居室要有充足的阳光和新鲜的空气。充足的阳光和宽敞的空间可以促进人体的新陈代谢，增强人的体质。但应适当控制采光面积，因为日照过量会使室内温度过高，给人以燥热的感觉。一般来说，每天两小时日照就能起到杀菌和消毒作用。室内通风换气对保障人体舒适感有着重要的作用，特别是对于高血压、冠心病患者尤为重要。而通风过量老年人又受不了，为了调节风速和风量，可在窗上多安几个羊眼螺丝和风钩，就能根据需要来调节通风量了。

三、居室还应保持适当的温度与湿度。据环境卫生学要求，室内温度在 19~24℃、湿度在 30%~60% 左右为最好。夏季为了降低室温，可利用自然通风和电扇来调节；冬季，人体内热量少，除了穿着上注意外，室内温度应尽可能保持在 20℃ 以上。北方天气干燥，为了增加空气湿度，可经常在炉上烧壶开水，或经常在地上洒一些水，在室内晾晒湿衣服，都是增加湿度的方法。

此外，爱好养花的老人，可在室内摆上几盆鲜花和翠绿的观叶植物或盆景等；爱好书画的老人，可在墙上布置一两幅书画，或在书架上摆一两件工艺美术制品，既能陶冶性情，又能增添生活的乐趣。

小贴士

老年人书房装修装饰提倡"明、静、雅、序"。"明"即书房光线要明亮，写字台最好放在阳光充足的窗边；"静"即书房要安静；"雅"即书房要清新淡雅，融入个人的高雅情趣；"序"即书房要井然有序。

19

完美睡眠十分重要，老年人想知道怎样营造适宜的睡眠环境时，怎么办

根据老年人个人的特点，营造适合自己的睡眠环境，对保障身心健康和晚年生活幸福，意义十分重大。为此，需要注意以下几个方面：

一、柔和的卧室照明。卧室的灯光应该尽量柔和、温暖，开关要靠近老年人的床头，以便于老年人起夜。

二、温柔体贴的床品。老年人应根据个人对冷暖的敏感度，来选择薄厚适宜的毯子或被子。注意一些特异体质对某些材质被套和床单的过敏反应。在床前铺上一块质感良好的地毯，根据自己的喜好，准备舒服的拖鞋和合身的睡衣。

三、整体色彩搭配。卧室整体色彩一般用浅色（白、米、灰、褐）为基调，再根据个人爱好添加各种图案和质地的饰品，以增加情趣。

四、保护睡眠的窗帘。有的老年人入睡前需要较暗的环境，可以采用遮光的窗帘或窗贴，麻质或其他厚布料都可以，也可以使用百叶帘。如果睡时需要一些灯光，或希望醒来时看到阳光，可以采用质地轻薄的窗帘，或者可滤光的罗马帘。另外，可半开的垂直帘也是不错的选择。

五、精油和薰香。有的老年人想消除或淡化卧室里的"老人味"，可以选择精油或薰香。适合卧室使用的精油，包括洋甘菊、天竺葵、薰衣草、鼠尾草、柠檬等，它们有让人放松的效用，特别是薰衣草，其气味对睡眠很有帮助。

六、缓解疲惫的枕头。习惯仰卧的老年人应选择高枕，侧卧者的枕头应更高一些，喜欢趴着睡的，最好选择低枕。

七、舒适的床垫。老年人选购床垫时，应当从身高、体重和不同床垫的类型等方面综合考虑，身材高大、体重较重的，最好选择偏硬的床垫。相反，则应选择偏软的床垫。

小贴士

老年人要想保持良好的睡眠，晚餐应当吃得早一点，少一点，清淡一点，少吃纤维性食物。如果睡前烦躁不安，难以入睡时，可以喝杯糖开水、小米粥或牛奶，这类食物能起到催眠作用，促进睡眠。

20

居室卫生十分重要，老年人想知道怎样对居室进行全面消毒时，怎么办

老年人更应该重视居室卫生，最好定期对家居用品进行全面的消毒，给家全面洗个"健康澡"。

消毒最重要的部分是人手经常接触的地方，包括门柄、窗户把手、电灯按钮、电器开关、地毯、家具表面、电话话筒及按键、对讲机、电脑键盘及鼠标、玩具等等。对这些小物件，宜用布蘸着消毒液擦拭，再用干净毛巾抹干。注意消毒前切断电源，以防出现安全事故。

还一个消毒的重头戏是餐具，可采用15分钟以上高温蒸煮的物理方法，也可以采用消毒液浸泡的化学方法消毒，消毒后要注意反复用清水清洗，清洗应不少于三次。

对衣被、毛巾等的消毒，宜将棉布类等煮沸消毒10~20分钟，或用0.5%的过氧乙酸浸泡消毒0.5~1小时，对于一些化纤织物、绸缎等只能采用化学浸泡的方法消毒。

地面和墙壁的消毒，先清扫地面垃圾，再用消毒液彻底拖地，或用稀释后的过氧乙酸对房间进行喷雾，密封房间还可采取熏蒸消毒，再用清水拖地，并在消毒半小时后，开窗通风换气一小时以上。对墙壁，用稀释后的消毒液彻底拭抹，再用干净毛巾抹干。

对家具消毒时，需戴上防护的橡胶手套，用布蘸着消毒液擦拭，再用干净毛巾抹干。

为了确保通风系统运作正常，空调也要定期清洗，可以把空调机的隔尘网拆下，进行清洗消毒。

洗刷厕所、浴缸及洗手盆，先用刷子将马桶清洗干净，再用消毒液刷洗一遍，最后用清水冲洗。对下水道，可以用勺子把消毒液通过地漏往下水道灌，这样做可以对地漏里的水封层进行消毒。5分钟后，用清水冲洗一下即可。

小贴士

如果老人对消毒液过敏，进行消毒时要离开居室，过40分钟到一小时后，再对室内进行通风处理。对于消毒时间间隔，按消毒液说明书操作即可。定期给家洗个"健康澡"，以最大限度降低病毒对老年人健康造成的危害。

21

家用电器有利也有弊，老年人想知道如何降低其电磁波危害时，怎么办

老年人退休后，主要活动场所是家里，而现代家庭里到处都是电器，电磁场太强，会带来白血病和脑癌的危险。老年人在生活中，如果注意一些细节，就可以通过自己的操作以降低家里的电磁场。

客厅常常是电磁波肆虐的地方。客厅里的电视机、录放机、游戏机、计算机等，都是高电磁场的来源。比如电视，不仅正面，连背面、侧面都会有电磁场。科学家经测量发现，电视机后方15厘米处，还有20.5毫高斯的高电磁场。因此，平时要尽量与这些电器保持距离。如果电视隔墙的另一房间就是床铺，可以考虑调整一下空间摆设。

在卧室里，也有电磁波的潜伏。一般来说，手机充电器要远离头部，床头音响能不用就不用；电风扇后方马达的电磁场是正面的160倍，达85毫高斯，老年人睡午觉时，记得离电风扇远一点。

浴室通常有一些小型的电器用品，电磁场却很高。吹风机前方吹口的电磁波达7毫高斯，后方马达的部分更高，

达9毫高斯，建议先用毛巾尽可能擦干头发再吹干，当然还是离得愈远愈好。刮胡刀接近手的部分比较高（8.0毫高斯），尽可能缩短使用时间。全自动洗衣机在运转时，接近马达的部分很高，达26.3毫高斯，在操作时尽可能不要长时间接近。

厨房也是一个高电磁场的地点，微波炉、电磁炉、电饭锅就放在厨房里。大家已经知道微波炉在运转时，离它远一点，不要盯着它看。电冰箱的正面电磁场不高，但在侧面接近电源的地方却比较高，所以避免长时间站在电冰箱旁煮饭炒菜。

小贴士

要测试电器产品的辐射强度，可以将小收音机频道调在没有广播的地方，靠近所要测量的家电，就会发现收音机所传出的噪音突然变大，走出一段距离后，才会恢复原来较小的音量，如此即可测出降低电磁波辐射的安全距离。

22

长时间看电视有害身体，老年人想知道怎样避免时，怎么办

老年人休闲在家，用在上网或看电视的时间，可能比年轻人长得多，这样很不利于身体的健康。

老年人由于颈椎、腰椎及腰肌本已有不同程度的退变或萎缩，协调、代偿功能差，经不起长时间上网或看电视时屈颈、弓背、弯腰等不良体位的折磨，易引发颈椎病、腰椎骨关节炎或腰突症，导致电视性颈腰综合征。因此，老年人最好坐在八仙椅这种硬质有靠背的椅子上看电视。看电视时坐硬质靠背椅，加辅助性垫具，如将软垫或枕头枕于颈腰部，腰垫使腰部紧贴椅背得到支撑，不让腰后空虚。改善不良坐姿、躺姿，不使颈腰部扭曲、旋转，导致疲劳与疼痛；还可用低凳搁脚，使下肢得到松弛。尽量少坐沙发，也不要半躺半靠在床头，更不适宜斜卧在躺椅里看电视。

为了避免看电视伤害颈椎和腰部，看电视以 2 小时左右为宜，最多不要超过 3 小时。每看 1 小时节目后，应站起来活动颈腰部 10 分钟，再继续看。看电视的整个过程中，要适当调整身体姿势，有不适即调节，别窝着不动，如抬抬头、伸伸臂，挺挺腰，挪挪腿，以缓解固定颈腰姿势造成的疲劳。

小贴士

沙发土豆，是指那些拿着遥控器，蜷在沙发上，什么事也不干，只会跟着电视节目转的人。长时间坐在沙发上看电视，可能导致胆结石甚至心理孤独等疾病，这是一种不健康的生活方式。老年人应当避免成为沙发土豆。

23

家里有很多小装饰品，老年人想知道如何科学地进行摆设时，怎么办

不少老年人喜欢收集小装饰品、工艺品或者古董。天长日久，这些玩意儿越积越多，如何合理地进行摆设，是一件颇费脑筋的事。有的人认为家居陈设品的角色是无足轻重的，多一件不多，少一件不少，其实不然。细微之处见修养。把这些小饰品妥当放置，无疑能增添居室的艺术格调，显示出主人的修养和气质。

现实中我们常常可以看到，杂乱无章的家居，即使摆设一些装饰品，也难让人产生美感；码放有序、错落有致的房间，即使小摆设很普通，也常常让人感到温馨高雅、过目难忘。老年人要合理地摆放小物件，应当注意下面三个细节。

一、风格和材质是布置装饰品需要考虑的因素。艺术装饰品要互相协调，切忌不伦不类。如佛像、古董等，不应与太现代抽象的东西放在一起。另外，要考虑质感的关系。如在木制

的台面上放一个石雕，或在金属的架子上放一个玻璃制品，可令两种质感各显特色。

二、与室内空间的比例要恰当。装饰品太大，会使空间显得拥挤；过小，又会让空间显得空旷，而且小气。

三、工艺品的色彩和表现角度也是需要注意的问题。色彩上是要对比还是要协调，这要根据环境和气氛决定，通常对比色容易让气氛显得活跃，色彩协调则有利于表现幽雅情调。

搞小收藏，平时多注意积累，出差或去外地游玩的时候，可以买一些有地方特色的小饰品、小工艺品。小饰品不怕多，只要摆好，都会增添居室的品位。多去旧货市场逛逛，那里有很多古朴的小饰件。

24

佳节来临乐洋洋，老年人想知道如何美化家居时，怎么办

春节来临，把居室美化一下，增添节日的吉祥喜庆气氛，是老年人普遍心态。

一、调换法。家具换一种摆放方式，会增添许多新感觉。如客厅里的沙发、组合音响、电视柜等调整一下，变换一个角度，也许会使客厅增加生气。

二、文化装饰法。墙面多挂绘画与摄影作品装饰，台上多放雕塑或工艺品。若能在客厅置放几件高雅别致的艺术品，能提高环境幽雅的氛围，如一幅画，一个造型别致的陶罐，一组怀旧的老照片等。要注意的是，艺术品并非堆砌得越多越好。

三、布艺更新法。如果您家中的窗帘、床罩、桌布及沙发靠垫已变得陈旧，选择新的布艺换掉它们是最简单易行的方法。也可一改家居柔和色调，不妨来点大红大绿欢快明亮的色彩。若用红色来点缀家居，往往会使人眼前一亮，而一盏鲜红的灯罩，会让夜晚的灯光显得红红火火的，使家中春节的欢乐气氛变得更浓。

四、花卉装饰法。可在墙脚摆放棕竹、绿萝等大型观叶花卉，花架或桌面可放置一些时令花卉，如山茶花、茶梅、蟹爪兰等，这些花的花期均在冬春季，迎春怒放，煞是喜人。

五、民俗年品装饰法。过去的节日气氛主要是通过贴在门、窗、墙的春联，窗上的窗花，还有倒"福"字、财神年画，挂在门口的爆竹、灯笼等等来显现。节日期间卖这些用品的很多，选购时应注意结合家里空间的大小、特点。东西过多，密密匝匝，效果被热闹淹没了，多花钱还不见得就好。

六、墙角摆设法。在墙角处，放一个款式别致的富有个性化的角橱，上面再放一些小摆设、小玩具，也能给室内增添欢乐的气氛。

小贴士

家居饰品，作为可移动的装修，将工艺品、纺织品、收藏品、灯具、花艺、植物等进行重新组合，可根据居室空间的大小形状、主人的生活习惯、兴趣爱好，从整体上综合策划，体现出个性品位。

25

家里安装了电子报警系统，老年人想了解其使用性能时，怎么办

老年人因为年纪大了，常会担忧安全问题。防盗门不符合防火规范要求，不能有效地防止侵入。使用安防人员防范也难免疏漏。在这种情况下，家庭电子防盗报警系统成为家庭安全防范的首选。

电子自动防盗报警系统可以提供全天 24 小时的自动报警，无论入门盗窃，还是火警、煤气泄漏，均可以由相应的感应器（探头）自动感知或通过人工手动触发报警，通过控制主机，将报警信号传送到接警中心，能及时有效地报警，无须人工干预。接警中心的值班人员接到报警信号后，可以根据发生警情类型，提供及时灵活的人工救援服务。而且，安装上电子自动防盗报警系统后，就可以丢掉笨重的防盗门，增加小区的美观程度。一些高端的家庭安全报警系统，还有一些扩展控制功能。比如，在有报警发生时，家庭报警主机不仅可以向小区管理中心发出报警，还可以向外出的户主拨打电话，户主就可以监听到室内的声音，可以控制室内的警笛开关，吓退盗贼，甚至还可以控制电灯、空调和其他家用电器，通过系统遥控各种家用电器。

老年人选择家庭安全防范系统，首先要考虑系统的可靠性，要求报警中心、每一户的报警主机以及各种探测器质量必须过关，一般要有国际或国内质量认证。其次是实用性，要考虑到此系统是面向各种阶层，一定要求操作简便，环节少，易于掌握。再次就是考虑性价比，要结合自己的收入水平来综合衡量。

小贴士

老年人睡前，最好做 3 分钟的居室安检。先开启报警防盗装置或适当的照明设备，如卫生间和过道的灯，检查房间的死角、间隙，特别是阳台、储藏间等，接着检查门窗、锁具是否完好，还要放下窗帘避免外人偷窥。

㉖

生活自理能力可以自测，老年人想知道具体方法时，怎么办

日常生活自理能力（ADL），是指老年人在完成日常生活主要活动的能力，包括吃饭、洗澡、如厕、行走等。下面是一个比较常用的日常生活自理能力量表，老年人可以按照这个表格给自己打分，看看您的生活自理能力如何？

项目	分数	内容说明
1. 进食	10	自己在合理时间（约10秒钟吃一口）可用筷子取食眼前的食物。若需进食辅具时，应会自行穿脱
	5	需别人帮忙穿脱辅具或只会用汤匙进食
	0	无法自行取食或耗费时间过长
2. 个人卫生	5	可以自行洗手、刷牙、洗脸及梳头
	0	需要他人部分或完全协助
3. 上厕所	10	可自行上下马桶、穿脱衣服、不弄脏衣服、会自行使用卫生纸擦拭
	5	需要协助保持姿势的平衡、整理衣服或用卫生纸
	0	无法自己完成
4. 洗澡	5	能独立完成（不论是盆浴或淋浴），不需别人在旁
	0	需要别人协助
5. 穿脱衣服	10	能自己穿脱衣服、鞋子，能自己扣扣子、拉拉链或系鞋带
	5	在别人协助下，可自己完成一半以上的动作
	0	不会自己做
6. 大便控制	10	不会失禁，能自行灌肠或使用塞剂
	5	偶尔会失禁（每周不超过一次），需要他人协助使用灌肠或塞剂
	0	失禁，无法自己控制且需他人处理
7. 小便控制	10	能自己控制不会失禁，或能自行使用并清洁尿套、尿袋
	5	偶尔会失禁（每周不超过一次）或尿急（无法等待放好尿盆或及时赶到厕所）或需他人协助处理尿套
	0	失禁，无法自己控制且需他人处理
8. 平地行走	15	使用或不使用辅具，皆可独立行走50米以上
	10	需他人稍微扶持或口头指导才能行走50米以上
	5	虽无法行走，但可操作轮椅（包括转弯、进门及接近桌子、床沿）并可推行轮椅50米以上
	0	完全无法自行行走，需别人帮助推轮椅
9. 上下楼梯	10	可自行上下楼梯，可使用扶手、拐杖等辅具
	5	需他人协助或监督才能上下楼梯
	0	无法上下楼梯
10. 上下床椅	15	整个过程可独立完成
	10	移动身体时需要稍微协助、给予提醒、安全监督
	5	可以自行坐起，但从床上坐起时或移动身体时需要他人协助
	0	不会自己移动
总分		0~20分为重度失能，20~40分为中度失能
		40~60分为轻度失能，60分以上为自理

小贴士

除了 ADL 指标，还设计了工具性日常生活能力量表（IADL 量表），借以测度老年人更为广泛的日常生活的自理能力。

第二节 安全出行

㉗ 马上要出门旅行，老年人想知道如何做准备工作时，怎么办

由于身体条件的制约，老年人出行，特别是长途旅行，必须做好周全的准备工作，以防患于未然。

出发前应检查身体。老年人出行前，首先要对自己的身体情况有一个清楚的了解，高血压、冠心病、癫痫等慢性疾病患者最好不要长途出行。如果是参加团体旅游，更不能对旅行社隐瞒病史。出游的老年慢性病患者应带齐药物，并事先告知同行伙伴或者旅行社的领队，以防不测。

出发前要了解天气情况。老年人出行前必须对途中和目的地的天气情况作详细了解，并结合自己的身体健康状况作出是否适合出行的判断。如果天气过冷或过热，自己的身体状况对这样的天气情况不够适应，最好不做长途出行。

还要根据天气情况，带好相应的衣物，或者防雨遮阳的用具。出发前要告知亲友，安排好家事。老年人外出，无论路途长短，一定要把出行的路线、目的地和自己的联系方式告诉家人或亲友。同时要带好亲友的联系方式，以备有事时求助。

如果是空巢家庭，还要把饲养的宠物委托给亲友妥善照顾，同时告诉邻居，请求帮忙看护居室，防盗防火防水，并留下彼此的电话，以备有事及时告知。

提倡结伴而行彼此照应。老年人外出，比如去郊区采摘、野外踏青、野炊，或者参加长途旅行，最好结伴而行。可邀约小区内经常一起活动的老邻居或老同事、老朋友一起出行，彼此熟悉情况，可以互相照顾，遇到事情也可以商量。

小贴士

旅游活动常有登山项目，老年人体力有限，不必与年轻人凑热闹，硬去徒步登山。如今，许多名山已有先进的索道设备，尽可乘坐缆车沿索道而上，安全可靠。

28

出门在外意外情况在所难免，老年人想知道如何应对时，怎么办

由于老年人身体机能渐衰，动作迟缓，因此外出时行动宜小心谨慎。坐车、乘船、登机、爬山均需精心安排，最好有家人随行照顾。对一些惊险刺激的"历险"项目应量力而行，适可而止，应以不觉疲劳为原则，以防发生意外，"乐极生悲"。

老年人患慢性病较多，外出旅游时，除带好常服用的药品外，还应备些特殊的急救药品。例如，冠心病人应随身携带硝酸甘油含片、速效救心丸；高血压或糖尿病患者要带好降压降糖药物；应用胰岛素的糖尿病人还要备好口服糖，以便能及时救治低血糖反应或低血糖休克。

旅游途中万一跌倒，自己或同伴要注意寻找跌倒的原因，如跌倒在凹凸不平的地面上，很可能与道路有关；如倒在厕所里，可能是排便引起的晕厥或脑血管意外。对老年人跌倒后的症状也要仔细观察，如口吐白沫、意识不清、抽搐不止，可能是癫痫；如面色苍白、脉搏细微，可能是直立性低血压反应；如口中呻吟不止，不让挪动肢体，则有可能出现脱臼或骨折。在急救时要慢慢搬动，切忌用力过猛。经简单现场处理后，要尽早送往医院诊治。

要想顺利出行，老年人平时要重视自我保健。有条件的老年人最好定期体检，以了解自己身体的变化，一旦发现有心脑血管疾病，应及时治疗。骨质疏松的老年人要适当补钙，甚至可以适当使用一些促激素药物，以缓解骨骼老化的速度。最重要的一点是，老年人出行应避免剧烈运动，用俗话说，年纪越大越得"悠着点"。

小贴士

吃饭防噎，走路防跌。老年人行走要小心，要时刻提防跌倒。除要穿防滑、轻便、柔软有弹性的旅游鞋外，年岁较大的老年人行走，尽可能拄手杖，以增强身体的支撑能力。

29

出行跌跤跟身体平衡性差有关，老年人想知道锻炼方法时，怎么办

　　老年人由于运动系统与神经系统功能衰退，肌肉老化，特别是背部肌力减弱，使身体重心前移，在出行时容易造成前倾而跌倒，产生严重后果。调查表明，相当一部分老年人晚年健康状况恶化，就是从不小心跌跤后开始的。

　　走路防跌，应成为老年人时刻牢记的观点。如果在日常生活中坚持进行平衡锻炼，不仅可增强四肢的能动性及屈曲性，而且可以改善平衡功能，能够有效地防止出行跌跤。这里介绍一套平衡锻炼的具体方法：

　　一、正身站立，全身放松，排除杂念。先将重心移到左腿上，慢慢从1数到20，再将重心移到右腿上，同样慢慢从1数到20，重心交替在左右腿上移动，重复做10次以上。二、坐在凳上，全身放松，排除杂念。两手慢慢上抬，至与肩平时，转动上身，两手随之转动，上身先转向左，两眼注视左侧片刻，然后上身转向右，两手随之转向右，两眼注视右侧片刻，反复做10次。三、坐在凳上，凳脚高与膝齐平，上身慢慢下俯，先伸出左手触摸右足趾，然后恢复端坐姿势，接着再上身慢慢下俯，伸出右手触摸左足趾，如此反复，两手交替触摸两足趾，反复做10~30次。四、正身站立，身前放置桌、椅各1个，慢慢地从桌子上拿起一物体，把它放在椅子上，然后再把它放回桌子，如此反复搬动物体，连做10~30次。接着将这个物体在桌子与地面间上下搬动，连做10~30次。

"交谈时止步"，不仅有益于老年病人，对高龄老人同样有好处。因为老年人反应比较缓慢，谈话需要注意力，往往顾及不到行走的安全。因此，老年人交谈时，最好能停下脚步，做到心不二用。

30

面对众多的出行交通工具，老年人想知道如何选择时，怎么办

生命在于运动。退休以后，闲暇时间多了，老年人不要老是闷在家里，尽可能出去走走，这对身体和心理健康都很有好处。除了短距离的散步遛弯，老年人出行就得考虑交通工具的选择。

如果出行距离不算太远，老年人的身体条件又许可的话，可以考虑骑自行车，既环保又锻炼身体，身心两益。比如，在天气好的时候，和老伴或朋友一起，去郊外踏青、钓鱼或采摘，骑自行车就是一个比较好的选择。但骑自行车出行一定要对自己的健康情况比较了解，只有身体状况良好的才可以。尽可能有人陪同，同时要注意路上安全。

在市内或近郊出行，乘公交车也是比较适宜的。很多城市对老年人乘公交车实行优待或免费，只要带上老年卡或老年优待证，就可以免费在市里徜徉了。但乘公交车出行，要尽可能避开人流高峰，比如上下班时间。

因为很多城市里公共交通拥挤，人潮汹涌时，老年人上下车容易出危险。

如果是长途出行，建议老年人最好乘火车，买张卧铺，优哉游哉就到了目的地。火车上上厕所、打开水、吃饭都比较方便。最好不要乘长途汽车，因为长途汽车车内空间比较狭小，比较憋闷，容易晕车，上厕所也不方便。如果距离很远，也可以选择飞机。但一定要了解乘机注意事项。除非身体检查十分健康，原则上不建议老年人乘飞机出行。

小贴士

目前，北京市已实施老年人免费乘坐地面公共交通的优待政策。公交车上设置了不少于座位总数10%的老幼病残孕专座，并设有专座标志，已开通的三条快速公交线路均配有"老幼病残孕优先上车"的中英文双语标识。

31

去子女所在的城市小住，老年人想知道如何避免独自出门迷路时，怎么办

不少老年人的子女在外地工作，时常会去子女所在的城市小住。子女要工作，无法成天陪侍在侧，老年人老待在房间里也会显得憋闷，很想独自出门逛逛。到一个陌生的地方，特别是繁华的大都市，由于人生地不熟，甚至连东南西北都搞颠倒，出了门迷失方向，是很常见的。

老年人外出，首先要告知子女，让他们知道自己的去向，千万不要不告而别。一定要记清子女的具体家庭地址和联系电话，记住所在街道、小区的名称，以备求助。如果是闲逛，最好不要走远，可以绕着小区或附近的街道溜达一下即可，等环境熟悉了，再逐步扩大出行半径。

如果老年人能看懂地图，可以提前准备一张所在城市的地图，找出自己目前居住的位置和要去的地方，寻求适宜的出行线路，记住所要经过的主要街道名称，看看周围有哪些鲜明的地理标志。迷路后，在地图上找出迷路前的位置，然后回忆一下经过的街道或其他地理标识，以追寻自己曾经走过的路线。

出门后要注意选择固定的目标作为向导。如银行、邮局、宾馆、电视塔等特殊建筑物作地标，最好不要把移动的特殊点作为标记，比如路边小摊贩、汽车等，或许回来时他们已经不在原处了。最好也不要把没有明显特殊性的物体作为标记，比如红绿灯、装饰风格相同的连锁店等，因为它们大都比较一致，你难以区分是不是你用来作为标记的那一处。

迷了路不要沮丧，应积极寻求解决办法。最简单最直接的办法就是向别人询问，能遇到警察就更好了，请他们指示回家或去目的地的路线。

老年人出门，最好提前准备一张小纸条，写好子女的姓名、家庭地址和联系电话。这种纸条不仅可以用来问路，自身有了什么事情，也可以方便别人及时联系亲属处理。

32

出门晕车又晕船，老年人想知道如何防治时，怎么办

一些老年人在乘车坐船时会出现晕车晕船的现象，医学上统称为"晕动病"。轻者头晕恶心，烦闷不适；重者翻肠倒肚，甚至感觉天旋地转。它是敏感机体对超限刺激的应急反应，与通常意义上的疾病不同，因此就不存在真正意义上的根治或治愈措施。现有的各种防治方法都是暂时缓解症状或延缓它的发生。老年人要防止晕车、晕船，可以用下列办法：

一、在乘车、船前 40 分钟，用温开水送服 1~2 粒乘晕宁（眩晕停）或感冒通，也可用一片安定片和两片维 B_1 片代替；二、可取新鲜生姜（或鲜土豆）一片，用伤湿膏盖贴于肚脐，口中亦可再含一片鲜姜；三、乘车前一小时左右，将新鲜橘皮表面朝外，向内对折，然后对准两鼻孔挤压，皮中便会喷射出带芳香味的油雾，可吸入 10 余次，乘车途中也照此法随时吸闻；四、将风油精搽于太阳穴或风池穴，亦可滴两滴于肚脐处，并用伤湿止痛膏敷盖；五、乘车前喝一杯加醋的温开水，也可预防晕车。

晕动病只是一时性的病理反应，完全可以通过锻炼身体来克服。如常练习俯卧撑、荡秋千、爬绳梯，也可经常做一些低头弯腰、摇晃脑袋和反复下蹲起立等动作，这样就可以提高平衡器官对各种体位改变的适应能力。

另外，上车上船前，不可吃得太饱，也不可空腹，最好吃一些易消化、含脂肪较少的碳水化合物，如面包、蛋糕和水果等。睡眠要充足，心情要舒畅，在搭乘车船时最好能靠前就座，这样可以减少颠簸，乘船时尽量躺下休息，船身动荡要镇定自若，泰然处之。尽量不要去看那些晃动飞逝的景物，以免眩晕。

小贴士

睡眠差，劳累过度，过饥过饱，患某些耳部疾病，车厢密闭使空气不流通，或某一些物质的气味刺激，如汽油等，常常会引起晕车。

33

异地生活水土不服，老年人想知道如何治疗时，怎么办

为预防"水土不服"发生腹泻，老年人身边最好备一点治疗腹泻的药物，一旦因环境改变发生"水土不服"而腹泻，应及时服用止泻药，并注意调整个人饮食。如果已经回来抵达本土，腹泻仍然难止，可以吃些酸奶，因为酸奶中的乳酸菌可以在肠道内定植，当肠道菌群恢复到原来的平衡状态时，腹部不适和腹泻症状就会随之消失。

如果老年人异地养老旅途中出现荨麻疹，症状较轻时，可多饮茶叶蜂蜜水：一小撮茶叶，两匙蜂蜜，冲水连饮，既可得到含量丰富的微量元素，以补充各地区土质、水质中所含微量元素的不足，又可以补充血液量，加速血液循环，有利于致敏物质排出体外，从而减少荨麻疹的发生，减轻过敏症状。若在清晨喝3杯茶叶蜂蜜水，还能起到提神、清脾胃的作用。

严重水土不服的，可备些苯海拉明、扑尔敏、非那根之类的脱敏药物，并补充大量含维生素C的水果。

另外，在水土不服中，以"腹泻"为最常见。究其原因，是饮食上出了一些问题。比如，对水质不习惯，饮食结构与原来不一致；饮食不节制；营养不均衡等都可能引起腹泻。老年人如果遇到腹泻的情况，不要着急，可以采取以下的处理方法；一、尽可能除去致病因素，比如停止食用不干净的食物，变质的食物等；二、使用消化剂，来帮助消化；三、可喝一些温热的米粥，加入些少量的盐，并配合苹果一起来加速腹泻的复原；四、为了补充能量、水分及电解质，可以服用一些含葡萄糖的口服液，如果需要可以接受适宜及适量的静脉点滴输液，以便早日恢复健康。

小贴士

俗话说，一方水土养一方人。离开故土的人有时会发生水土不服，主要原因一是不同地方的水中含有不同的无机元素及其不同的比例。二是不同地区的土壤中含有不同种属的生物菌群及其比例。

34

乘公交无人让座，老年人心情变坏时，怎么办

为了表示对老年人的尊重和关爱，很多地方对老年人乘公交车实行免费等优待措施，老年人在市内出行没有了经济上的压力。但是，很多大城市的公共交通很拥挤，特别是上下班高峰期，老年人好不容易挤上了车，却发现无人让座，座位上的年轻乘客不是装睡，就是把脸扭向窗外。有的老年人对这种行为看不惯，叹息人们的敬老意识淡漠了，甚至出现过激反应。

一小伙子因为不给老太太让座，与人发生口角，争执过程中，老太太啐了小伙子一口，小伙子回手就给了老太太一巴掌。此事经媒体报道后，引起了很大轰动。

尊老爱幼是中华民族的传统美德，我们在批评上述小伙子这类人的同时，作为老年人本身，遇到无人让座的尴尬情境时，也要学会自我宽心。有些年轻人不让座可能是有原因的，也许他喝醉了，一动就恶心；也许他由于职场压力大，太累了，你无法想象的累；也许他病了，生病又不分老少……类似这些情况，老年人对他们的不让座行为，都应该保持一种宽容的心态，给予体谅。

作家周国平曾经在一篇文章中指出，人都是会老的，老了之后也要遵循一些原则，其中一个就是不要倚老卖老。老人更要注意自己的言行，要让年轻人尊重，首先自己要有一个好的形象。因人不让座就啐人，显然是不对的。

每天都有许多人坐公交车上班，特别是上下班高峰期间，每辆公交车上人都人满为患，别说找座位，能挤上去都不容易。对老年人来说，如无看病、办事等急需出行的事，尽量避过这段高峰期，切莫拼着老命去挤公交车。

小贴士

让座是一种自觉自愿的道德行为，并非人人必须遵照执行。作为一种道德准则，让座具有引领价值，却没有强制意义。因此，让座不是刚性的必做动作，任何个人有提醒、告知的权利，却没有权利逼人让座。

35

公交车上人多拥挤，老年人想知道如何避免财物被窃时，怎么办

上下公交车时，人多拥挤，给了扒手可乘之机，而老年人由于行动迟缓，反应较慢，往往是扒手行窃的重要对象，因此，老年人外出，要注意防扒。

扒手行踪与众不同。老年人如果注意观察，有时能够识别出来。从举止上看，扒手贼眉鼠眼，东张西望，往往车上有空位而不坐，无论坐、立、行动总是紧紧盯住过往乘客的衣袋、提包，有时抵近乘客衣袋、物品试探察看钱物。从穿着上看，扒手多用报纸、杂志、衣服、毛巾、挎包等遮挡物作为道具遮挡视线。往往头戴垮垮帽，便于被发现时遮面逃离现场。下穿大裆裤，便于隐藏扒窃工具和赃物，且行动方便。脚穿方便鞋，便于长跑、上下车。从神态上看，扒手常常左右挤动，东游西荡，心神不定，既要寻找扒窃对象，又要提防被人发现。趁人多拥挤、车辆颠簸或司机急刹车时寻找机会，用胳膊或手臂试探目标，或与人面对面，将手臂、衣服、报纸、雨伞等遮挡物伸到扒窃对象的脸部或胸部，伺机作案。

老年人乘车，注意不要让钱币或金银首饰外露，遇到行踪可疑者不要靠近。上下车尽量不要拥挤，扒手一般先站在车门位置，由同伙挡在上下车乘客的前面，制造混乱，分散乘客的注意力，其他同伙伺机下手进行扒窃。老年人如果是长途出行，最好结伴，以互相照应。如果钱财不慎被犯罪分子扒窃走，应当立即向公安机关报案。

小贴士

有以下几种方法可以防扒：把双肩背书包反过来背在胸前，当作袋鼠包背；把存有贵重物品的行李包夹在自己的两腿之间，使双腿形成"人"字；在手机上拴一根链子，再把链子固定在安全的位置；在钱包里放置一张联系卡，写上联系办法，失窃后，民警抓住扒手可及时联系到失主。

36

乘飞机出行方便快捷，老年人想了解相关注意事项时，怎么办

一般来说，出于身体原因的考虑，老年人应尽可能少乘飞机出行。一是老年人的体质较差，在飞机起飞和降落的过程中气压会对身体产生一定的影响。二是飞行途中万一出现健康问题，解决起来也比较麻烦。如果坚持要乘机，要注意以下几个方面。

首先是身体健康方面。对于打算乘机出行的老人，应提前到医院检查健康状况，并向医生咨询是否可以乘机，同时要出具医生证明。老年人、高血压、糖尿病、动脉硬化等疾病患者长时间久坐，下肢静脉血液回流不好，容易形成下肢血栓，从而引发心梗、脑梗、肺梗，导致猝死。鉴于飞机上的医疗装备有限，很难在最有效的时间内将病人抢救过来。医学专家特别提醒人们，对于有既往糖尿病、高血压、静脉炎等病史的人群，一般不适合长途飞行，如果进行长途飞行，尽可能在机舱内多活动。

其次要了解乘坐飞机的注意事项。一、拿到机票后，要注意查看航次、班机号、日期是否正确，如有问题应立即去售票处解决。二、最好提前一些时间到达机场，以便有足够时间办理乘机前的各种手续。三、乘飞机时尽量轻装，手提物品尽量要少，能托运的物品，随机或分离托运。四、直接托运的行李，在换班机时，应关照一下，行李是否转到换乘的班机上。五、注意不要把随身携带的物品堆放在安全门前或出入通道上。六、飞机起降时不准吸烟，不得去厕所，要系好安全带，座椅要放直。七、注意行李中不要夹带禁运物品。八、在飞机上手机要关机。

小贴士

乘飞机时，所有带包装的液态物品必须托运，包括酒、各类饮料、洗漱用品及各种喷雾剂，如果有病人必须按时吃或打液态的药，也必须提前说明，并必须拿处方，才能携药品登机。

37

出行无障碍设施带来很多方便，老年人想了解其具体情况时，怎么办

了解我国无障碍设施建设情况，会给老年人出行带来许多方便。

为顺应国际潮流，方便我国亿万老年人和残疾人出行，1988年9月，建设部、民政部、中国残联等部门联合发出《关于发布专业标准〈方便残障人士使用的城市道路和建筑物设计规范〉的通知》。稍后，建设部、民政部、国家计委、中国残联等联合发出通知：新建的城市道路，以及国家级、省（自治区、直辖市）级和大城市、沿海开放城市、重点旅游城市中的重要公共建筑，必须执行上述规范。1991年建设部等部门又颁发了《关于做好城市无障碍设施建设的通知》；2002年，建设部、民政部、全国老龄委、中国残联发出《关于开展全国无障碍设施建设示范城（区）工作的通知》，为我国无障碍设施建设提供了制度上的保障。

目前，我国多数城市的干道、主要商业街、广场、医院等建筑，程度不同地建设了无障碍设施。例如，步行道上为盲人铺设的走道、触觉指示地图，为乘坐轮椅者专设的卫生间、公用电话等，进而扩展到工作、生活、娱乐中使用的各种器具。城市住宅小区的无障碍设施也开始起步。我国的部分城市还相继建设了一批有特色高水平的无障碍设施，如南京的盲人植物园、大连的野生动物园、西安的秦始皇兵马俑博物院等，在国际上产生了一定影响。

但是，与发达国家相比，我国的无障碍设施还存在较大的差距，已建成的无障碍设施不够系统、规范，使用管理不善，无法充分发挥使用效益等等。

小贴士

无障碍设计的概念是联合国提出的设计主张。强调一切有关人类衣食住行的公共空间环境以及各类建筑设施、设备的规划设计，都必须充分考虑具有不同程度生理伤残缺陷者和正常活动能力衰退者（如残疾人、老年人）的使用需求，配备能够应答、满足这些需求的服务功能与装置，营造一个充满爱与关怀、切实保障人类安全、方便、舒适的现代生活环境。

38

与人发生纠纷，老年人想知道如何处理时，怎么办

人到老年，心态一般比较平和，成为维护社会和谐稳定的重要力量。但老年人在出行时，偶尔也会与人发生争执，产生矛盾和摩擦。媒体曾报道一老人在香港旅游时，因与别人发生争执而活活气死。因此，出门在外与人发生争执时，老年人一定要善于调节自己的情绪，学会宽容，如果不是原则性的事，尽可能息事宁人。

一、老年人出行一定要懂规矩、守规矩，这样才能以德服人。但现实生活中，有的老年人并不是遵纪守法、循规知礼的模范。比如，乘公交车时，看到年轻人不肯让座，就讽刺挖苦；有些老人过红绿灯不以显示灯颜色为准，看到两旁车少，就找个空隙过去；有些老人骑自行车进入机动车道，以为道路宽敞……这些行为就很容易出现纠纷，不仅无法得到别人的尊重，还可能为自己的出行增加危险系数。

二、冒犯了别人时，老年人应该表示歉意。虽然老年人由于其年龄的原因，理应得到社会的尊重和关爱，但现在提倡年龄平等，人与人之间是应该相互尊重的。如果存在着倚老卖老的心态，冒犯了别人不愿意道歉，也就无法得到别人的谅解和尊重。

三、当自己受到冒犯时，尽可能给予理解和宽容。老年人在出行中，有时会被一些不文明的行为所冒犯冲撞，老年人一定不要发火生气，因为生气发火对自己的身体有害，可以对对方进行劝告或批评，如果情节十分轻微，也可以哈哈一笑置之，体现出老年人的大度和宽容。

小贴士

以责人之心责己，则寡过；以恕己之心恕人，则全交。

——林逋《省心录》

39

出行离不开道路交通标志，老年人想了解一下时，怎么办

道路交通标志是用图形符号和文字传递特定信息，用以管理交通的安全设施。老年人出行，特别是常年居住在农村的老年人进城，了解一些常见的交通标志，很有必要。我国的交通标志主要可分为禁令标志、警告标志、指示标志、指路标志四大类。

一、禁令标志：是禁止或限制车辆、行人交通行为的标志。形状一般为圆形，个别是顶角朝下的等边三角形。其颜色为白底、红圈、黑图案，图案压杠。常用的有 35 种。

二、警告标志：是警告车辆、行人注意危险地点的标志。是顶角朝上的等边三角形。颜色是黄底、黑边、黑图案，也有白底红图案的。常用的有 23 种。

三、指示标志：是指示车辆、行人行进的标志。其颜色为蓝底、白图案，其形状分为圆形、长方形和正方形。常用的有 25 种。

四、指路标志：是传递道路方向、地点、距离信息的标志。一般道路的指路标志的颜色为蓝底白图案，高速公路的为绿底白图案。其形状一般为长方形和正方形。

小贴士

古罗马时代，已经在军用大道上设有里程碑和指路碑。我国在 3 世纪时曾采用铜表记里。1968 年，联合国公布《道路交通和道路标志、信号协定》，作为各国制定交通标志的基础。

第三节　理性购物

40

家庭收支要精打细算，老年人想知道如何做好预算时，怎么办

俗话说："吃不穷，穿不穷，算计不到要受穷。"退休了，老年人的收入来源相对稳定，做好家庭收支预算，对科学合理地安排晚年生活非常重要。老年人的收支预算，最好一月一做，也可以根据实际情况进行变通。总的原则是量入为出，尽可能地留些盈余，以备不时之需。具体做法如下：

第一步，月初把全月开支列出几大项。一是必须保证的开支，如伙食费。二是固定开支，如水电费、燃气费、电视电话费、物业管理费、洗澡理发等卫生费用；还有根据实际需要和自身经济条件，开支可多可少的项目，如文体娱乐费用、书报杂志费用、添置衣服和日常生活用品等。三是临时性开支的机动费用，如医疗费、来客招待费，以及其他临时花销。四是储蓄。

第二步，根据上述项目区别对待。第一项必须按照实际需要一次留足，专款专用。第二、第三两项不宜多留，但也不能不留。储蓄虽非必须保证的项目，但也应该尽量有计划地进行，

积少成多，逐渐增厚家底，为添置大件用品和增强家庭经济应变能力打下基础。做预算要注意实事求是，宽紧适度。比如第二、第三项，订得宽了，容易造成不必要的浪费，抠得紧了，不是不容易实现，就是影响实际需要，两者均不利于预算计划的实施。

第三步，家庭开支预算一旦夫妻双方或家庭成员商定，就要共同努力遵守，确保实现。如果随意突破限制，制定预算就毫无意义了。

第四步，月末或下月初认真小结一下，作为制订或修改下月开支计划的参考。

小贴士

家庭预算是家庭未来一定时期的收支计划，时间可以是月、季和年。参考过去的收支情况，对每月或季、年的每项收支进行估算，以达到引导、监控、制约各项支出，保证理财目标的实现。

41

花钱要花到点子上，老年人想知道如何合理安排支出时，怎么办

"好钢要用到刀刃上。"同样道理，老年人有限的退休养老金也要花到点子上。当前，我国老年人的收入普遍不高，特别是农村老年人，收入更低，当手放到钱包上时，什么东西、什么场合、什么时间该花钱，或不该花钱，都应当认真掂量一下。也就是说，花费同样多的钱，要通过科学的设计，获得更多的额外效益。比如：讲求感情效益。同样是添置衣物，倘若做妻子的能在老头子过生日或者取得什么成绩时，带着他一同去选购，那么买回来的就不单纯是一件衣服，同时增加了夫妻之间的感情。同理，丈夫外出，倘能惦记着老婆子的爱好，归来时赠送她一些需要或喜欢的纪念品，也就把一次花钱过程变成一次爱的体验，使其每逢接触到这件物品时，便会睹物生情，引起美好的回忆。

讲求时间效益。在生活中，常常会遇到这样的情况，当老伴生病想吃某种刚上市的果品时，做丈夫或妻子的可能感觉东西太贵，为了省钱，想过几天落落价再买。当价格便宜时，老伴已经没有胃口了。甚至，老伴没能等到果品落价那一天，就撒手而去了，一次小小的吝啬，竟会给人留下无法弥补的终生遗憾。本来想少损失点钱，结果却损失得无以弥补。所以，花钱还要讲求时间效益，该花的钱别犹豫，这也是把钱花到点子上的一个方面。花钱讲究时间效益，还有另外一个层面的意思。比如，有人不惜花费较长时间排队，等候购买廉价物品，这样省了钱，却耽误了去老年大学学习或与老朋友下棋聊天的工夫，事后想想，其实颇划不来。

小贴士

富人大多会找一些理财公司帮忙打理自己的财富。寻常百姓打理自己的钱财，主要靠自己，要时常琢磨如何花更少的钱让自己过上更好的生活，要时刻牢记精打细算勤俭持家的原则，要随时提醒自己把钱花到刀刃上。

42

商品价格多有水分，老年人想知道如何讨价还价时，怎么办

老年人节省惯了，买东西时喜欢与卖主讨价还价，时常显得斤斤计较。其实，还价是一门学问，掌握好了，既能不会因为买卖双方争得面红耳赤而伤和气，也不会上当吃亏。

要还价，首先需要心中有底，对所购商品的价格有一个大概的把握，这就离不开市场调查，了解同类商品的行情。如同类商品不同市场的零售价格、批发价格、正宗产品和仿制品的价格等，把这些弄清楚后，讲价时就有了基础，利于压价，常常能少花钱买好货。因此，老年人无事闲逛时，不妨顺便做点市场调查，既方便自己购物时还价，还可以帮亲友当购物参谋。

在讲价时要看对象和地域。卖主巧舌如簧，往往容易撒谎，砍价可以狠一点；卖主木讷点的，如进城卖菜的老农，往往报价水分较少，还价时不妨温和一点。不同的地区，要价和砍价的习惯也是不同的，南方货主开价往往是实价的几倍甚至十几倍，此时不妨大幅度地砍，北方的一些城市往往开价与实价比较接近，成倍地往下压价往往行不通。

在讲价时，要防止爱面子和急躁情绪。有的老年人爱面子，往往还了两次就不好意思再还了，结果花了冤枉钱。有时卖家对你特别殷勤，你会不好意思还价，往往挨了温柔一刀。还有的卖主善于使用激将法，暗示你买不起，此时千万不要为争面子而中计。

此外，当卖家不耐烦时，你也不要急躁，以免因冲动而吃亏。

小贴士

讨价还价首先要尊重对方，把对方看成是合作者。漫骂、攻击对手的做法无疑是愚蠢的。讨价还价只能采取说理的方式，诱导对方接受自己的条件。理由越多，越有说服力，对方就越有可能接受你的价格。

43

商店的服装琳琅满目，老年人想知道如何搭配适宜的色彩时，怎么办

老年人的服装色彩，既不能像年轻人那样鲜明艳丽，也不能过于单调死板，而应当追求丰富而有变化的色彩搭配，展示出老年人成熟、沉稳、庄重的美。下面介绍几种色彩搭配的基本原则，供老年朋友参考：

一、主色调和：用同一种颜色的数种色调以达到的目的，比如把棕色、沙色和淡咖啡色的衣服搭配起来穿，使人显得大方、雅致。

二、类色调和：把颜色相近的服装配合在一起，效果也很好。比如栗色、橄榄色、蓝绿色相配，就很悦目。

三、对比色调和：对比色也叫互补色。如紫色和黄色，橙色和蓝色，红色和浅蓝、绿色，黄绿色与紫红色等。

一般以一种颜色作为服装基调，而利用互补色作为服装的点缀或装饰，会产生很别致的艺术效果。比如灰色的服装上加一点砖红色的装饰，会显得很鲜明，但是，运用互补色切忌太多，否则易显得杂乱。

小贴士

服装色彩与整个社会审美意识有着密切的内在联系。通过研究影响服装色彩的各种因素，把绘画色彩艺术融合到服装设计中，设计师就能按不同消费者定位，创作出被不同人群认同的作品。

44

服装号型有讲究，老年人想知道如何选配适宜的型号时，怎么办

中国服装研究设计中心根据对不同体型中老年人测量后得出的数据，由服装设计师编制了中老年服装规格系列，设置了不同的服装号型。中老年的服装号型是：

用身高作为号，表示服装的长短；用胸围、腰围作为型，表示服装的肥瘦。在号和型之间用双斜线"//"分开，以此区别于一般成年人服装的单斜线"/"标志。例如，某件上衣号型为165//96，那么这件上衣就适合身高165厘米，胸围96厘米的中老年人穿用。某条裤子号型标志为160//84，则这条裤子适合身高160厘米，实际腰围84厘米的中老年人穿用。

中老年人的服装采用5、4号型系列，即总体高以5厘米为一档，胸、腰围以4厘米为一档。中老年欲选合体服装，应掌握正确地选择号型范围的方法。一般来说，在自己实际身高、胸围、腰围 ±2厘米或 ±2.5厘米的号型范围内选择服装是合适的。例如：身高162厘米，胸围82厘米的人选购160//84号型的上衣较合适，身高164厘米，腰围78厘米的老年人，选购165//80号型的裤子较为合适。

小贴士

目前市场大约有4种服装型号标法。一是传统的S（小）、M（中）、L（大）、XL（加大）；二是用身高加胸围的形式，比如160/80A，165/85A、170/85A等；三是欧式型号，用34~42的双数表示；四是北美型号，比较少见，用0~11的数字表示。

45

天气转冷需要购买鞋帽，老年人想知道如何选择时，怎么办

老年人购买鞋帽，应以舒适、实用为原则。老年人最适宜穿布鞋。布鞋不仅柔软轻便，不挤脚，易穿着，而且还有保暖、透气、吸汗、防滑的优点。这样，可防止老年人脚底受寒，维持老年人足弓，保护腰腿，有利于站立、负重和行走。高龄老人最好穿不分左右脚的布鞋，这样穿上或脱下更方便随意。现在市面流行的旅游鞋，既轻便保暖，又柔软而富有弹性，还能防滑，也适宜老年人穿用。如果习惯穿皮鞋，则应注意选择鞋头稍肥大一些的。老年妇女的皮鞋要选择平跟的。另外，买鞋时还要注意合脚。穿上鞋后，脚趾要感到自然舒适，没有压迫感。

人们戴帽子，一般考虑其实用性和装饰性两个特点。对于老年人来说，买帽子首先考虑的是帽子的实用性，即选择的帽子夏季能否用来遮阳防暑，冬季是否足以御寒保暖。同时要轻便、柔软、舒适。老年妇女冬季选戴绒线帽或开司米针织帽，既轻柔方便，又便于活动，比用长围巾包头好。此外，选购帽子要先用皮尺量头围一周，然后放大 1~1.5 厘米即可。

小贴士

新石器时代，中国的先民用草、麻、葛编织成履，也就是鞋。古代鞋子的种类以材料来分，有草葛、布帛和皮革三种。布帛鞋是指以大麻丝、绫、绸、锦等织物编制成的鞋。

46

内衣的选择很有学问，老年人想知道如何挑选时，怎么办

一些老年人不注重内衣的选择，认为上了年纪，没必要那么多讲究，这种观点是不对的，如果内衣选择不合适，不仅穿着别扭，还可能对身体健康造成一定的不良影响。

老年人的内衣裤颜色要浅，质料要柔软，以用纯棉织物为最为理想。纯棉制品质地柔软，穿着舒适随身，对皮肤没有刺激，且能保暖、透气，特别是它的吸湿性能要比化学纤维织物高很多，可以防止皮肤汗液不能蒸发而产生的气闷感，以及由此产生的皮肤疾患，对皮肤有很好的养护作用。一些棉涤混纺针织品或棉粘混纺织品，洗后容易变硬，而纯棉织品不仅耐洗耐穿，而且洗后仍然柔软，穿着舒适。选择内衣裤的时候，老年人还应注意不要过硬、过厚，在缝合处不要有毛刺、线头等，以免造成皮肤磨损，引起感染。

秋冬季节，老年人要注意保暖，可选择一些暖和、柔软、轻便的天然织物内衣，不仅保暖性能好，还对老年人的皮肤有亲和性而无刺激性，不会影响老年人周身气血的流畅和手足的活动。现在，市场上出售一种氯纶棉毛衣裤，质地柔软，保暖性和吸湿性也较好，且对支气管炎和风湿性关节炎有辅助治疗作用。患有这些疾病的老年人不妨一试。

专家医生建议，对老年女性来说，最好选择白色的棉质内衣，白色内裤有利于老年人检查上面沾染的身体分泌物，以尽早发现和识别一些妇科疾病，从而及时就诊。

小贴士

保暖内衣多采用多复合夹层材料，能阻止人体皮肤与外界进行气体和热量交换，易出现皮肤瘙痒。长期穿着，还会抑制老年人骨髓造血机能，使机体免疫力下降，继而引发各种感染性疾病。老年人最好慎穿保暖内衣。

47

夏天来临，老年人想知道如何挑选合适的夏装时，怎么办

夏季天气炎热，老年人尽量少穿深色的衣服，要选择那些轻薄柔软、吸汗能力强、通气性能好、穿戴方便、易于洗涤的服装，以便身体热量散发。老年人在选购夏季服装时，首先要注意衣料的质地，宜用轻巧、单薄、透风的衣料来缝制夏装，精纺细布、麻纱、丝绸、香云纱等棉麻织品或丝织品制作的衬衫、衣裙，穿起来凉爽、轻软、透气、吸水，都适合老年人夏季穿着。

化学纤维一般透气性和吸水性能较差，但随着化工技术的不断发展，其中一部分纤维原料织成的纺织品，如人造棉、柔姿纱等，也适宜做夏季服装，具有薄、软、悬、垂感较强的优点，穿起来也舒适、洒脱。

夏季服装颜色以素净些为宜，吸热少，穿着凉快。如天蓝、淡蓝、淡绿、米黄等颜色，能让人在燥热的环境下产生宁静的感觉，老人穿了能安定情绪。上装以白色、淡蓝、浅灰为宜。裤子、衣裙的颜色可深些，给人大方稳重的感觉。

如果老年人体形较胖，也可选颜色深一点的衣料，这样在视觉上有收缩感，可以稍微弥补一下肥胖体形的缺陷。此外，老人的夏装切忌紧小，特别是大腹便便的老人，上衣腰身宽大些较为合适。

小贴士

老年人夏季选择袜子，其天然纤维含量应在 55% 以上。天然纤维包括棉、麻和桑蚕丝。其中，以麻的性能最为优异。麻具有天然的抗菌和抑菌功能，吸湿排汗的性能比棉和化纤都要优越，因此给人一种"干爽"和"凉快"的感觉。

48

冬季天气寒冷，老年人想知道如何挑选合适的冬装时，怎么办

老年人的冬季服装，首先要注意保暖性，其次要尽可能轻软宽松，式样以简单大方、方便实用为宜。近年来，羽绒服已成为流行的冬服。羽绒服装重量轻，保暖性能好，很适宜老年人穿用。

另外，膨松棉的外衣，式样新颖活泼，穿上有现代感，使老年人显得年轻而富有朝气，而且可以整洗，价格也比羽绒服便宜。

经济条件好一些的老年人，也可以选择裘皮服装或呢绒服装。裘皮服装中，狐皮、貂皮、滩羊皮、水獭皮等都比较名贵，穿起来显得高雅庄重，很有气派。

呢绒服装中，雪花呢、银枪呢、拷花呢大衣，厚实挺括，御寒性能较好，穿起来可以增添文雅的气质。但是，裘皮服装和呢绒服装不宜于经常洗涤，需要精心穿用、收藏和保养。

老年人冬季居家服装以驼毛或丝绵制品为宜，它们都具有轻软、保暖的特点，日常家居穿用十分舒适。

小贴士

医学专家指出，头部是人体中枢神经所在，直接通过动脉连接心脏，不仅输送血液，也更容易蒸发热量。心脑血管不太好的老年人，在寒凉天气出门时戴上帽子，不仅使头部保暖，也促进血液循环，有效保护阳气，减少散热。

49

面对形形色色的保健品，老年人想知道如何挑选时，怎么办

目前老年保健品市场有些混乱，产品五花八门，质量优劣不一，老年人在选购保健品时，要注意以下几个问题。

注意保健品和药品的区别：保健食品是指具有特定保健功能，适宜特定人群食用，具有调节机体功能，不以治疗疾病为目的的食品。保健食品除了具有营养性、安全性、感官特性等一般食品的共性外，又具有调节人体机能作用的某一种功能，如免疫、调节血脂等。保健食品是不以治疗疾病为目的的食品，也只能针对性地调节人体的某些生理功能，根本不能取代药物对人体疾病的治疗作用。因而，大家要注意购买保健品的时候不要走入这个误区。

拒绝假冒伪劣：在选购时，一定要认真查看产品包装上的食品名称、配料表、功效成分和营养成分表、保健功能、净含量及固体物含量、制造者名称和地址、生产日期、保质期或保存期、储藏方法（条件）、适宜人群、食用方法、产品标准号、保健食品标志和审批文号，切不可购买那些

"三无"和标注不全以及超过保质期的产品。

因人而异进行选购：既然保健食品的保健作用在于调节人体中的一种或几种机能，那么，就有个"对号入座"的问题，不管是馈赠他人还自己食用，必需根据实际需要选购。那些不需要调节某种功能的人食用该功能的保健食品，不仅没有必要，还可能有损于身体健康。如老年人不适宜食用增进生长发育的保健食品，一些营养素补充剂类保健食品，更不能随便食用，只有需要补充的人群才能食用，假使随便食用，会引起体内营养素不平衡，影响身体健康。

小贴士

老年人要科学、理智地看待养生、保健宣传，最好去国家正规医院咨询医生。购买保健品也要去正规的商场、药店，不要在一些保健品宣传会上购买，尽量不要参加所谓的养生活动。

50

戴上假发能让人精神焕发，老年人想知道如何挑选时，怎么办

老年人头发日渐稀疏花白，若能选择合适的假发，既美观，显得富有朝气，又可免去烫发、染发之苦。但是选择和保养也是一门学问。

选购假发套，要考虑自己的头型、脸形、年龄和气质，戴上后要给人以逼真而美的感觉。

使用假发套前，应先用稀疏的梳子理好，梳理时要轻轻斜梳，理成自己喜欢的发式。戴发套时动作要轻，戴上后再稍加梳理一下即可。假发套的大小要调整合适，过紧或过松都不好。戴发卡时切不可过于用力，以免损坏假发的网套。

假发的洗涤不宜过勤，如果是经常戴，一般一两个月洗涤一次，尽量减少洗涤次数，以保护假发纤维的韧性和光泽。洗涤前，应先用梳子轻轻理好，再用洗发液顺着发丝方向边洗边梳理，切忌用手搓洗，更不宜将假发泡在洗涤液里。洗后用清水漂净假发上的泡沫，自然晾干，不要放在日光下暴晒。晾干后用梳子整理好发型，放在类似头部的物体上保存。

小贴士

假发按材料可分为化纤丝和真人发。化纤丝假发是用化纤制成，逼真度差，佩戴后可容易引起头皮过敏反应，不过价钱便宜，定型效果持久。真人发做的假发逼真度高、不易打结，方便变换发型，价格较高、定型效果不太好。

51

年纪大了眼睛不好使，老年人想知道如何挑选老花镜时，怎么办

人的眼睛好像一架照相机，晶状体和睫状肌就是自动对焦的调节器。随着年龄的增长，晶状体逐渐硬化，睫状肌也慢慢萎缩，眼的调节能力随之减弱。

当人看近物模糊不清，阅读、写字时眼睛吃力，需将视物距离拉远才能看清楚些，或者眼睛易疲劳，用眼一二十分钟便眉心发紧，头昏脑涨等不适感，就表明患上了老花眼。一般来说，年龄与老花镜的度数有一个大致的规律。

中国人眼睛老花的年龄一般在40岁左右，可戴度数为 +100 的老花镜，45 岁时，度数为 +150，到 60 岁时，度数为 +300，60 岁以上老花镜度数不再变化。

老年人配老花镜应以视物清楚为准。但在选用时还应考虑个人的用途，

如果，退休后还想从事一些需要远距离注视的工作，老花镜的度数应浅些；否则，应选择度数大点的。

有的人担心老花镜越戴眼睛越老花，因而迟迟不肯戴。其实，不论你戴镜与否，老花症都会随着年龄的推移而加重，因此，还是应当实事求是，有老花症状就要配戴老花镜，而且每隔五六年要根据度数换配。

小贴士

有的老年朋友两只眼睛老花的程度不一致，或者原先还有远视、近视、散光等问题，如果不经过验光就买一副老花镜来戴，不但解决不了老花眼的问题，还可能引起复视、眼胀，使视力下降。

52

牙齿脱落了，老年人想知道如何选择假牙时，怎么办

年龄大了，很多老年人的牙齿也"光荣下岗"了。装一副适宜的假牙，无论对身体健康和形体美观，都十分重要和必要。而要选择适宜的假牙，首先必须对其种类和优缺点有所了解。

假牙，又称义齿，一般分为可摘假牙、固定假牙和种植假牙三大类：

可摘假牙适应性广，对天然牙的牙体组织磨除少，费用相对低廉；不足之处是基托体积较大，患者不易适应，饭后及睡前需取下假牙清洁，总会有些不便；同时暴露的卡环也会影响面容美观。

固定假牙近似天然牙，几乎无异物感，能较好地恢复咀嚼功能，美观效果好，缺点是需磨除较多的缺隙相邻的天然牙牙体组织，费用也较高。

种植牙除具备固定假牙的优点外，不需要磨除缺隙相邻的天然牙牙体组织，缺点是对全身健康和口腔健康要求较高，疗程较长，费用高。

老年人可根据自身特点和经济状况来选择。装上假牙后，要注意下列事项：一、不要咬过硬的食物。因为很多假牙是硬塑料制品，质地较脆，咬坚硬食物时，容易折断。二、要注意口腔卫生。饭后取下假牙刷洗一次。如不能每次饭后刷洗，则至少晚上睡前要认真刷洗，可用牙膏洗涤，但不要用酒精或沸水烫泡，那样会使假牙变形。三、晚睡前应摘下假牙洗净后浸泡在冷水杯内，既可确保假牙不变形，又可使口腔黏膜得到适当休息。

小贴士

假牙清洁不彻底，容易产生异味，降低肠胃功能，还可能滋生细菌、引发溃疡或其他口腔及内脏疾病。假牙清洁方法不当，如用热水或酒精浸泡、冲洗，可能导致假牙损坏、变形，降低使用寿命。

53

牙齿要天天清洁，老年人想知道如何选购和使用牙具时，怎么办

口腔的卫生，牙齿的好坏，直接关系到人体的健康。对广大老年人来说，如果想保持洁白、整齐、健康的牙齿，必须选对牙齿清洁用品。

一、老年人要选择软毛牙刷。软毛牙刷不仅不会伤害牙龈，还更能有效清洁牙齿表面。要尽量选择"小头"牙刷。牙刷"头"越小，也就越容易清洁口腔的隐蔽处和缝隙。在选购牙刷时，一定要注意产品质量，要选择经得起市场考验和质量认证的产品，不要贪图便宜，购买伪劣货色。适时更换牙刷。一般来说，三个月应当更换一次牙刷。特别当牙刷刷毛开始向外弯曲时，就表明到了弃旧换新的时候了。患上流感或感冒，在痊愈后应当及时更换牙刷，以免病菌通过牙刷再次侵袭，重新染病。

二、老年人选购的牙线不宜太粗或太细。使用时，将线两端缠在左右手中指上，用食指与另一只手的拇指绷紧牙线，用缓和的拉锯样的动作，将牙线拉入两牙之间，轻轻通过两牙之间接触点，紧贴在牙面上，上下内外牵动，嵌塞的食物即可随牙线的移动而被带出，切勿用力过大，以免损伤牙龈。取出牙线后，要漱口。

三、牙签以硬质、不易折断、光滑无毛刺、横断面扁圆形或三角形为佳，尖端略细，最好是购买市售成品牙签，要注意保持清洁。不合格的牙签则容易损伤牙龈。牙签最好在牙间有空隙存在的情况下使用，以 45°角进入牙齿与牙龈之间，尖端指向咬合的方向，侧缘接触于牙齿间隙的牙龈，顺着每个牙缝的两个牙面慢慢滑动，用力不可过快、过猛，用后要漱口。如果使用不当就会造成牙龈炎、牙龈萎缩、牙间隙增大而导致牙周疾病。

小贴士

牙膏是日常用品，不是药品。牙齿有病，要看牙医。刷牙时牙膏的用量不宜过多，黄豆大小即可。刷牙的时间一定要保证，如果连两三分钟都保持不了，那么牙膏的辅助预防牙病的作用也就无法保证。

54

听力随着年龄增长而退化，老年人想知道如何选购助听器时，怎么办

人老了，听力会随之减退，不仅与人交流出现困难，听戏曲、看电视，甚至上网冲浪，都会遇到麻烦，这就需要借助助听器。助听器能帮助老年人获得提高听力和保护听力的双重效果。

选购助听器之前，老年人最好先到正规的医疗机构或专业的验配中心去做一下听力检查，根据测验的结果和验配人员的意见、建议，来选择助听器。要选择正规厂商生产的产品，使用质量不过关的助听器，不仅难以获得良好的接听效果，反而可能损害听力。

另外，在选购时，还要注意助听器的佩戴方式，有些人的耳道特别小，就不适合佩戴深耳道式助听器。不少老年人认为，用一台助听器，让一只耳朵能听到别人说话就可以了，其实不然。器官都是用进废退的。研究表明，长期只用一只耳朵听声音，只有一侧大脑的语言、听觉中枢得到应用，另一侧大脑便会产生废用性的听力减退。因此，如果老年人两耳都有听力损失的话，两耳都要佩戴助听器。

在购买助听器的同时，除了要考虑质量以外，还要考虑售后服务问题，因为助听器是要做定期保养的，尽可能使用售后服务比较完善的厂家的产品。附带提一下，助听器不属于"医保"报销范围，老年人选购时，还要考虑自身的经济承受能力。

小贴士

助听器不用的时候，要将开关关闭并且打开电池门，这样可以延长电池使用寿命。不用时，要将助听器存放在儿童和宠物不易发现或够到的地方。如果长时间不使用，要放在专用口袋，并存于阴凉、干燥的地方。

55

视力随着年岁增加而退化，老年人想知道如何选购放大镜时，怎么办

对于喜欢看书看报或鉴定古物的老年人来说，放大镜属于日常生活用品，特别是增强眼力的放大镜，常常像近视患者的近视镜一样，须臾不可或缺。老年人惯常使用的放大镜是一种凸透镜，其形状中间厚，边缘薄。当用放大镜观察物体时，光线穿过镜面，发生折射，向中间汇聚，进入人的眼睛。而人逆着光线看过去，感觉物体就被放大了。

老年人经常使用的放大镜有很多种类，不仅有单纯的放大镜，还有的是把放大镜与其他物品组合在一起，更方便老年人使用。比如，有的把放大镜安在指甲剪上，以方便老年人剪指甲；有的装在钢笔或水笔上，便于老年人书写；等等。还有一种比较新颖的放大镜，是在一个水平底座上按上垂直的立柱，带有镜杆的放大镜体

装有固定环，固定环套装在立柱上。使用时，老人可将手放在放大镜下面修剪指甲、穿针引线，戴老花镜不能看清楚的细小物品，通过这种放大镜可以看得清清楚楚。这种放大镜较手持式放大镜方便，可以解放两手，用来做其他工作。对这些产品，老年人可以结合自己的需要进行选购。

小贴士

老年人看电视要注意以下几点：一、电视的图像要清晰，亮度适中；二、眼睛与荧光屏的距离要适宜；三、看电视时要有一定的照明；四、每次看电视的持续时间不宜过长；五、多吃一些含维生素 A 和胡萝卜素丰富的食物。

56

皮肤容易发痒，老年人想知道如何选购护肤品时，怎么办

人进入老年以后，皮肤在形态和功能上会明显衰老，普遍表现为皮肤变薄，弹性降低，皱褶增多、加深，色素斑频繁出现，还特别容易发痒，等等。因此，老年人应选购适宜的护肤品，以延缓皮肤老化。

对于老年人来说，皮肤是干性还是油性已经不是最重要的，补充皮肤的营养、让皮肤不干燥、有弹性才是主要目的。特别是秋冬季节，老年人的皮肤更需要营养和保湿，可选用油脂含量较高及含有维生素 E 等营养成分的护肤品。花粉类、珍珠类、人参类、维生素类护肤品都比较适合老年人。

除了选择合适的护肤品外，保持皮肤的清洁也很重要。老年人皮肤相对敏感，其自身代谢的产物，如脱落的皮屑、油脂等容易刺激皮肤。因此，要适当保持皮肤清洁。老人清洁皮肤宜用温水，合适的水温是 18~30℃。将洗面乳或中性洗面皂在手掌中搓成泡沫再抹，不能长时间搓揉，要尽快用水冲掉。

另外，老年人在早晚洗脸后还可经常按摩面部皮肤，因为按摩能促进血液循环，加快皮肤新陈代谢，进而增加皮肤的光润度。平时尽量少接触刺激性东西，如不抽烟喝酒，少喝浓茶、咖啡，少吃辛辣食物和海鲜等，并保证充足的睡眠。

小贴士

大多数男性皮肤皮脂分泌旺盛，酸度较高，毛孔粗大，容易生粉刺、痤疮、毛囊炎，应该比女性更注意对皮肤进行深度清洁。而且由于男性户外活动时间更长，所以他们更应该注意使用防晒系数较高的产品。

57

头发需要经常护理和保养，老年人想知道如何选购护发产品时，怎么办

进入老年以后，人的头发日渐稀疏花白，常常伴随脱发、秃顶，因此，老年人要注意选用适宜自己发质的洗发、护发品，护理好自己的头发。一般来说，中老年人宜使用不至于过分降低皮脂的洗发剂。如果老年人的头发是干性和中性的，应用含碱量少的洗发产品，油腻的头发，可用专供油性发质使用的洗发剂。护发品能使头发富有弹性和光泽，可根据头发的不同情况选用。

老年人洗发和烫发不要过勤。洗发太勤，会洗去有抑菌作用的皮脂，招致细菌或头发癣感染。一般来说，干性头发 10~15 天洗一次，中性头发 7 天洗一次，油性头发 5 天洗一次。洗发水不要太热，因为过热的水容易烫伤头发，而水太凉洗不干净。所以，以温水洗头最好。烫发以半年一次为宜。

老年人平时要注意保护好头发。雨天避免淋湿。戴帽时，应将头发理顺后再戴。女性在晚上睡觉前应取下发卡，使头发处在放松状态。头发宜常梳理、按摩。梳理头发是一种很好的按摩头皮的方法。能使气血流通，

头发光润。因此，老年人应每天晨醒、午休、晚睡前以十指缓慢柔和地自额上发际开始，由前至后地梳理发际，边梳理边揉擦头皮，或用头刷刷头发，每次按摩 10 分钟左右。但梳头用力要均匀，勿硬拉，梳子勿太尖、太硬或太密。

老年人染发后宜用天然毛刷梳头。头发越浓，毛刷的毛边要越长，这样，头发才能梳得越透彻。油性头发宜用人造毛刷，以塑胶或橡胶为最佳，如果是按摩式的，尖端更能把极少量的头油带到头发里。反之，需要滋润的干性头发则不宜使用。

小贴士

男性型脱发的治疗方案有两种。第一种是毛发移植，就是把还长头发地方的头皮的毛囊移植到不长头发的地方，即从头后部移到前部。第二种是常用米诺西地外敷，能有效阻止多种原因引起的继续脱发，促进头发再生。

58

手机是必不可少的通信工具，老年人想知道如何选购手机时，怎么办

目前中国的手机用户已超过 5 亿人，并且仍以每年 6000 万~7000 万人的速度迅猛增长，其中老年用户是一个潜力巨大的市场。目前，我国对老年手机的概念界定还不够明确，市场上专门针对老年消费群体的手机还处于相对空白阶段。但一些企业针对广大老年人的特点，已经在进行市场探索。

一般来说，老年人选购手机，注意从以下几个方面进行比较选择：一、手机屏幕和字体要大，显示要清楚，老年人眼花，需要大的字体才能看清楚；二、按键要大，间隔较大，老年人手指不灵便，键盘太小太密容易按错；三、功能要简单，操作方便，最好有语音辅助，能够设置单键拨号，老年人不需要太复杂的功能，最好有便捷的按键自定义功能，便于求救；四、听筒和铃声扬声器音量要够大，待机时间长，很多老年人耳朵不好，手机放在包里听不见，或者由于动作

比较缓慢，从听见铃响到接通电话需要相对较长的时间；五、要带有收音机的功能：老年人社会交往面相对较小，通话的时间有限，如果手机带有收音机的功能，会更加实用；六、能够手写：有的老年人对拼音字母不大熟练，难以用字母发送信息，因此手机需要具备手写功能；七、手机信号要强，同时辐射要小，配有适合老年人的耳机：既方便老年人接听，也尽可能减少对老年人身体健康的危害。

小贴士

手机辐射对人体危害较大，身边有普通电话，或在建筑物角落或电梯等狭小而密闭的空间里，尽量少打手机。另外，平时多吃些富含蛋白质、磷脂和 B 族维生素的食品，有助于减少辐射的危害。

59

玩具给晚年生活增添乐趣，老年人想知道如何选购玩具时，怎么办

老人玩具，顾名思义就是适合老年人群使用的玩具，主要以休闲、益智为主。由于生活环境的变化，许多老人缺乏交流、沟通和倾诉，如果长时间精神得不到寄托，很容易患上抑郁、焦虑症甚至老年痴呆症。

医学研究发现，50岁以前开始玩成人益智玩具的人，老年痴呆症的发病率只有普通人群的32%；一些轻度老年痴呆症患者玩成人益智玩具，可以减缓甚至阻止病情的发展，少数病人还有一定程度的智力恢复。不少国家老年人玩具专卖店已经非常普遍，有的地方老年人玩具已经占据玩具市场40%以上。

目前，市场的成人玩具除了传统的军棋、象棋、围棋、跳棋、风等外，还有电脑游戏、互动玩具、智力拼装玩具、电子赛车、飞船、原木堆积式玩具等。其中，休闲型、交流型、益智型玩具特别受老年人欢迎。例如，一度颇为流行的宋代九连环、孔明锁、华容道等玩具，除了益智外，还带有中华传统文化的味道，深受老人喜爱。也有些老人喜欢像声控音乐鸟、长毛绒考拉、电动黑猩猩等原本专门为孩子设计的玩具。

老人购买玩具时，得注意玩具的难度要适中，以经过两三天能够学会为宜。太简单了，老人觉得没兴趣，起不到锻炼大脑的作用；太难了，老人学起来太费劲，容易产生挫败感，反而弄巧成拙，不利于自己的心理健康。以拼图玩具为例，像500~1000块的拼图，对老人来说就太复杂了。购买时可以选择七巧板等较简单的玩具。

小贴士

老年人的好奇心特别重，玩具可以满足他们的精神需要；一些老人生活孤独，如果能培养起对玩具的兴趣，会给生活增加许多调味剂；对患有轻度老年性痴呆的老人来说，通过玩玩具，不仅可以提高生活质量，还可以促进健康。

60

人每天大量时间在床上度过，老年人想知道如何选择适宜的睡床时，怎么办

对于老年人来说，生活起居设备，最好是既舒适美观，又能符合老年保健原则。人每天有 1/3 的时间在床上度过，选择一张适宜的睡床，是老年人不能不关心的问题。

目前，在老年人睡床的选择上，存在着一些认识上的误区。一些做儿女的为了让老人睡得更好，常常会买来厚而软的床垫，认为这样的床垫既舒适又保暖，一定很适合老人。可是，不少老人睡在这样的床上，常常感到很累，甚至腰酸背痛。这是由于床垫太软，对人体没有个固定支撑点，无论老年人采取什么样的睡眠姿势，身体都处于被压迫状态。特别是一些老年人，腰椎功能随着年龄的增长而退化，出现腰肌劳损、腰椎间盘突出、腰腿痛等病症，经过一天的坐、立之后，如果在夜间睡觉时仍然不能让腰部得到休息，腰部病情会更加严重。如果床板有一定硬度，有承受身体各部位的支撑点，就能使身体保持平衡稳定，

可消除负重和体重对椎间盘的压力，达到全身放松，有利于消除疲劳，缓解腰部疾病症状。

选取睡床除了建议"硬"点以外，老年人还应该对床的床架和床上布艺有所取舍。对床架的选择，主要看个人喜欢的风格。面积较小的居室，可以选用具有收纳功能的床架。床上布艺一定要选用"绿色"面料，最好以纯棉为主，纯棉布料柔软且有很好的吸汗功能，最有利于汗腺"呼吸"，但纯棉面料比较厚重，洗涤起来不是很方便，且容易缩水。可以选择50%棉、50%聚酯纤维的混合面料。

小贴士

　　老年人睡床的摆放很有讲究，要做到三个不宜：不宜靠近家电，不宜太靠近窗户，不宜靠墙角放置。

61

手杖是"第三条腿"，老年人想知道如何选购适宜的手杖时，怎么办

老年人选择一根合适的手杖，可使自己行走时感到舒适、可靠，站立时又可作为支撑。特别对那些因患过中风、关节炎等病而行动不稳的老年人，手杖更是不可缺少的行路助手和伙伴。

老年人选择手杖首先要注意长度合适。手杖过长或过短都会使支撑点不自然。高了，会使身体上倾，脚底踩不实，容易跌跤；低了，则必须弯腰前屈，走起路来不舒服。手杖的合适长度可以这样测得：直立，两手自然下垂，从腕部横纹至地面的距离，便是老人手杖的合适长度。

其次，手杖的材料，宜质地坚硬、细密，最好选用有天然旁枝的梅树、柘树的粗枝，形状优雅，握起来有沉稳感，手执方便。塑料制成的手杖，坚韧、轻巧、价廉物美，也可以选用。

另外，手杖的扶手部位不宜太小，手杖下端应尽可能装有橡皮垫之类的防滑物件。下端开裂或已平滑光溜的手杖，要加以整修或更换新的，以免在使用的时候发生意外。如果老年人身体状况不是太差，选单脚的手杖即可，如果老年人平衡能力较差，或有中风史、关节炎或腿部受过伤、支撑力差等情况，最好选择多脚的，以增强对身体的支撑力。

小贴士

目前，市场上出现了一些具有特殊功能的手杖，大体上有6种：防滑手杖，带宝剑手杖，可当手电筒使用的发光手杖，可按摩手杖，可报警手杖，可坐式手杖，为老年人的生活提供更多的方便。

62

无法自行行走，老年人想知道如何选购适宜的轮椅时，怎么办

对一些失能、半失能的老年人来说，轮椅不仅用来代步，还是他们进行康复锻炼和参加社会活动的重要工具。老年人选购轮椅，要考虑主要部件的功能。

首先是轮椅的尺寸。座位的宽窄、深浅，靠背的高度和扶手的高度，取决于老年患者的体型，其材料质地取决于使用者的病种。

其次要通过实地实验，了解轮椅的以下性能：一、车轮着地性。当老年使用者自主驱动行走时，无论是压上一块小石头或是过一个小坎，都不会使其他轮子悬空，否则会造成方向失控或突然转向，威胁到老年人的安全。二、表态稳定性。当老年使用者自主驱动要爬上坡道或横向驶过坡道时，不能仰面翻倒，兜头扣下或者横着翻倒。三、驻坡性能。当轮椅登上斜坡并刹好车闸时，轮椅不能溜坡或翻车。四、滑行偏移量。跑偏意味着配置不平衡，老年人应明确轮椅的这种性能，大体上说，在 2.5° 的检验轨道内，轮椅距零线的偏差值应小于 35 厘米。五、最小回旋半径。在水平测试面上作 360° 双向旋转，不得大于 0.85 米。六、最小换向宽度。一次倒退就可把轮椅回转 180° 的最小通道宽度不得大于 1.5 米。

最后要明确其他部件的性能。所选垫子要能有效地防止压疮的产生。腿托以能摇摆到一边或可以拆卸为最理想。必须注意脚托的高度。脚托过高，则屈髋角度过大，体重就更多地加在坐骨结节上，易引起压疮。如老年患者对躯干的平衡和控制较好，可选用低靠背的轮椅，使患者有较大的活动度。反之，要选用高靠背轮椅。扶手或臂托一般高出椅座面 25 厘米左右，有些臂托可调节高度。还可在臂托上架上搭板，供老年人在轮椅上读书、用餐。

小贴士

轮椅篮球是属于残疾人的篮球运动，其选手是由下肢截肢、小儿麻痹症或脊柱损伤运动员组成。运动员持球移动时，推动轮椅 1~2 次后就必须拍球一次或多次，或传球、投篮。脚不能触及地面，臀部也不能离开轮椅。

63

腿脚不灵便，老年人想知道如何选购适宜的电动轮椅时，怎么办

老年人选择电动轮椅，首先要了解它的控制器。根据目前市场上电动轮椅的行情，国产控制器的电动轮椅价格基本在7000元以下。而进口的控制器的电动轮椅价格都比较高，一般来说都要七八千元，甚至上万元。建议老年人可以把目标转向那些出口的电动轮椅身上，一般来说做出口的电动轮椅都是安装进口的控制器，而且它们的价格也相对便宜。

其次要了解电动轮椅的材质。目前市场上电动轮椅的材质主要有铝合金和钢管两种。很多人会认为钢管的材质会比铝合金牢固，其实不然，现在做电动轮椅的铝合金都是采用高强度的铝合金，这种材质不仅有着钢管的坚固耐牢的优点，还很轻便，避免了钢管材质的沉重缺点。

最后要了解电动轮椅的电机。电机是电动轮椅的动力来源，是电动轮椅的心脏，主要分有刷电机和无刷电机两种，其中有刷电机又有高速和低速之分。有刷高速电机减速齿轮强度较强，耐磨性好，设计合理，故返修率较低，而且维修更换齿轮和电机的成本较少，有效地降低了电动轮椅的维修费用。无刷电机采用的一般都是无刷无齿电机。它的转速控制系统的造价比有刷高速电机的转速控制系统要高，控制器在使用中容易发生故障。装有无刷电机的电动自行车行驶速度必须达到35公里/小时以上时，才能发挥其最佳的工作效率，但是我们知道电动轮椅作为非机动车来管理，时速必须在20公里以下，故无刷电机可取性不强。

小贴士

轮椅击剑运动是根据下肢残疾运动员的特点而专门设计的一项运动。参赛运动员分A、B两个级别。比赛时，双方运动员的轮椅都固定在可调节轨道的框架上。

第四节　张扬个性

64

面对 80 后和 50 后，老年人想知道两者不同的社会角色时，怎么办

80 后是 20 世纪 80 年代出生的人群，50 后是 50 年代出生的人群。这两个群体经历迥异，所充当的社会角色也很不一样。

80 后当前年龄为 20~30 岁，大多来自于独生子女家庭。在现代社会中，80 后面临着就业难、高房价、竞争大、照顾长辈等压力，而且自身经济积累不够，因此在面对住房问题时，除了首次购房压力巨大外，住宅区位、面积大小、还贷等都会对这一代的生活质量造成巨大影响。

50 后是 80 后的父辈，其目前年龄为 50~60 岁，正逐步退出工作岗位而面临如何养老问题。尽管这一代人在经历"文化大革命"、"上山下乡"、恢复高考、改革开放、企业转型改制等社会变革后，受教育程度和经济能力因机遇、职业、职务等因素差异较大，但大部分 50 后都或多或少地拥有了自己的住房。

50 后大多育有一个或两个子女。受传统代际关系影响，50 后愿意帮助和照顾子女，照顾第三代，也愿意与子女共享天伦之乐；但同时，50 后也接受新思想、新观念，愿意保证两代人私密、独立的生活。因此大部分 50 后对居家养老和机构养老都能接受。

未来 5~10 年中，随着 50 后逐渐进入退休养老阶段，80 后逐步进入生育期，50 后随 80 后迁徙、老龄人口集中于大城市的态势日趋明显。因此，伴随医疗保障突破跨地域限制，异地养老将越来越多地成为常态。

伴随着 50 后的逐步衰老，80 后子女又是唯一可以照护他们的家庭力量。为了维持各自独立又能相互扶持，无论是富有家庭还是一般家庭，"住得近"、"分得开"都是这两代人最主要的意愿。

小贴士

调查结果显示，55% 的 80 后置业得到了父辈的支持，超过一半的有房产可以继承，这主要是由于大部分 50 后在住房福利制时代通过低廉的成本解决了首套房产问题。

65

租房养老有多种方式，老年人想知道该如何操作时，怎么办

租房养老有两种方式，其一是老年人把富余的房子出租给其他人使用，利用其他人支付的房租来维持自己退休后的生活。另外一种方式就是老人自己或通过子女、居民委员会、中介机构把自己居住的房屋出租给别人居住，而自己住进养老院，用房屋租金来支付入住养老院的费用。

"租房养老"能够排遣空巢家庭的寂寞和孤独。老年人自己的家毕竟是个狭小的天地，有限的空间。老两口成天面对面，有时心烦难免吵架拌嘴。住进老年公寓，可以找到有相同爱好老人，可以交流倾诉切磋经验，从而增强生活的兴趣。

"租房养老"也能够使空巢老人的生命和健康有所保障。老年人大都有高血压和心脏等方面的疾病。住在自己的家里，如果发病，因为缺乏急救知识很难得到及时抢救。老年公寓里有专职医生，能够及时控制病情，为抢救生命赢得时间。由于有专职医生，他们也会在平时给老人体检，讲解医疗保健知识，这样会大大减少突发疾病的可能，提高了生命的保险系数。

当然，客观地说"租房养老"也有一定的风险。首先是管理成本，因为房屋出租以后需要出租者去管理的，而老年人比较难以胜任此类工作。其次是市场风险，市场有空租期损失，个别不法房地产中介商会设置陷阱，也会使出租者利益受到损失。还有出租房屋的价格也不是一成不变，那么在这种情况下，怎么能保证老人有比较稳定的补贴资金也是一个问题。因此要推广"租房养老"这一养老新模式，需要政府加强规范和管理。

小贴士

老年人出租房屋：一、要认真审查房客的身份证等相关证件，复印留底；二、签订好租房合同，收取一定数额的抵押金；三、确定租房用途，防止被违法使用；四、定期或不定期检查出租房的使用情况。

66

上网能找到志同道合的朋友，老年人想知道注意事项时，怎么办

网上交友打破了传统交友的地域限制，交流更便捷更经济，更容易敞开心扉、坦诚相见。事实上，不仅青年人，老年人也从网络上找到了自己的知心朋友。但网络也充满了陷阱和欺诈，有一些别有用心的人，利用网络交友进行诈骗，因此，网络交友有利也有弊，老年人想在网络上选择朋友，要当心三点：

一、要注意保护个人隐私。在没有对对方作全面了解以前，要注意保护个人隐私。特别是对那些表现出异乎寻常的热心和坦诚，拐弯抹角打听你个人的真实信息的聊友，更要留个心眼，不要轻易把家庭电话号码、身份证号码、银行卡、家庭成员情况、收入及财产状况等信息泄露。

二、要注意规范自己的行为。网络虽然有一定的虚拟性，但它同样是现实生活的组成部分。老年人在网上交友时，要注意自己的言行，不要破坏在现实生活中成熟稳重的形象，不可因为是匿名上网或虚拟空间就放纵自己。对不够熟悉的聊友，尽量不用视频。因为别人可能剪辑你的照片进行加工，做一些不正当的勾当，甚至利用你的照片对你进行要挟。

三、不要贪便宜。天上不会掉馅饼，世上没有免费的午餐。不要相信帮你投资赚大钱、发大财或中大奖之类的话。不要轻易见面、约会。现实生活中，别有用心者通过约网友见面，劫财、劫色的案例不胜枚举，"劫命"的犯罪也屡见不鲜。因此，当对方要求见面时，老年人一定要三思而后行。其实，距离产生美，在网络上交往之所以很惬意，距离是一个重要因素，一旦回归到现实中，那种感觉常常会烟消云散。

小贴士

"雅虎中国"的调查结果显示，有相当多的人认可了网络交友，在所有参加调查的网民中，64%的用户都曾经有过"网上交友"的经历。但要建立一个安全透明、健康成熟的网络交友环境，还需要一个过程。

67

平时喜欢打扮，老年人担心别人笑话自己"老来俏"时，怎么办

有人说起"老来俏"，就直撇嘴，觉得人老了还打扮得花枝招展，显得不稳重。其实，这是一种认识误区。"老来俏"未必非得打扮得花枝招展，得体的装扮、适当的化妆，才是"老来俏"的真正含义。这种"老来俏"非但不是坏事，而且还对老年人的身心健康十分有益。

据报道，研究人员对1438位60~80岁衣着讲究的老年人作过调查，发现其中有90％以上的人不但看上去比他们的实际年龄年轻很多，而且身体健康状况也很好。医学家还曾对3000多位老人进行调查，发现注重着装、仪表的老年人患高血压、溃疡病、癌症等疾病的风险要比不喜欢穿戴打扮的老年人低30％以上。心理学家认为，得体的装扮有利于消除人到老年之后产生的衰老感、无用感，会对老年人自身产生一种"我还年轻"的积极心理暗示，让人更加自信、更加热情、更有朝气，这对身心健康十分有利。医学研究还发现，人在心情愉快时，机体可通过调节分泌某些激素、酶等生化物质，使人体血液循环流畅，脏器的功能和机体的代谢处于最佳状态，从而有利于整个身心的稳定和平衡。同时，免疫系统的功能也会增强，这样就增强了防病、抗病、抗衰老的能力。而"老来俏"就有让人心情愉快的效果，因而能够让人的心理和生理更加健康。

因此，老年人不应当怕人笑话自己"老来俏"，学习一些化妆技巧和服装搭配技巧，得体地化妆、穿衣，适当地装扮自己，对拥有健康、愉快的晚年生活大有好处。当然，打扮也要适度，符合老年人的心理和年龄特征，过分花哨了，会给人轻浮俗气之感，也是不合适的。

小贴士

提倡"老来俏"，要从每个人的个性、体态、爱好和经济状况等具体条件出发，适当地求美、爱俏。同时，"老来俏"还要"老来跳"、"老来笑"，要积极而适当地参加文娱体育活动，尽量保持一种知足、愉悦的心态。

68

晚上做了"凶梦"，老年人想知道如何进行自我心理疏通时，怎么办

人的一生中，做梦的时间加起来约有6年之久，有的人一个晚上要做三四次梦。有的老年人做了"凶梦"，被阴森恐怖的梦境所惊醒，心里很惶惑，担心有什么不祥的预兆，主要是对梦这种生理现象缺乏正确的认识。

科学研究早已证实，梦是一种正常的生理现象，到了睡眠的某一阶段必然要做梦。这是由于睡眠过程中部分大脑皮层尚未完全进入抑制状态，外界残留在大脑皮层的刺激痕迹往往会重新活跃和再现的缘故。另外，睡眠时机体内部的某些刺激，如口渴、饥饿、憋尿、受压、痛痒等，也会使大脑皮层形成某些暂时联系而产生梦境。做梦时，由于缺乏意识控制，各种刺激痕迹呈现不规则联系，导致会做各种各样的梦。梦无论多么混乱、虚幻和荒诞离奇，都事出有因，能得到科学的解释。有的老年人不懂得这个道理，一旦做了所谓的"凶梦"，常常情绪沮丧，以为要有什么不幸事情发生。

其实，问题并不在梦的本身，其根源在于长期焦虑、忧愁、烦恼、苦闷、悲伤、恐惧等恶劣情绪。只要改善心境，情绪愉快而稳定，噩梦就会明显减少。老年人如果常做"凶梦"，也可能是生理病变的信号。由于身体的某一部分出现病灶，引起疼痛等不适，在睡眠中就会刺激大脑皮层，以"凶梦"的形式表现出来。它提醒你注意，应尽快请医生诊治，不可麻痹大意。

小贴士

梦文化是中国古代文化的重要组成部分，《周公解梦》一书，可以说是中国民间解梦的集大成之作，其中有一些合乎心理学原理，但大多数带有宿命论的味道，老年人可作为娱乐来看，切不可按图索骥，当作什么行动指南。

69

面对纷扰的世事，老年人想知道如何保持恬然平和的心态时，怎么办

"最美莫过夕阳红，温馨又从容。"歌词很美，老年人的晚年生活也应该像美丽的夕阳，从容恬静，充满温馨。但是，人到老年后，由于身体生理变化与周围环境的改变，容易产生心理上的不平衡，从而导致疾病缠身危及健康。

医学研究表明，老年人情绪激动，容易引起冠心病发作。经常闷闷不乐，沮丧恐惧，容易降低人体免疫功能，容易患病。因此，老年人要特别注意控制自己的情绪，养成豁达大度的胸怀、乐观的情绪和爽朗的性格，要注意保持心理平衡。心理平衡是指人在受到外来刺激的时候所进行的与外来刺激适应的反应性心理调节。如果老年人能够自觉进行心理调节，保持自身心理健康，保持恬然平和的心态，就有大大增加长寿的可能性。

老年人要保持心态平和，首先要敢于接受"人老"这个事实，把安度晚年和发挥余热作为自己的生活目标，不去办力所不及的事情。同时，在晚年生活中寻找乐趣，保持乐观情绪，以维持心理平衡。

其次，老年人还要善于解脱。因为老年人无论对过去、现在和将来都会有一些遗憾之处，因此要善于从这种遗憾中解脱出来。解脱不仅是心理平衡的一种表现，而且也是一种自我保护的好方法。

最后，老年人要做到宽容和不攀比。由于身体生理的原因，老年人会有不如年轻人的地方，会有不如自己年轻时候的情况。勇于接受这种现实，才能达到高层次的心理平衡。同时老年人还应学会宽容自己和宽容他人，始终保持乐观的情绪，达到自身的心理平衡。

小贴士

为消除退休后的失落感，老年人要尽量丰富自己的生活内容，要扩大生活面，参加各种社会活动，以联络感情，抒发情怀；要向老有所为方向努力，结合原有的专业知识、工作经验和技能特长，多为社会作贡献，提高晚年的人生价值。

70 "拼伴"养老是个新鲜事物，老年人想了解其情况时，怎么办

坐车的有"拼车"，买东西的有"拼购"，如今养老也出现了"拼伴"。所谓"拼伴养老"，即由几位空巢老人结成新的"家庭"，在生活上彼此照顾，情感上相互依靠，一同享受晚年。

"拼伴养老"是新形势下老人们精神追求的一种现实表现，几位老人结成新的"家庭"，在生活上彼此照顾，情感上相互依靠，在一定程度丰富了晚年时光，同时也缓解了儿女的压力。很多时候，这种"养老"方式，只是老年人的一种心灵结伴，跟社区的活动室、旅游的"夕阳红"并无实质区别。

对老人而言，"家"的概念更多的是儿孙满堂、共享天伦，而"拼伴"只能打发日常的无聊，却无法达成亲情的回归。作为子女，其责任不是让老年人照顾老年人，而是要勇于担当，用心报答养育之恩。

商场里，为儿童、青少年提供的产品琳琅满目，从日常生活用品到电影、电视、动漫、游乐场等应有尽有，而相比之下，针对老年人的产品和服务却乏善可陈。比方说，现代公寓的设计不利于邻里交流，老年人公共文化生活空间偏少；适合老年人的书籍、电影、电视、歌曲踪影稀疏；面向老年人的娱乐场所、旅游项目、交通餐饮等也寥寥无力……这在一定程度上使得老年人不得不依赖子女、依赖家庭，以获得抚慰，填补身心空缺，一些老年人为了寻求"家"的感觉而选择"拼伴"，是无可厚非的。

"拼伴养老"只是老年人找乐逗闷的方式，它不能成为"养老"模式的主流，顶多算是调剂。对于那些没有子女的"空巢老人"，这算是一种选择。

小贴士

对老年人的尊敬是自然和正常的，尊敬不仅表现于口头上，而且应体现于实际中。

——（美国）戴维·德克尔

(71)

面对众多养老方式，老年人想知道如何寻找"高性价比"的方式时，怎么办

老年人要想用有限的退休金过上更好的退休生活，一些"超前"或"另类"的养老方式或许值得参考。

一、延迟退休时间。这是最直接减少养老开支的办法。延迟退休，不仅可以多挣几年时间的钱，还能减少"养老"时间的开支。有的时候，很多人的养老金只准备到了80岁，但却活到90岁或者更长。如果有精力的话，也可以在退休后"再就业"，找个清闲的职务，一来打发时间，二来取得一定生活收入，岂不"两全其美"？

二、提前消费。这是西方非常流行的消费观念，但在中国不一定能让大多数人接受。在西方很多人不留下任何遗产，用自己的资产来养老。比如采取反向抵押的方式，把房子抵押给银行，银行每年支付给他一笔费用，在他去世后，房子归银行所有。或者将资产逐步变现一直到85岁的时候，同时购买一份人寿保险，这样你活到85岁以上也可获得保障。但这个观念在中国未必行得通，因为中国人总是希望给子孙留下一定遗产，更何况目前还出现了很多"啃老"族。

三、去二三线城市养老。这个观念在现在越来越多的白领中开始盛行。那些从二三线城市出来在一线城市打拼的白领们，在老的时候也想"落叶归根"。趁着现在二三线城市房价还不是那么高，先置办一套房产，平时可以收取房租，老了可以回去居住，一举两得。二三线城市生活消费成本远远低于一线城市，这更直接地减少了养老成本。而且找个清幽、舒适的城市，肯定好过繁华都市的喧嚣，可以直接提高养老生活品质。

小贴士

民政部最近公布了这样一组数据：中国城乡空巢家庭超过50%，部分大中城市达到70%。未来5年，国内第一批独生子女的父母将集中进入60岁。依靠家庭和子女养老变得日益困难，养老还要依靠自己，老年人要及早规划和准备。

第四章

老年人家居住宅

——美化家庭居室　营造温馨环境

【**导语**】老年人多数时间在家中或社区活动，与其他人群相比，老年人对社区及住宅的依赖程度更高。由于生理、心理的差异，与年轻人相比，老年人对居室的选择和室内装修有着特殊的要求。本章介绍老年住宅的一些知识，以及老年住宅装修过程中需要注意的问题，以供老年朋友在选择和装修住宅时参考，以努力为自己营造一个温馨舒适的居住环境。

第一节 老年住宅选择

①

选购房产是大事，老年人想知道需要注意哪些问题时，怎么办

选购房产对每个人来说都是一件大事，老年人买房时应该在能承受的经济范围之内，寻找最适合自己的房子，而不应带着"质优价高"的心理追捧高价楼盘，或一味追求房价便宜、环境清静，把新家安置在远离城市的郊区。

除了价格因素，老年人还应该着重考察房屋的质量问题，并充分考虑新房在日常生活方面和医疗健康服务方面的便利程度。房屋质量是购房的头等大事，可以选择一些大的开发商，使质量更有保障。在收房的时候可以聘请专业验房师检查房屋质量。验房时如果发现新房有小的质量问题，可以要求开发商及时进行维修，如果是严重的质量问题，则可以要求终止合同并提出经济赔偿。

日常生活和医疗健康服务方面的便利程度是老年人购房时需要认真考虑的。配套设施比较成熟的小区周边一般应当有购物休闲、文化娱乐、健身运动场所、各级学校以及一定水准的医疗机构。小区内部有没有充分的绿化面积和足够的停车位，小区周围10分钟路程之内有没有大的商场和菜市场，半小时行程之内有什么样的医院，与自己子女的住房距离是否太远，都应当逐一核实。毕竟老年人不像年轻人那样精力旺盛，生活不便将对老年人造成巨大困扰，而住得离自己子女太远，增加了子女探视的负担，不利于感情交流和照护。

好的小区应当规模适中，布局合理，有足够的楼间距以保证居室内的采光、通风质量，小区外围没有噪声及各种污染源。老年人建筑应阳光充足，通风良好，视野开阔，有安全便利的户外活动中心。与社区医疗急救、体育健身、文化娱乐、供应服务、管理设施组成健全的生活保障网络系统。

小贴士

老年人选房时应与子女或有经验的朋友结伴同行，可以多跑跑、多看看，千万不应冲动消费。如果准备购买二手房，一定要仔细核对房主的相关产权证明和身份证件，在确定购买之前应拒绝任何形式的押金、保证金。

2

常听人提到老年公寓，老年人想知道它的设计原则时，怎么办

老年公寓设施的设计，应首先从确保老人安全考虑，设置给老人提供便利的空间和设备。低层住宅或电梯免除了爬楼之累，方便老年人出行，减少了发生危险的可能性，可以使老年人更加接近户外环境，增加亲切感和家居气氛。公寓设计应以提高老人自立和自理能力，延长健康期，推迟护理期为目标。空间布局应以提高老人的自信心，增进老人机体活动的愿望和长久保持独立生活的能力为原则。老年人日常生活所需的基本商业设施、服务设施、保健服务、娱乐设施等应尽可能完善。要解除老年人顾虑，使高龄、体弱、多病的老人享受到便利的医疗服务。

考虑到多数老年人的经济状况，挑选老年公寓面积标准不宜太高，不应盲目求大。老年人的居住环境应注重舒适性、合理性。老年公寓设计应使老年人之间交往密切，充满活力、生活方便。公寓设计的空间和结构及设备设施，应能满足老人生理、心理机能衰退的特点，保证其健康使用。应使建筑物具有改造和加设相应设施的可能性，满足老年人随年龄增长而要求的功能变更，以提供更为适用的服务。从社会进步看，住宅智能化是发展趋势。开发老年商品公寓必须结合老年人群的实际，逐步完善智能化设备，以满足不同的服务需求。

小贴士

老年公寓，主要解决那些确有必要的老年人的居住问题。老年公寓的规模、数量应该以社区老年人口的发展比例来决定，不应盲目发展。

3

保障性住房给人带来实惠，老年人想知道其性质和分类时，怎么办

社会保障性住房通常是指根据国家政策以及法律法规的规定，由政府统一规划、统筹，提供给特定的人群使用，起社会保障作用的住房。保障房的建造标准、销售价格或租金标准都有限定。主要有两限房、廉租住房、经济适用住房和政策性租赁住房。

两限商品住房，即"限套型、限房价"商品住房，是通过竞价招标确定开发建设单位，并按照约定标准和价位，面向符合条件的居民销售的商品房。两限房的套型建筑面积一般为90平方米以下。

经济适用房具有经济性和适用性的特点。经济性是指住宅价格相对于市场价格而言，适用性是指住房的使用效果。经济适用房面积控制在中小套型，中套住房面积控制在80平方米左右，小套住房面积控制在60平方米左右。

廉租房只租不售，出租给城镇居民中最低收入者。廉租房户型设定是以一居室、两居室为主，原则上按一居室套型建筑面积35平方米、两居室套型建筑面积45平方米、三居室套型建筑面积55平方米的标准设计建造。

政策性租赁房，指通过政府或政府委托的机构，按照市场租价向中低收入的住房困难家庭提供租赁的住房，同时，政府对承租家庭按月支付相应标准的租房补贴。其目的是解决家庭收入高于享受廉租房标准而又无力购买经济适用房的低收入家庭的住房困难。

小贴士

日本有一种保障性住房叫公营住房，类似于廉租住房，住户是没有任何产权的。还有一种是公团住房，政府提供相应的优惠条件，使得住房者拥有一部分产权。新加坡的保障性住房叫"组屋"，既有租，也有售。

4

政府建设很多经济适用房，老年人想了解它的特点和发展情况时，怎么办

经济适用住房是指列入国家计划，由政府组织房地产开发企业或者集资建房单位建造，以微利价格向城镇中低收入家庭出售的住房。它是具有社会保障性质的商品住宅，具有经济性和适用性的特点。经济性，是指住房的价格相对同期市场价格来说是适中的，适合中等及低收入家庭的负担能力。适用性，是指在房屋的建筑标准上不能削减和降低，要达到一定的使用效果。

经济适用房建设用地实行行政划拨，免缴土地出让金，其购买对象是特定的，只供给城镇中低收入家庭，因而要实行申请审批制度。经济适用房出售实行政府指导价，不得擅自提价出售。

早在1991年6月，国务院就在《关于继续积极稳妥地进行城镇住房制度改革的通知》中提出："大力发展经济适用的商品房，优先解决无房户和住房困难户的住房问题。"1997年、1998年是房改的关键时期，也是房地产行业的起步时期，当时的商品房价格同以工薪阶层为主的中低收入者的经济承受能力差距甚大。国家为了解决中低收入家庭住房困难和启动市场消费，于1998年适时推出了经济适用房，用以解决中低收入家庭住房问题。1999~2005年，全国各地的经济适用房在短短几年内如雨后春笋般快速发展，无论开工面积和项目数量都成倍增加，经济适用房迎来高速发展时期，逐渐成为中低收入家庭住房的重要选择。

经济适用房、廉租房及限价商品房共同组成了实物型的住宅保障。但是在经济适用房发展过程中也暴露出了一些问题，因此也受到一些质疑，今后的经适房走向租赁方式可能是未来发展的方向。

小贴士

目前，保障性住房制度还很不完善。我国提出要加大保障性住房建设力度，进一步改善人民群众的居住条件，促进房地产市场健康发展。通过保障制度的完善，最终解决低收入家庭住房困难，实现"住有所居"的目标。

5

常听人说起"小产权房"，老年人想知道能否购买时，怎么办

所谓"小产权房"是指在农民集体土地上建设的房屋，未缴纳土地出让金等费用，其产权证不是由国家房管部门颁发，而是由乡政府或村颁发，所以叫作"乡产权房"，又叫"小产权房"。

"小产权房"占用的是集体土地，按照我国现行法律，这类土地只能用于农业生产或者作为农民的宅基地，土地使用权不得出让、转让或者出租用于非农业建设，它没有产权，更没有国家的土地使用证和预售许可证，购房合同房管局也不会给予备案。因此，乡镇政府发证的所谓小产权房产，实际上没有真正的产权。所谓产权证也不是真正合法有效的产权证。

从价格看，"小产权房"要比普通商品房便宜，但"小产权房"只具备普通商品房的使用性质，不具备普通商品房的法律性质。所以购房者的购房合同在法律上看，属于无效合同，购买"小产权房"具有很大的风险：住房开发资金和建筑质量一般是需要银行和政府进行监管的，而"小产权房"在这方面比较薄弱，几乎没有得力的

监管机构，主要依靠开发商自律进行开发建设。由于"小产权房"没有在房管部门备案，不在政府机构对商品房的统一管理范围内，这样在使用房屋的过程中，如果遇到一些房屋质量问题、公共设施维护问题，无法有效维护权利。

按照法律规定，农村宅基地地上面的住房不允许向城市居民出售，宅基地由村集体享有土地所有权，村民享有使用权、继承权，但是不能转卖。"小产权房"没有国家认可的合法产权，购房人只拥有房屋的使用权，所以遇到拆迁时补偿也要比普通商品房低很多。

小贴士

中国的土地分为国有土地和集体土地，根据国家有关法律规定，在国有土地上可以进行开发建设，而要在集体土地上进行开发建设必须首先将集体土地转为国有土地，然后才能按照规划进行开发。

6

听说开发商卖的是期房，老年人想了解商品房预售制度时，怎么办

期房指房地产开发商从取得商品房预售许可证开始至取得房地产权证为止，所出售的商品房。从工程的角度来说，从开发商拿地，做好项目设计方案以后一直到工程施工完成主体建筑之前，都属于期房。习惯上把在建的、尚未完成、不能交付使用的房屋称为期房。

一般情况下，期房的价格较低，挑选余地较大，但由于是先付款后交房，因此购房消费的过程和结果要依赖于购房合同约定的权利义务的履行，而购房合同的履行，不仅受开发商自身经营的影响，还受到许多客观因素的制约。

商品房预售制度的产生与我国房地产市场发展的进程紧密联系。长期以来，我国城镇住房供应不足，加快建设、增加住房供应是客观需要。但是房地产开发企业自有资金严重不足，融资渠道和融资手段单一。于是，建设部主导设立了商品房预售制度。

1994年出台的《中华人民共和国城市房地产管理法》，对预售条件、监管作出了原则性规定。商品房预售制度实行后，各主要城市商品房预售比例逐渐发展到80％以上，部分城市甚至达到90％以上。

商品房预售制度下，由于购房人已经预交了大部分甚至全部房款，开发商提前收回大部分乃至全部成本，为更方便地开发下一个项目创造了条件，从而促进了房地产业的快速发展。

小贴士

购买期房要注意该项目的《建设用地规划许可证》、《建设工程规划许可证》、《建筑工程施工许可证》、《国有土地使用证》和《商品房销售（预售）许可证》，等五证是否齐全，细读合同，明确相应的责任和义务。

7

售楼书里内容繁多，老年人想知道如何抓住重点时，怎么办

随着电脑技术的不断提高，售楼书越做越精美，但美轮美奂的效果图往往不足为信，楼书中隐藏着不少小秘密呢。

购房人看楼书应"由大到小"进行阅读，首先看小区总体规划平面图，确认小区的环境布局是否有足够的绿化率与车位，楼与楼之间的间距是否够大，是否影响采光，仔细了解小区内外的道路交通情况，进出小区是否方便，是否有保安系统，垃圾是否集中处理等。然后看整幢楼的平面图，最后看自己选购的单位平面图。

售楼书上标注的价格一定要搞清，起价、均价、开盘价、清盘价是开发商常用的小伎俩，有时楼书上出现的价格只是供应几套的优惠价。另外，楼书上承诺的交楼日期、建设材料、配套设施等也可能在日后发生变化，因此签约之前一定要落实清楚。

户型设计也是看楼书时的一大重点。目前普遍看好的户型设计一般都重视功能分区明确，对有条件的家庭，动静分开、卫浴分开、干湿分开，成为比较理想的户型要求。要有层次感，

又不宜设置过多隔断墙，用一条较短的走廊连接卧室和起居室，进入户门以后起居室分为会客和餐厅两个区域，餐厅和厨房相连，卧室和卫生间相连，两者互不干扰。

住宅里不同房间的门户朝向也很有学问。如卫生间的门向着厅开，私密性不强，形成主客间的尴尬。如果套房的面积较小，两者难以保持较长的距离，其房门也最好不是相对或并列的形式。在起居室最好不直接看到卫生间的房门，可通过套房的整体户型设计和曲折巧设卫生间。厨房由于多和餐厅相连，可以设在靠近户门的位置。

小贴士

住宅室内装饰装修工程使用的材料和设备必须符合国家标准，有质量检验合格证明和中文标识的产品名称、规格、型号、生产厂厂名、厂址等。禁止使用国家明令淘汰的建筑装饰装修材料和设备。

8

多层住宅和高层住宅各有优劣，老年人想知道如何选择时，怎么办

　　多层住宅与高层住宅比较起来各有长短，但一般说来，多层比高层优点要多一些，居住也更舒适些。

　　买高层住宅要多花一些钱：多层的公摊一般在 10% 左右，高层的公摊有的达到 20%，对于 100 个平方米的房子来说，多层的套内面积能达到 90 平方米，而高层一般只有 80 平方米左右。一样的房子足足少了 10 个平方米，也就是说买高层多花了 10% 的钱在公摊上。多层的公共维修资金是 1%，而高层是 2%。多层的容积率更低，一般只有高层的 1/2~1/3。

　　住多层住宅要少花一些钱：多层的物业管理费一般比高层便宜得多，且没有电梯费和二次供水费。长期来看，每个月多支出的物业费也是一个不小的数目。多层一般可以装太阳能，既环保也能省不少燃气或电费。

　　多层的户型相对合理，每层楼一个单元 2 户，而多层一个单元基本是 4 户以上。绝大多数多层都是南北通透的房型，而高层很少有南北通透的房型，即使有，价格也很高，而且很难买到。多层在装修中可以更好地改变户型，而高层很多室内墙都是结构墙没法打掉，给装修增加难度。

　　多层爬楼梯可以锻炼身体，但对于身体不好腿脚不灵的老人来说不适合住楼层高的多层，高层的电梯会让出行方便一些。当然，现在城市中新开发的小区，高层越来越多，多层已经日渐稀少了。

小贴士

　　《民用建筑设计通则》将住宅建筑依层数划分为：1~3 层为低层，4~6 层为多层，7~9 层为中高层，10 层及以上为高层建筑。公共建筑及综合性建筑总高度超过 24 米为高层，但是高度超过 24 米的单层建筑不算高层建筑。超过 100 米的民用建筑为超高层。

9

选房要比较容积率和公摊面积，老年人想知道其具体含义时，怎么办

容积率，是指一个小区的总建筑面积与用地面积的比率。容积率决定了地价成本在房屋中占的比例，也直接影响着住户的居住舒适度。好的居住小区容积率，高层住宅应不超过5，多层住宅应不超过2，绿地率应不低于30%。

公摊建筑面积，即公用分摊建筑面积，指每套商品房依法应当分摊的公用建筑面积。简称公摊面积或公摊。公用建筑面积是指由整栋楼的产权人共同所有的建筑面积。包括：电梯井、管道井、楼梯间、垃圾道、变电室、设备间、公共门厅、过道、地下室、值班警卫室等，以及为整栋楼提供服务的公共用房和管理用房的建筑面积，以水平投影面积计算。

商品房应分摊的共有建筑面积包括：一、各产权户的电梯井、管道井、楼梯间、垃圾道、配电室、设备间、公共门厅、过道、地下室、值班警卫室，以及为整幢建筑服务的共有房屋和管理房屋。二、套（单元）与公共建筑空间之间的分隔墙以及外墙（包括山墙）墙体水平投影面积的一半。

不应分摊的共有建筑面积包括：一、从属于人防工程的地下室、半地下室。二、供出租或出售的固定车位或专用车库。三、幢外的用做公共休憩的设施或架空层。

共有建筑面积分摊原则为：产权双方有合法权属分割文件或协议的，按其文件或协议计算分摊，无权属分割文件或协议的，可按建筑面积比例进行计算分摊。

共有建筑面积的分摊方法是：一、多层商品住宅楼，需先求出整幢房屋和共有建筑面积分摊系数，再按幢内的各套内建筑面积比例分摊。二、多功能综合楼，需先求出整幢房屋和幢内不同功能区的共有建筑面积分摊系数，再按幢内各功能区内建筑面积比例分摊。共有建筑面积分摊计算的内容如有变化，应以建设部现行的有关文件规定为准。

小贴士

住宅室内装饰装修过程中所形成的各种固体、可燃液体等废物，应当按照规定的位置、方式和时间堆放和清运。严禁违反规定将各种固体、可燃液体等废物堆放于住宅垃圾道、楼道或者其他地方。

10

听人说现在有智能家居系统，老年人想具体了解时，怎么办

智能家居是以住宅为平台，利用综合布线技术、网络通信技术、智能家居系统设计方案安全防范技术、自动控制技术、音视频技术将家居生活有关的设施集成，构建高效的住宅设施与家庭日程事务的管理系统，提升家居安全性、便利性、舒适性、艺术性，并实现环保节能的居住环境。

智能家居系统包含的主要子系统有：家居布线系统、家庭网络系统、智能家居（中央）控制管理系统、家居照明控制系统、家庭安防系统、背景音乐系统、家庭影院与多媒体系统、家庭环境控制系统等八大系统。

智能家居提供了始终在线的网络服务，与互联网随时相连，为在家办公提供了方便条件。智能安防可以实时监控非法闯入、火灾、燃气泄漏、紧急呼救的发生。一旦出现警情，系统会自动向中心发出报警信息，同时启动相关电器进入应急联动状态，从而实现主动防范。可以实现对家电的智能控制和远程控制，如对灯光照明进行场景设置和远程控制、电器的自动控制和远程控制等。可以通过语音识别技术实现智能家电的声控功能，通过各种主动式传感器（如温度、声音、动作等）实现智能家居的主动性动作响应，等等。更令人心动的是，智能信息家电还可以通过服务器直接从制造商的服务网站上自动下载、更新驱动程序和诊断程序，实现智能化的故障自诊断、新功能自动扩展。

小贴士

20世纪80年代末，由于通信与信息技术的发展，出现了对住宅中各种通信、家电、安保设备通过总线技术进行监视、控制与管理的商用系统，也就是现在智能家居的原型。

11

给开发商交了购房定金，老年人想知道这笔钱可否退还时，怎么办

目前开发商在与买受人签正式商品房买卖合同之前一般都通过认购、订购、预订等方式向买受人收受定金。如果买受人不与开发商签合同或双方对合同的条款达不成一致意见，定金是不退的。好多购房人也认为，一旦签订了商品房认购书，无论什么原因房子最终没有买成，定金就一定不能返还了。其实在特定条件下，定金是可以退的。

比如，因合同条款达不成一致意见定金可以退。当买卖双方对正式的商品房买卖合同主要条款不能协商一致时，不能认为任何一方存在违约行为。在这种情况下，认购书中的定金条款就不适用了。如果因不可归责于当事人双方的事由，导致商品房买卖合同未能订立的，出卖人应当将定金返还买受人。

要避免定金陷阱，首先不要与开发商签订认购协议书，不要交定金。其次是将"定金"写成"订金"、"预付款"、"保证金"、"诚意金"、"押金"、"订约金"等，这样一旦房屋买卖合同签不成所交款项能退回。

再次是在签订认购协议时明确约定对自己有利的内容，如什么条件下定金可退，不退定金的法律后果及违约责任如何承担。

另外，要想退定金必须是在认购书约定的期限内来签合同。购房人可以通过合同条件谈判时双方修改的记录来证明，也可以通过双方谈话的录音来证明。

对于内部认购等无销售许可证或产权证的项目，因本身不具备销售条件，因此任何情况下定金都可退，无须做大量的取证工作，直接起诉即可。

小贴士

室内装修工程竣工后，空气质量应当符合国家有关标准。装修人可以委托有资格的检测单位对空气质量进行检测。检测不合格的，装饰装修企业应当返工，并由责任人承担相应损失。

12

购买的新房交付使用，老年人想知道该如何验房时，怎么办

验墙壁，最好是在房子交付前，下过大雨的第二天前往视察一下。除了检查墙壁是否渗水外，还有一个问题，就是是否有裂纹。同时要用尺子量一下房子四个边，这样可以知道室内是否是斜的。验一下房屋的水电是否通了。

验电线，除了看看是否通电外，还要看电线是否符合国家标准。一般来说，家里的电线横截面不应低于2.5平方毫米，空调线横截面更应达到4平方毫米。

验厨、卫的防水。验收防水的办法是在厨房、卫生间地面上放水，水高约2厘米。在24小时后查看楼下厨房、卫生间的天花板是否有渗水。

验排水或排污管道，尤其是阳台等处的排污口。倒水进排水口，看看水是不是顺利地流走。还要看看排污管是否有蓄水防臭弯头。

验地平，测量一下离门口最远的室内地面与门口内地面的水平误差。一般来说，如果差异在2厘米左右是正常的，3厘米是可以接受的范围。

验层高，方法很简单，把尺顺着

其中两堵墙的阴角测量。做矮层高对于开发商来说，是一种非常有效的节约成本的方法。您应该测量户内的多处地方。检查是否和合同相符。

验门窗，尤其以窗户为主。验收的关键是窗和阳台门的密封性。窗的密封性验收最麻烦的一点是，只有在大雨天方能试出好坏，但一般可以通过查看密封胶条是否完整、牢固来检验。

除了上述项目外，其他验收都需要有比较专业的知识才行。可能的话，您最好带一个熟悉工程的朋友去验收房屋。

小贴士

《老年人建筑设计规范》按生活能力状态将老年人区分为自理老人、介助老人和介护老人三种状态类型。自理老人，生活行为完全能够自理，不依赖他人帮助；介助老人，生活行为需要依赖扶手、拐杖、轮椅和升降设施帮助；介护老人，生活行为需要依赖他人护理。

13

准备购买老年住宅，老年人想知道它的特征时，怎么办

老年住宅的特征主要有：

一、老年住宅要配置辅助老年人生活的空间和设施，满足老年人特殊需求的功用性。能够适应老年人随着年龄的增长而行动能力衰弱等生理和心理特征，清除一些障碍，设立辅助设施，保证老年人在各种情况下得到不同的自主生活和方便行动的条件。

二、要有防止老年人摔倒的安全性，以坡道和垂直交通取代普通住宅中的台阶和楼梯，以防滑的地砖代替普通地面材料，在所有的空间、设备和设施中消除可能导致老人摔倒的隐患。

三、要有高于普通住宅的日照条件，要有良好的通风、采光，我国《老年住宅建筑规范》规定，老年人住室的日照条件不应低于冬至日照两小时的标准。

四、老年住宅具有他人帮助和照料老年人的条件。在各个空间尺寸和设备措施上，要考虑照料和帮助老年人的条件，以使得老年人及时得到关照。

五、要配置有相应的生活照料体系，如不同程度的家政服务、购物服务和陪伴服务。另外老年住宅要有一定的私密性，能很好地保护老年人的隐私，让老人有尊严的生活。

小贴士

老年住宅是针对老年人特点，为老人设计、建造或改造的，适合老年人需要的住宅。在医疗看护、交通路线、配套设施等方面符合老人的需求特点，在娱乐、学习、交往和感情等方面照顾老人的心理需要。

14

听说老年住宅与住房产权可以置换，老年人想了解它的运作理念时，怎么办

两个老太太在天堂相遇，中国老太太长出一口气说，我临死前终于买了一套大房子。美国老太太也高兴地说，我临死前，将几十年前买房子的债还清了。这是一个老故事。这个故事还一个新版本：一个老太太上了天堂，对前面两位老太太说，我在60岁那年，付清了房子的贷款，然后卖掉了房子的所有权，换购了老年公寓的使用权，靠着这笔钱我幸福地生活了很多年，既不孤独，也有人照顾，我这一生很幸福。

老年住宅与住房产权置换模式是指拥有住房产权的老年人，将其住房让与社会养老机构，后者为前者保证在老年有住宅的居住生活权。一方面老人在办理手续之后，可以住进各项生活设施便利的社会养老机构；另一方面社会养老机构可以得到分布在市区的各种住房，然后统一进行管理处置。解决老年人房子一次出售后得到巨额款项与日常生活费用每年每月支付的矛盾问题，同时可以使得老年人居住于适合其身体和心理状况的养老设施之中。

房屋置换在通俗含义上包括一般人们常讲的"差价换房"、"差价调房"等房屋流通形式，是不同房屋间价差交换或等价交换的房屋交易形式，也是一种改善住房条件的较好途径。与房地产买卖不同，房屋置换不仅是拿钱换房，还有房与房的交换。在置换服务中，实质上是买卖的双向服务，一次置换成功，相当于做了两种交易，既卖掉原有住房的产权，再买进一套满足需求的住房的使用权和生活保障权。

小贴士

住房是大多数老年人的最大资产，老年人合理理财可适度盘活房产，保障晚年生活。

15

准备进行老年住宅与住房产权置换，老年人想知道它的运作过程时，怎么办

采用老年人原有住房产权与老年住宅居住生活使用权置换是考虑到老年人在进入老年期后，信息来源减少，身体状况、精力也处于逐步衰退的状态，而且二手房交易与租赁手续复杂，对于多数未经历过这个过程的消费者来说，需要了解有关房屋交易与租赁方面的知识，而且交易过程涉及各个环节，每个环节都可能出问题。而老年人通过契约将房子直接交给社会养老机构，取得老年住宅的居住生活权，余下的事情交由社会养老机构派专人负责处理。社会养老机构通过房地产中介将房产变现，或用其他方式对这些住房资产加以盘活利用，老年人自己则可省心省力。这种模式的操作程序是：

首先，拥有房产的老人在向社会养老机构进行信息咨询并审视自身条件（包括住房条件和身体条件）之后，向社会养老机构提出入住申请。

其次，社会养老机构接受其申请后委托房地产中介评估机构对其房产进行评估，然后由老人对其出具的评估报告签署意见。

再次，社会养老机构根据房产的评估价值，同老年人协商安排选择入住不同类型、不同生活水平、不同档次的老年住宅，双方签订协议后，社会养老机构取得老年人原有住房的使用权或所有权，养老机构负责老人的居住和生活。

最后，社会养老机构将取得的房产与房地产经纪中介机构合作，通过出租、出售等形式处置房产，将房产变现作为维持老年住宅正常运营的费用。

小贴士

在家庭物质财产中，住宅最具有提供养老保证的特性。首先，住宅的耐久性能使之成为居民养老的长期物质基础。其次，住宅具有增值性。最后，住宅具有抵抗通货膨胀的特性。

16

准备尝试以房养老，老年人想了解什么是住宅与住房租赁连接时，怎么办

老年住宅与住房租赁连接模式是指拥有住房产权的老年人，利用住房资产与社会养老机构签订协议，将一定期限内的住房使用权移交给社会养老机构，而社会养老机构保证老人在老年住宅的居住生活权，期限长短可由双方协商。

老年住宅与住房租赁连接模式与置换模式类似，不同的是：在老年人入住老年住宅以后，住房的产权仍属于老年人所有，而且社会养老机构取得住房后资产利用方式也不同，由社会养老机构与房地产经纪机构联合运作将其出租，老年人入住老年住宅的费用由租金来提供。

采用老年住宅与住房租赁连接模式，由社会养老机构统一与房地产经纪机构进行服务租赁的协商工作，可以弥补老年群体在租房时的劣势地位。构建社会养老机构与房地产经纪机构联合运作机制，这种机制可以使整个流程更加通畅，减少老年群体出租房屋之烦恼，同时也为房地产经纪机构提供了稳定的房屋来源。因为老年公寓主要用来出租，所以这一模式主要应用于老年公寓机构与老年群体之间的运作。这种模式的运作程序是：

首先，拥有房产的老人向老年公寓机构提出入住申请。

其次，老年公寓机构接受其申请后委托房地产评估中介机构对其房产进行租赁价值评估，根据其评估价值与老年人协商入住协议，包括入住的期限与选择老年公寓的类型、档次等。

最后，老年公寓机构将取得的房产与房地产中介经纪机构合作，通过出租处置房产，利用租金为老年公寓提供运营费用。

小贴士

人们一般比较重视房产的居住功能，而对房产的资产属性认识不够。事实上，房产是家庭最主要的资产，通过合理的金融机制，可以使住房充分发挥它的资产属性。

17

准备尝试以房养老，老年人想了解什么是住房反向抵押贷款时，怎么办

住房反向抵押贷款，也称之为倒按揭或反按揭，是指老年人将自己的房屋产权抵押给保险公司或相应金融机构，相应的保险公司或金融机构对房屋的现值、将来增值等情况进行综合评估，根据评估值和老年人的平均预期寿命进行计算之后，按月或按年支付现金给投保的老年人，这种固定的按期付款一直延续到房主去世，而老年人在享有这笔收入的同时，仍然享有对住房的免费使用权，等老年人去世之后，保险公司或相应的金融机构便可取得房屋的产权。

对于想入住社会养老机构的老年人来说，可以利用旧有房屋，与金融机构和社会养老机构达成协议，将住房的产权让渡给金融机构，而在有生之年将住房的使用权交给社会养老机构，根据协议，由金融机构替老年人缴纳入住养老机构的费用，而社会养老机构保证老年人的日常生活照料。

住房反向抵押贷款是以已经取得了所有权的房屋资产作为抵押，向金融机构申请融资的一种机制，其贷款对象通常是有自主产权住房的老年人，他们以住房资产向金融机构设定抵押，金融机构定期向其发放贷款，到期以出售住房的收入还贷。其特点是分期放款，一次偿还，贷款本金随着分期放款期限的增长而上升，借款人负债逐步增加，自有资产不断减少，由于这种方式与传统的抵押贷款运作方向相反，故称作为"反向抵押贷款"。

小贴士

我国首个开展"以房养老"试点业务的保险公司——幸福人寿已获得相关部门批准。投保人可将房屋产权抵押给保险公司，自己可以终身继续使用该房屋，保险公司则按月向投保人支付给付金，直至投保人亡故。

第二节 老年人居室装修

18

新房装修在即，老年人想知道如何选择合适的装修方式时，怎么办

新房装修在即，可是老年人对装修一点都不懂，该怎么选择合适的装修方式呢？现在装修市场成熟了，可以有多种选择方式，常见的选择有全包、半包、清包、套餐等方式。

全包，所有材料采购和施工都由施工方负责，相对省时省力省心，责权比较清晰，但费用较高。由于材料价格、种类繁杂，装修户了解甚少，如果装饰公司虚报价格，业主很难识别。

清包是指业主自购所有材料，找装饰公司或装修队来施工的一种工程承包方式。但是，自己买材料会造成与装饰公司的责任不明确，甚至出现纠纷。装修过程中一旦缺料，装修户马上就得去进料，如果材料不能按施工进度准时到位，就会耽误工期，很容易发生争执，如果装修质量出现问题，很难说清到底是所购材料质量有问题，还是施工质量有问题。

半包，施工方负责施工和辅料的采购，主料由业主采购。价值较高的主料自己采购可以控制费用的大头，对种类繁杂价值较低的辅料业主不容

易搞得清，由施工方采购比较省心。缺点和清包差不多。

套餐，把材料部分即墙砖、地砖、地板、橱柜、洁具、门及门套、窗套、墙面漆、吊顶等全面采用品牌主材，再加上基础装修，组合在一起，以装修单位面积定价为装户服务。套餐装修的计算方式是用住宅建筑面积乘以套餐价格，得到的数据就是装修全款。优点与全包类似。但是有些必需项目，如水电改造是不包括在报价中的，增项的费用不好控制。

半包方式适合大多数人，已有过装修经历的人不妨采用这种方式。

小贴士

对于老年人住宅、老年公寓等居住建筑，应按介护老人标准进行设计，即按最不利的状态进行设计，一次到位，具备介助老人和介护老人所需要的辅助设施和必要的护理活动空间。

19

面对众多的房屋装修公司，老年人想知道如何选择时，怎么办

选择装修公司，首先要考察装修公司的资质。要选择有相关部门核发的营业执照和建筑装修企业资质证书的企业。

看办公环境。一个装修公司如果连自己的办公环境都设计不好，就不必考虑了。看硬件设施。电脑，扫描仪，打印机，这都是一个公司实力的体现，有些街头游击队，搬张桌子在小区门口就开始办公了，这样的装修公司往往是靠不住的。

考察工地。去装饰公司尚未完工的样板间实景参观，能使您对装修后的效果有个具体的概念，能从多个方面考察他们的施工质量和管理水平。好的工地应该是整洁的，摆放有序的建材以及及时清理的垃圾，能够最真实的体现工人的素质。可以用手感受一下家具油漆的效果，好质量的油工，给人的感觉应该是光滑细润的。敲敲现场的大芯板，有清脆声音的板材，质量都不错。

考察提供给您房子的设计和预算资料。这是作为普通消费者最关心的一个项目，需要注意几个方面：一、设计图纸，包括室内尺寸图、家具布置图、水电改造图、吊顶图、门的具体样式、家居细部的图纸、整体家居风格的效果图。二、做法说明，需要标清所有项目的制作方法，例如，墙面的底漆用哪个牌子、哪个型号产品，施工几遍，打磨几遍，这些都应该写得非常清楚、标清所有建材的品牌、规格、型号等。三、工程造价，需要列清所有的项目、列清所有项目的单价、面积、总价等。

小贴士

室内避免采用反光性强的材料，以减少眩光的刺激。墙面不要选择过于粗糙或坚硬的材料，阳角部位最好处理成圆角或用弹性材料做护角。如果在室内需要使用轮椅，距地 20~30 厘米高度范围内应做墙面及转角的防撞处理。

20

新房装修马上开工，老年人想知道装修中需要特别注意的问题时，怎么办

老年人买了新房，欢欢喜喜地要开始装修了，但是装修中也有不少需要特别注意的问题。

2002年2月26日建设部发布的《住宅室内装饰装修管理办法》规定，住宅室内装饰装修禁止下列行为：一、未经原设计单位或者具有相应资质等级的设计单位提出设计方案，变动建筑主体和承重结构；二、将没有防水要求的房间或者阳台改为卫生间、厨房间；三、扩大承重墙上原有的门窗尺寸，拆除连接阳台的砖、混凝土墙体；四、损坏房屋原有节能设施，降低节能效果；五、其他影响建筑结构和使用安全的行为。

办法规定，装修人从事住宅室内装饰装修活动，未经批准，不得有下列行为：一、搭建建筑物、构筑物；二、改变住宅外立面，在非承重外墙上开门、窗；三、拆改供暖管道和设施；四、拆改燃气管道和设施。本条所列第一项、第二项行为，应当经城市规划行政主管部门批准；第三项行为，应当经供暖管理单位批准；第四项行为应当经燃气管理单位批准。

住宅室内装饰装修超过设计标准或者规范增加楼面荷载的，应当经原设计单位或者具有相应资质等级的设计单位提出设计方案。改动卫生间、厨房间防水层的，应当按照防水标准制订施工方案，并做闭水试验。装修人变动建筑主体和承重结构的，需要经原设计单位或者具有相应资质等级的设计单位提出设计方案。

装修过程中，应当遵守施工安全操作规程，采取必要的安全防护和消防措施，不得擅自动用明火和进行焊接作业。装修人和装饰装修企业从事住宅室内装饰装修活动，不得侵占公共空间，不得损害公共部位和设施。

小贴士

建筑主体是指建筑实体的结构构造，包括屋盖、楼盖、梁、柱、支撑、墙体、连接接点和基础等。承重结构主要包括承重墙体、立杆、柱、框架柱、支墩、楼板、梁、屋架、悬索等。

21

新房装修在即，老年人想了解住房装修开工申报具体流程时，怎么办

根据《住宅室内装饰装修管理办法》，装修人在住宅室内装饰装修工程开工前，应当向物业管理企业或者房屋管理机构申报登记。非业主的住宅使用人对住宅室内进行装饰装修，应当取得业主的书面同意。

申报登记应当提交下列材料：一、房屋所有权证（或者证明其合法权益的有效凭证）；二、申请人身份证件；三、装饰装修方案；四、变动建筑主体或者承重结构的，需提交原设计单位或者具有相应资质等级的设计单位提出的设计方案；五、涉及本办法（《住宅室内装饰装修管理办法》，下同）第六条行为的，需提交有关部门的批准文件，涉及本办法第七条、第八条行为的，需提交设计方案或者施工方案；六、委托装饰装修企业施工的，需提供该企业相关资质证书的复印件。非业主的住宅使用人，还需提供业主同意装饰装修的书面证明。

物业管理单位应当将住宅室内装饰装修工程的禁止行为和注意事项告知装修人和装修人委托的装饰装修企业。装修人对住宅进行装饰装修前，应当告知邻里。

装修人或者装饰装修企业，应当与物业管理单位签订住宅室内装饰装修管理服务协议。住宅室内装饰装修管理服务协议包括：一、装饰装修工程的实施内容；二、装饰装修工程的实施期限；三、允许施工的时间；四、废弃物的清运与处置；五、住宅外立面设施及防盗窗的安装要求；六、禁止行为和注意事项；七、管理服务费用；八、违约责任；九、其他需要约定的事项。

物业管理单位发现装修人或者装饰装修企业有违反管理办法行为的应当立即制止，对已造成事实后果或者拒不改正的，应当及时报告有关部门依法处理。对违反住宅室内装饰装修管理服务协议的，追究违约责任。

小贴士

禁止物业管理单位向装修人指派装饰装修企业或者强行推销装饰装修材料。装修人不得拒绝和阻碍物业管理单位依据住宅室内装饰装修管理服务协议的约定，对住宅室内装饰装修活动的监督检查。

22

装修新房必须签合同，老年人想知道具体内容时，怎么办

装修开始之前，装修人需要与装饰装修企业签订住宅室内装饰装修书面合同，明确双方的权利和义务。

合同应当包括下列主要内容：一、委托人和被委托人的姓名或者单位名称、住所地址、联系电话；二、住宅室内装饰装修的房屋间数、建筑面积，装饰装修的项目、方式、规格、质量要求以及质量验收方式；三、装饰装修工程的开工、竣工时间；四、装饰装修工程保修的内容、期限；五、装饰装修工程价格、计价和支付方式、时间；六、合同变更和解除的条件；七、违约责任及解决纠纷的途径；八、合同的生效时间；九、双方认为需要明确的其他条款。装修中发生纠纷的，可以协商或者调解解决。不愿协商、调解或者协商、调解不成的，可以依法申请仲裁或者向人民法院起诉。

装修竣工后，应当按照工程设计合同约定和相应的质量标准进行验收。验收合格后，装修企业应当出具住宅室内装饰装修质量保修书。

物业管理单位应当按照装饰装修管理服务协议进行现场检查，对违反法律、法规和装饰装修管理服务协议的，应当要求装修人和装饰装修企业纠正，并将检查记录存档。

住宅室内装饰装修工程竣工后，装饰装修企业负责采购装饰装修材料及设备的，应当向业主提交说明书、保修单和环保说明书。

在正常使用条件下，住宅室内装饰装修工程的最低保修期限为 2 年，有防水要求的厨房、卫生间和外墙面的防渗漏为 5 年。保修期自住宅室内装饰装修工程竣工验收合格之日起计算。

小贴士

任何单位和个人对住宅室内装饰装修中出现的影响公众利益的质量事故、质量缺陷以及其他影响周围住户正常生活的行为，都有权检举、控告、投诉。

23

签订装修合同学问多，老年人想知道如何避免一些常见的问题时，怎么办

装修合同的签订直接影响房屋装修质量。签订合同时，忽视这一点，会给某些装饰公司粗制滥造和拖延工期埋下"伏笔"。

在约定装修的材料标准时，一定要非常细致，包括外墙、内墙、顶棚、地面、厨房、卫生间、阳台等，每个部位使用材料的品牌、型号都要清楚标明。一般两居室 100 平方米的房间，简单装修的话，工期在 35 天左右，装饰公司为了保险，一般会把工期适当延长。

在签订合同时候，尽量把首付压到 30%，中期缴纳 30%。如果装修的后期出了什么问题，可以对装饰公司有一定制约。中期付款时，工期应该过半。装修过程中，很容易有增减项目，比如多装一个开关，多加一个水龙头，等等。最好能复印一份装修公司的最初的完整报价单，以免在签订合同或是增减项目时，装修公司偷梁换柱，改换价格。结算时，支付的费用都应该是在施工前由您签字认可的，否则可以不支付。装修过程中，现场施工都会用到水，电，燃气等。一般到工程结束，水电费加起来是笔不小的数字，这笔费用应该谁来支付，在合同中也应该标明。

要严格要求按照您签字认可的图纸施工，如果在细节尺寸上和设计图纸不符合，您可以要求返工。质检和监理是装饰公司对施工最重要的监督。监理和质检人员，每隔两天应该到场一次。设计人员也应该 3~5 天到场一次，看看现场施工结果和自己的设计是否相符合。

小贴士

家装工程中从设计师到各工种，以及工程管理人员都要求具有资格证书，持证上岗。开工之后消费者应该按程序对工程的各个环节进行验收，一旦发现问题，应要求装修公司立即改正，以减少损失。

24

面对装修中可能出现的问题，老年人想知道各方应承担的法律责任时，怎么办

《住宅室内装饰装修管理办法》对装修人和装修公司在装修过程中的各项活动都作出了详细规定，也明确了违反这些管理办法的法律责任。

对装修人来说，需要承担以下责任：因装修造成相邻住宅的管道堵塞、渗漏水、物品毁坏等，装修人应当负责修复和赔偿；属于装饰装修企业责任的，装修人可以向装饰装修企业追偿。装修人擅自拆改供暖、燃气管道和设施造成损失的，由装修人负责赔偿。装修活动侵占公共空间，对公共部位和设施造成损害的，由城市房地产行政主管部门责令改正，造成损失的，依法承担赔偿责任。装修人未申报登记进行住宅室内装饰装修活动的，由城市房地产行政主管部门责令改正，处 500 元以上 1000 元以下的罚款。装修人违反规定，将装修工程委托给不具有相应资质等级企业的，由城市房地产行政主管部门责令改正，处 500 元以上 1000 元以下的罚款。

装修公司需要承担的法律责任有：装修企业自行采购或者向装修人推荐使用不符合国家标准的装饰装修材料，造成空气污染超标的，由城市房地产行政主管部门责令改正，造成损失的，

依法承担赔偿责任。未经批准，在装修活动中搭建建筑物、构筑物的，或者擅自改变住宅外立面、在非承重外墙上开门、窗的，由城市规划行政主管部门按照《中华人民共和国城市规划法》及相关法规的规定处罚。装修人或者装修企业违反《建设工程质量管理条例》的，由建设行政主管部门按照有关规定处罚。装修企业不按照规定采取必要的安全防护和消防措施，擅自动用明火作业和进行焊接作业，或者对安全事故隐患不采取措施予以消除的，由建设行政主管部门责令改正，并处 1000 元以上 1 万元以下的罚款；情节严重的，责令停业整顿，并处 1 万元以上 3 万元以下的罚款；造成重大安全事故的，降低资质等级或者吊销资质证书。

小贴士

物业管理单位发现装修人或者装饰装修企业有违反本办法规定的行为不及时向有关部门报告的，由房地产行政主管部门给予警告，可处装饰装修管理服务协议约定的装饰装修管理服务费 2~3 倍的罚款。

25

装修公司良莠不齐，老年人想知道该如何避免可能遇到的欺诈时，怎么办

市场上的装修公司越来越多，但素质和水平却良莠不齐，处于劣势状态的消费者应当了解一下不法商人惯用的欺诈方式：

一、报价欺诈。进行家庭装修应该先做好预算，各项费用都应该明确。不讲信誉的装修公司或施工队往往通过胡乱报价扰乱市场，承揽业务，对选用材料和工艺做法没有明细，或者故意漏项不报，在后续施工中再不断追加项目，一旦上套麻烦不断。

二、材料欺诈。报价单上的材料与实际使用的不符，如防水水泥的标号、涂料的配比和品牌等等，都容易造假。还有故意加大材料损耗，并借损耗之名加大工程量。

三、工艺流程欺诈。施工工艺流程都有着量化的标准，但对于工艺的监督实际上非常困难。如在防水一项中，防水涂料选择不合格、不进行24小时闭水试验、防水面积不够等。吊顶时龙骨木料差、不刷防火涂料、龙骨间距过大等。

四、工程量计算欺诈。常见的有计算乳胶漆面积不扣除门窗洞口的面积，厨房、卫生间墙地砖按满铺计算，但橱柜背面并没有贴砖。有些还故意算错，多报工程量，待发现时以预算员计算错误应付了之。有的把一个项目拆成几个项目。如把贴墙面砖拆成墙面基层处理和贴墙砖，把乳胶漆项目拆成墙面批腻子和刷乳胶漆。还有计量单位变换的，如门套，有的装修公司按"只"报价，有的装修公司却换成按"米"报价，这样总价就上去了。

小贴士

不能贪小便宜。签订合同前弄清材料、施工程序及装修项目。选择口碑好的装修公司。检查报价单项目，在施工图上注明详细的施工做法和材料品名作为合同附件，注明增减项目和违约责任及对于违约的处罚。

26

家庭装修复杂烦琐，老年人想知道如何避免权益受到侵害时，怎么办

由于家庭装修过程长、细节多、内容繁，绝大多数消费者不具备专业常识和技术监督能力，为尽量避免装修中的权益损失，在关注工程质量、施工进度外，还应当注意装修过程中的法律问题，维护好自己的权益，重点把握以下几个方面：

一、把好签订合同关。应当尽量将合同内容写得仔细、准确，权利和义务要平等、明确，违约责任要清晰、具体，防止发生争议。在家庭装修中，需签署装修合同、预算书、材料交接单、工程变更单、付款凭证以及结算书等文书。消费者最好要求装修公司在每份文件上加盖公章，以证明经办人员的行为是经过公司授权的。

二、对合同内容予以明确。凡是双方约定的内容都要留下文字，避免口头承诺。家庭装修过程中，消费者与装修公司对原设计方案进行修改是常事。如不将变更内容写入合同，到后来难免会产生纠纷。消费者未明确提出装修标准的要求时，由此所产生

的不利后果由消费者自己来承担。比如，消费者与装修公司未约定装修所使用的材料等级，则装修公司有权在符合国家标准的各等级材料中进行选择。因此，消费者应尽可能地对合同中的内容予以明细化。

三、最好通过转账方式支付装修款，装修公司人员身份复杂且流动性大，以现金的方式支付工程款会有一定风险，还可能产生付款数额及货币真伪方面的争议。消费者应以转账方式支付工程款，并妥善保管有关的银行付款凭证，以便发生纠纷时能为自己的主张提供证据支持。

小贴士

家装过程中可以雇请第三方监理，帮助审查预算，防止购买材料时以次充好，监督防水、管线等重点施工，负责工程验收，弥补工程瑕疵，避免留下隐患。

27

装修是个无底洞，老年人想知道如何避免花冤枉钱时，怎么办

装修风格可精可简，花费也是可多可少的，但如果没有计划好，一项项费用累加起来，总数可就没边了。在有限的预算情况下，只有控制着花钱，才能达到主次分明的用钱目标。

合理的预算方案需要控制装修总额。以居住的舒适为追求，那么装修费用大体分配的比例应该是：卫生间、厨房占45%，厅占35%，卧室占20%。设计方案的合理与否是省钱的关键，好的设计，能让你首先把钱花在点子上。

购买建材需要选择一家有规模的品牌建材超市和一些组合式的建材城。在小商店买货，被不良商家坑骗的概率较大，也增加了维权难度。商家大部分都愿意给大宗客户更多的优惠措施，所以集中采购可以争取一些优惠。如果你把一些同类的货品东家买点，西家买点，可能连最基本的优惠都拿不到。

一般装修都是从泥水工开始的，泥水工方面唯一能省钱的就是瓷砖的钱了。现在最便宜的墙砖是规格20×30厘米的釉面砖，地砖是30×30厘米的防滑砖。客厅卧室这些地方可以采用防污能力较强的玻化砖。选购质量合格的瓷砖要注意砖的密度和几何尺寸，否则后患无穷。买乳胶漆就买比较著名品牌的普通货就行了。现在很多乳胶漆出问题，都是过分掺水所致，再好的材料掺多点水，性质就比普通货要差。

另外要注意，隐蔽工程一定要做到万无一失，所以用电安全的钱不能省、水路改造的钱不能省，小到门窗家具五金配件、装饰粘贴的钱也都不能省。

小贴士

老年人既是社会发展的行动者，也是社会发展的受益者，这是对老年人的正确认识。鼓励和促进老年人积极参与社会发展"自助而助"，老年人获得更美好生活的可能性更大。因此，老人理想的"伊甸园"，实际上就是具有社区服务、医疗设施支持的家居环境。

28

装修要有所侧重，老年人想知道有什么需要注意时，怎么办

对于老人来说，室内装修最重要的不是豪华与美观，而是安全、方便和舒适，因此与普通家庭装修有很大区别。

与其他年龄段的人群不同，老年人大部分时间都会在室内度过，起居室、卧室是老年人家庭生活的中心，因此要考虑到有充足的日照、良好的通风，室内家具的陈设应以方便老年人活动为前提。人到老年，身体各部分的机能均会出现退化，如果住宅在设计时没有考虑到老年人的特殊需要，就可能给老年人的日常生活带来意想不到的困难。因此，对老年人而言，住宅室内布局和装修设计是否便于生活就显得至关重要。

很多家庭在选择住宅和装修设计中因为缺乏必要的专业指导，而犯一些错误，为以后的使用带来诸多的不便。针对这种情况，可以通过住宅装修时有针对性的改造和设计，使其更加方便老年人的生活，从而减轻老年人及其护理者的生活、工作负担。

老人应该选择朝南的居室，房间布置最好简简单单，留出足够的空地，以便活动。在材料选择、室内色彩、照明设计、厨房设计、卫生间设计、细部设计等各个方面逐一加以仔细考虑。住宅装修要有一定的前瞻性，即使老人当时的身体情况比较好，也要做好充分的准备，因为随着年龄增长，老人的健康状况可能逐步下降。

小贴士

1982 年联合国第一次老龄问题世界大会通过的《老龄问题维也纳国际行动计划》中明确指出："社会福利服务应以社区为基础，并为老年人提供范围广泛的预防性、补救性和发展方面的服务，以便使老年人能够在自己的家里和他们的社区里尽可能过独立的生活，继续成为参加经济活动的、有用的公民。"

(29)

装修重在细节，老年人想知道有哪些注意环节时，怎么办

为了照顾老年人的生活特点，为他们选购家具时，应该少选一些有棱角的，并尽量靠墙摆放，还可选择与写字台高矮相当的家具，便于起身时撑扶；如果使用折叠桌椅等可以节省空间的家具，在挑选时一定要注意其稳定性，以免发生危险；还要在门厅处放置座椅，便于老人坐着换鞋。

老人居室的门宜易开易关，并便于使用轮椅及其他器械的老人通过。不应设门槛，有高差时用坡道过渡，且在材质色彩上应有变化。门拉手宜选用旋转臂较长的，避免采用球形拉手，拉手高度宜在90~100厘米。门扇装有玻璃时，宜使用安全玻璃，否则应将玻璃分隔成小块，以防玻璃破裂时伤人。户门及出入口的门使用平开门时，为防止急剧的开关碰撞应设置止门器。

根据老人的身高，居室窗台尽量放低，最好在75厘米左右，窗台适当

加宽，一般不少于25~30厘米，便于放置花盆物品或扶靠观看窗外景色，条件许可时窗台内可设置安全栏杆。

如果是复式结构，楼梯不应过陡，踏步高度比不应过大；高度在15厘米、宽度在29~32厘米较为适宜，以便于老人站立休息；踏步沿口不宜突出或做成圆角。另外，在踏步或坡道的起步及止步处的地面，可用材质变化及色彩变化的形式予以提示。楼梯扶手端部还应有明显的结束暗示。

小贴士

地面材料应注意防滑，以采用木质或塑胶材料为佳；局部铺地毯容易边缘翘起，常会给老人行走和轮椅行进造成干扰。有强烈凹凸花纹的地面材料，往往会令老人产生视觉上的错觉，产生不安定感，应避免选用。

30

装修中电气设计很关键，老年人想知道注意事项时，怎么办

老年人的思维能力有所下降，复杂的电气操作对他们来讲有难度，同时，操作的安全性也是进行电气设计的首要内容。应选用操作安全简单、具有防止误操作功能的产品，并应考虑维护简单，消耗品更换容易。

开关及插座应清晰、醒目，容易操作，安装的位置、高度要考虑操作的方便性。开关高度离地宜为100~120厘米，如果考虑轮椅使用者的话，最好设置在90~105厘米。电源开关应选用宽板防漏电式按键开关，以便于手指不灵活的老年人用其他部位进行操作。起居室、卧室插座离地高度宜为60~80厘米；厨房、卫生间插座离地高度宜为80~100厘米；无须经常插拔的插座离地高度宜为40~50厘米。

厨房及卫生间无论是否有自然通风，都应设置机械通风装置，以保证在任何气候情况下通风良好。卫生间应设置照明和排气扇联动的装置，以减少操作步骤。厨房抽油烟机的开关应设置在老年人使用方便的位置上。厨房及卫生间的采暖温度不应低于其他房间，如感到浴室内不够温暖，可采用电加热设备，但应注意其安全性。

客厅、卧室和餐厅均应留有空调的安装位置和专用插座，考虑空调位置时注意不要直接将风吹向人体。

小贴士

老人洗浴宜采用在浴缸外淋浴的方式，避免在浴缸中滑倒而出现危险，考虑到老人不能站立太长时间，浴室内应设供老人淋浴用的淋浴凳。扶手应根据需要连续设计。

31

进行内墙和地面装修，老年人想知道有哪些注意事项时，怎么办

装修老人的住房时，许多人更愿意采用方便清洁的地砖，但一定要选择防滑、耐脏的地砖，地面铺设应保证平坦。地面材料即便有水时，也不应发生打滑的情况，并应采用摔倒时可减轻撞击力的材料，同时应便于清洁、防污。特别是厨房、卫生间，既不能太光滑，也不要有凹凸过深的纹理，以防绊倒，还要避免颜色过深或过浅。

地板是老人卧室比较理想的地面材料，地板的质感可以让老人有宁静、舒适的感觉，另外，地板可以起到隔凉隔潮的作用，对老人的健康有好处。老年人的手脚易发冷，手脚保暖对老年人很重要。因此居室地面宜用硬质木料或富弹性的塑胶材料，寒冷地区不宜采用陶瓷材料。

老年人住宅墙面应采用那些即使擦着身体也很难擦伤的墙面材料。墙体阳角部位宜做成圆角或切角，且在1.8米高度以下做与墙体粉刷齐平的护角。墙体如有突出部位，应避免使用粗糙的饰面材料，带有缓冲性的发泡墙纸可减轻老人碰撞时的撞击力。

卫生间墙面应尽可能避免出现阳角。设计推拉门、折叠门时，也应使用地下埋设式门轨或采用吊挂式门轨，以保证地面的平整。

小贴士

老年人患白内障的较多，白内障患者往往对黄和蓝绿色系色彩不敏感，容易把青色与黑色、黄色与白色混淆，因此，室内色彩处理时应加以注意。地面最好采用与墙面反差较大和比较稳重的色彩，使界面交接处色差明显。

32

进行内墙装修，老年人想知道如何选择适宜的装修材料时，怎么办

目前家庭装修中内墙面的处理一般用乳胶漆和墙纸。

壁纸可以强化室内装修的效果，更温馨、更美观，更换时也比重做乳胶漆墙面方便。国外装修中，墙纸占的比例更大，但国内家庭装修采用乳胶漆的比例比较高，这可能是因为好的墙纸价格较乳胶漆贵一些。另外，使用墙纸要考虑房间整体风格的协调，用不好会适得其反的。另外，壁纸工艺相对麻烦，粘贴采用胶水容易引起污染，比较而言，使用乳胶漆还是要简单些。

乳胶漆，又称为合成树脂乳液涂料，是有机涂料的一种，是以合成树脂乳液为基料加入颜料、填料及各种助剂配制而成的一类水性涂料。乳胶漆墙面擦洗不留痕迹，有平光、高光等不同装饰类型。好的乳胶涂料层耐水、耐碱、耐洗刷，涂层受潮后不会剥落。一般而言，苯丙乳胶漆比乙丙乳胶漆耐水、耐碱、耐擦洗性好，乙丙乳胶漆比聚醋酸乙烯乳胶漆好。

施工前，应先除去墙面所有的起壳、裂缝，并用填料补平，砂纸磨平凹凸处及粗糙面，清洁墙面后涂刷。先涂底漆，等底漆完全干透后再刷面漆。避免在雨雾天气施工，一般在温度25℃、湿度50%下施工最佳，不宜在墙表温度低于10℃的情况下施工，刷涂干透前防止雨淋及尘土污染。

在二次装修中，必须铲除原有的涂料层，然后用双飞粉和熟胶粉调拌打底，再刷乳胶漆，面层需涂2~3遍。墙上刮腻子要平，要光，不能有毛细孔。可以用一只灯泡，从墙的四角照着观察。待腻子完全干燥，再涂底漆、面漆。每遍漆都要干透，方可再涂第二遍。

小贴士

乳胶漆的三种工艺：刷涂，优点是刷痕均匀，缺点是刷子容易掉毛，效率低下；辊涂比较节省材料，但是对边角地区的涂刷不到位，容易产生滚痕；喷涂是借助喷涂机来完成施工，优点是施工效率高，漆膜平滑，缺点是雾化严重，材料比较浪费。

33

进行地面装修，老年人想知道用地砖好还是地板好时，怎么办

装修中地面铺设材料一般是地砖和地板两种，大多数人都会问"到底是用地砖好，还是地板好？"在这个问题上犹豫不决。但鱼与熊掌不可兼得，到底怎么取舍呢？其实，瓷砖和地板，只要是符合国家产品质量和环保要求，都是可以满足家庭装修使用的，选择的时候需要结合家人的喜好及生活习惯和方式来考虑。

在外观上，地板一般是木纹色，相对地砖颜色、花样要弱一些，不容易出特别的样式。地砖色彩和花纹都丰富多彩。在保洁上，地砖更好打理。在施工上，地板基本上都是赠送所有辅料，安装一般是一条龙服务，出现问题更换容易。安装地板对地面水平也有要求，有时也要动用水泥砂浆。比较起来地砖安装费时费力些，更换起来也比较麻烦。在环保上，普通地板有一定的甲醛释放，个别地砖会有放射性污染。所以在购买时都需要注意，检查产品是否符合环保标准，尽量降低污染。对铺设地暖的家庭，地砖由于热传导快，房间升温比地板快，相应地，保温性能也就比地板差一些。在气候湿热的地区，房间通风不好或者是在一楼的话，不是很适合用木地板。

随着技术的进步，地板也克服了自身一些缺点，现在流行的浮雕面的地板，耐磨性能甚至达到1万转以上。现在的复合地板，基本上不用特意保养，只需要在拖地的时候注意控一下拖布，不滴水就行了。地板的色泽度、柔软度极佳，给人的亲和度好，而地砖比较生硬，给人冰冷的感觉。有小孩和老人的家庭，更适合选地板。

小贴士

由于认知和判断能力严重退化，室内地面的材质或色彩在交界处的变化，让有些老人误认为地面上有高差，从而得小心试探，影响正常行走，所以要使地面在同一高度上，还要使材料尽量统一。但对盲人来说，不同房间的地面最好用不同质感的材料铺设，以使其可通过脚感和踏地的声音来帮助判断所处的空间。

34

装修复式房，老年人想知道如何处理房间里的台阶楼梯时，怎么办

在现在的住宅设计中，跃层、错层都是很流行的做法，但对老年人来讲并不合适，尤其是需要使用轮椅的老年人。住宅内的台阶，特别是起居室和卧室之间有台阶的话，会给老年人带来很多不便，因为起居室和卧室是需要经常通过的地方，多次上下台阶会给老年人造成过多的体能损耗。

阳台是日常晾晒衣服、被褥的地方，也是能够享受户外生活的地方，因此必须考虑老年人移动的方便性，取消阳台内外地面的高差。如果在卧室和卫生间之间设有台阶就更加危险，老年人起夜的次数比较多，在黑暗的环境和不完全清醒的状态下很容易忽视台阶的存在。

普通住宅设计中，为防止卫生间内地面水外溢而设置的高差，对老年人来讲也是一个安全隐患。因此，老年人住宅内的地面应尽量取消所有高差。楼梯是老年人极易发生事故的地方，对于一些行动不便的老人来说，上下楼梯是一件很困难的事情，因此老年人居室应尽量设在一层。

当老年人必须使用楼梯时，应特别注意使用防滑材料，并在台阶边沿处设防滑条。防滑条如果太厚，就会产生羁绊的危险，应尽可能镶嵌埋入台阶面内，使地面保持平整。同时老年人视力下降，为防止踩空事故的发生，楼梯踏步应界限标志鲜明，不宜采用黑色、深色材料。

小贴士

老人房间宜用温暖的色彩，整体颜色不宜太暗，因老人视觉退化，室内明度应比其他年龄段的使用者高一些。室内装修形式总体上宜简洁，避免过多装饰造成积灰。材料选择时还应注意其是否容易清洁。

35

新房的阳台空间大，老年人想知道如何合理装修阳台时，怎么办

阳台装修特别要先了解阳台的结构，通常阳台承受重物的能力较室内小很多，如果改变原来的结构，或在上面添加过重的材料，会很危险。

有时为了扩大使用面积，或是追求好的装饰效果，装修公司要把阳台同室内打通。但居室和阳台之间有一道墙，窗下的部分是绝对不能动的。在建筑中，这道矮墙叫"配重墙"，起着支撑阳台的作用。如果将这道墙拆除，就会严重影响阳台的安全，甚至会造成阳台的坍塌。

关于阳台向房间内渗入雨水的问题，如果采用封闭阳台则不存在问题，如果采用不封闭阳台，高差需做斜面处理。无论您用阳台做什么，阳台的封装质量将决定一切。阳台三面凌空，几面都要受到风吹，其受力要比普通窗户大得多。因此，安装不善就很容易出事故。如果阳台密封不好，在寒冷的冬季就会漏风，使室内温度降低。如果碰上大风天，又会将大量的灰尘弄进室内。最令人烦恼的是，每逢下雨，密封不严的窗扇还会渗漏，将阳台上的东西打湿。因此，阳台封装工程的质量至关重要，将会关乎您今后的使用。

装修阳台要注意保温隔热，很多住宅的阳台，在建筑时基本上都不考虑它的保温问题，这是因为在阳台的里面还有一道阳台门窗可以起到保温隔热的作用。但是，现在很多对阳台进行改造的居民考虑到阳台门窗对居室整体的影响，就把这道门窗拆除了，这样做，对阳台的保温隔热影响很大。可以考虑在阳台窗以下部位使用聚苯板做出保温层，也可以在阳台窗以下使用岩棉做出保温层，用保温隔热效果好的材料形成阳台墙面的保温层，隔断室内外冷热空气的交换。

小贴士

为了保证老人起夜时的安全，卧室可设低照度长明灯，夜灯位置应避免光线直射躺下后的老人眼部。同时，室内墙转弯、高差变化、易于滑倒等处应保证一定的光照。

36

新房的户型结构不理想，老年人想知道如何进行房屋结构改造时，怎么办

每个人都想将自己的新居装修得美观、舒适、实用而又时尚。但许多消费者在装修时，为了满足自己的需求，任意更改甚至破坏房屋的结构。房屋的承重能力有一定限制，盲目改变居室格局，会带来安全隐患。

因此必须指出，在装修时，既要保证美观，更要考虑安全。改变房屋结构不是不可以，但是必须改造适当，否则可能会直接影响到房屋的居住安全。业主在进行安装改造之前，一定要请技术人员根据房屋的设计图纸搞清楚房间里哪个是承重墙，哪个是隔墙，哪道是承重梁，清楚了解每面墙、每道梁的构造和功能。特别是要搞清楚这些结构构件对安全的影响。如果想拆除或改变其中的某个部位，应该首先征询和听取设计部门和物业管理部门人员的意见，在不影响自己家的安全，也不影响整体结构安全的情况下才可以实施，切勿盲目施工，给自家也给别人带来后患。

业主在装修过程中改动房屋结构的情形，一是将房间与阳台打通。二是为了将房间打通在墙上挖洞或者将原有的门进行扩大。三是在屋内直接砌墙进行分割。四是对厕所和厨房进行改造的过程中，为了抬高或削低地面，用沙子、水泥等进行填充或剔凿地面。这些都会对结构安全造成影响。在进行装修时，不要单纯听信装修队的建议，虽然一般装修工人都知道承重墙和普通隔墙的区别，但是他们很难判断房屋的整体结构，盲目进行改动之后，很可能会造成不良后果。类似这种情况，事后打起官司来，也非常麻烦。

小贴士

老年人对于照度的要求比年轻人要高2~3倍，因此，室内建议采用高效节能灯，还应注意设置局部照明，厨房操作台和水池上方、卫生间化妆镜和盥洗池上方等都可以加强照明，除方便操作以外，对保洁和维护健康也有重要意义。

37

装修过程中需要改水电,老年人想了解水电改造的操作规范时,怎么办

开发商一般会按照统一的位置设置水电管线位置,但在家庭装修中总有些位置会因为实际的需要而调整,也就需要进行水电改造。在选择电气线路配置时不要图便宜、省事,一定要做符合规范的工程,一次性的投入换来的是几十年生活的电气安全。

过去的房子只有一个回路,这样既不方便也不安全,任何线路出现短路,整个房间就都陷于瘫痪。现在根据一般的房间分布情况,照明线路可选择 2~3 个回路,电源插座也选择 2~3 个回路,厨房和卫生间各走一路,空调可使用一个回路。

导线必须用铜线,要符合额定电流,配电线路不符合额定电流,造成线路本身长期超负荷工作,安全隐患很大。导线的横截面在国家住宅设计规范中有明确的规定:分支回路应用横截面不小于 2.5 平方毫米的导线;空调等大功率电器应单独有一个回路,导线的横截面不小于 4 平方毫米。

后续施工有时会破坏原本做好的线路,比如,墙壁线路被电锤打断、铺装实木地板或现场定做木制品时气钉枪打穿 PVC 线管或护套线,所以,为了保护隐蔽的线路不被破坏,隐蔽处理的线路需要套管,并且隐蔽线路一定要做上标记避免被后续施工破坏。还要注意,各种不同的线路走同一线管,电视天线、电话线和配电线穿入同一套管,会使电视、电话之间的接收受到干扰。

另外,线路接头过多及接头处理不当,是水电改造中的常见问题,容易发生断路、短路等现象。改水电的单价一定要在动工前确定,预算最好也确定下来,并规定最后总价浮动不能超过 10%,否则结账时候会让您目瞪口呆。

小贴士

如果您装修的是旧房子,那么原来的铝线一定要更换成铜线。因为铝线极易氧化,接头处易打火。曾有调查显示,使用铝线的住宅电气火灾的发生率为铜线的几十倍。

38

进行卧室装修，老年人想知道需要注意哪些问题时，怎么办

老年人卧室设计与装修风格应当追求平淡朴实，体现在以下几个方面：

空间布局要平淡稳重。床是卧室的主角，床的位置很大程度上决定了空间的设计。在房间较小的情况下，可两面靠墙，余下空间设置衣柜，与床头相对的墙面前方如果空间允许，可再设低柜及梳妆台等。在房间较大的情况下可找房间的中轴线，沿线靠墙设置床及床头柜，床一侧摆放梳妆台或写字台。

家具造型体现宁静亲近感为宜。首先，卧室的家具要选择造型简洁、明快、大方的系列产品。其次，要注意家具尺度的控制。一般来讲，卧室的家具要以低、矮、平、直为主，尽管衣柜的高度有它特定的使用要求，但一般要控制在 2 米以下。

墙面、吊顶宜简洁大方。卧室的墙面、吊顶、地面处理要平淡，体现朴素、舒适的氛围。卧室的四面墙以及吊顶、地面一般应以简洁、大方为主调，通常不适宜做所谓的造型设计。

在颜色的选择上，要注意调和、含蓄，颜色不能过多过杂。比如，白乳胶漆吊顶配以浅米黄、暖灰等彩色墙面，再以一条挂镜线区分开来，简洁明快的墙面配以高十几厘米左右的木制踢脚线，既实用又颇具现代审美情调。而地面一般选择木地板或纯毛地毯。

照明宜平淡中见温情。卧室的照明设计及灯具的选择要注意造型的朴实及发光方式的确定，要在平淡中见温情。一般选用简洁大方的造型，光的颜色一般以暖黄色为宜。最后还要注意主灯与壁灯、台灯、落地灯等各种灯具之间的风格接近。

小贴士

老人卧室里的床铺要高低适当，以便于上下。最好是硬床板加厚褥子，老人不适合用软床，尤其是患有腰肌劳损、骨质增生的老人。老人的沙发也不宜选择过于柔软的矮沙发。

39

进行客厅装修，老年人想知道需要注意哪些问题时，怎么办

一般家庭中，客厅占有不可替代的中心地位。客厅装修的原则是：既要实用，也要美观，具体来说：

一、风格要明确。客厅是家庭住宅的核心区域，一般的住宅中，客厅的面积较大，功能较多，空间是开放性的，它的风格影响着整个居室的风格。

二、个性要鲜明。客厅的装修是主人审美品位和生活情趣的反映，讲究的是个性。个性可以通过装修材料、装修手段的选择及家具的摆放来表现，也可以通过工艺品、字画、坐垫、布艺等衬托。

三、分区要实用合理。从功能来看，客厅不仅是家庭娱乐、交流的重要场所，更是接待客人的社交空间，对于不少家庭来说，甚至充当着餐厅的功能。因此在装修较大的客厅时，一定要注意合理分区。如果，家人看电视的时间非常多，就可以视听柜为客厅中心，来确定沙发的位置和走向。如果，不常看电视，客人又多，则完全可以会客区作为客厅的中心。对于客卧相连的大开间客厅来说，将卧室和客厅相隔离显得更加必要。在进行隔断时，可以选择屏风或隔板。也可以通过运用一些软装饰来进行分区，如在沙发前放张地毯等。

另外，在进行客厅分区时，设计时还应注意各分区对灯光的要求。不同的地方，适用于不同的灯光。如就餐区应采用暖色，以营造温馨的就餐氛围；会客区灯光、植物等小装饰要富于变化，营造热情待客的气氛；学习区则应保证光线的亮度，否则在学习的过程中容易感到疲劳。

小贴士

室内灯具的布置应注意使用方便，电源开关位置要明显，应采用大面板电源开关。较长的走廊及卧室床头等处，应考虑安装双控电源开关，避免老人在暗中行走过长，方便老人在床头控制室内的灯具。

40

对书房进行装修，老年人想知道该如何合理布置时，怎么办

许多家庭在装修家居时，都会专门辟出一间书房，书房既是办公场所的延伸，又是家居生活的一部分。它需要一种较为严肃的工作气氛，又要与其他居室融为一体，透露出浓浓的生活气息。

如何将书房布置得更能体现主人的个性和内涵？一般来说，书房的墙面、天花板色调应选用典雅、明净、柔和的浅色，如淡蓝色、浅米色、浅绿色。地面应选用木地板或地毯等材料，而墙面的用材最好用壁纸、板材等吸音较好的材料，以取得宁静的效果。窗帘的配置一般选用既能遮光，又有通透感觉的浅色纱帘比较合适，高级柔和的百叶帘效果更佳，强烈的日照通过窗幔折射会变得温婉舒适。

书房的家具以写字桌及书柜为主，首先要保证有较大的贮藏书籍的空间。书柜间的深度宜以 30 厘米为好，过大的深度浪费材料和空间，又给取书带来诸多不便。面积不大的书房，沿墙以整组书柜为背景，前面配上别致的写字台，面积稍大的书房，则可以用高低变化的书柜作为书房的主调。书柜的搁架和分隔可搞成任意调节型，根据书本的大小，按需要加以调整。书柜和写字桌可平行陈设，也可垂直摆放，或是与书柜的两端、中部相连，形成一个读书、写字的区域。书房形式的多变性也就改变了书房的形态和风格，使人始终有一种新鲜感，促进大脑思维。

许多具有大量藏书的文化人，往往将自己书房的整块墙面全部设置为书橱，这不能不说是一种可行的方法。藏书不多的人，可让设置书橱的墙面留有空档，或挂书画或点缀艺术品，可以起到活跃书房气氛的作用。

小贴士

橱柜设计时应注意操作台的连续性，以便轮椅使用者方便操作。"U"形和"L"形橱柜，便于轮椅转弯，行径距离短。使用双列型橱柜时，两列间距离应保证轮椅的旋转。

41

对厨房进行装修，老年人想了解厨房使用设计的注意事项时，怎么办

厨房跟家庭生活密不可分，搭配实用的厨房设计和厨具更能贴近使用者的需求，对我们的生活真的是太重要了。

厨房虽然面积不大，却"火力十足"，电线、水管还有燃气管道，尽管都隐藏在不被您留心的地方，但只要稍不注意，便有可能铸成大错。所以厨房装修不能一味地追求美观而放弃了安全，给今后的安全埋下隐患，在装修过程中需要合理的设计和严格的质量保障。

一忌材料不耐水。厨房是个潮湿易积水的场所，所以地面、操作台面的材料应不漏水、渗水，墙面、顶棚材料应耐水、可用水擦洗。

二忌材料易燃。厨房里使用的表面装饰必须注意防火要求，尤其是炉灶周围更要注意材料的阻燃性能。

三忌夹缝多。厨房是个容易藏污纳垢的地方，应尽量使其不要有夹缝。例如，吊柜与天花板之间的夹缝就应尽力避免。水池下边管道缝隙不易清洁，可封上。

四忌使用马赛克铺地。马赛克耐水防滑，但马赛克块面积较小，缝隙多，易藏污垢，且又不易清洁。

安装厨具时，不要改、拆、卸原器件，乱搭、乱接、乱连，最好是请厨具公司的专业人士来安装，以免留下无穷的后患。另外，在增加空间的同时，也要注意合理安排电器的安装位置，特别是抽油烟机，如果安装高度不够的话极易酿成火灾。按照抽油烟机国家标准规定，抽油烟机水平安装于灶具炉头正上方，底部距炉台安装高度不得低于65厘米。

小贴士

装修前一定要签订装修合同，包工包料购买的原材料一定要索要发票和相应的质检证明票据。

42

对厨房进行装修，老年人想知道如何选择适合自己的橱柜时，怎么办

橱柜在厨房装修中是一个重要的部分，如何选购橱柜是大家都非常关心的问题，可以从以下方面来帮助您判断：

一、了解所购橱柜的柜体板的厚度。厚度不同成本相差很大，厚板材做出的橱柜能够保证门板不变形，保护台面不开裂，使用寿命能延长一倍以上。

二、看组合及拼装方式。箱体榫榫结构加固定件及快装件的方式，有效地保证箱体的牢固及承受力，同时也更为环保。联体组装的橱柜较单体组装的橱柜，在使用寿命和稳定性相差 2~3 倍。单面封后背板在厨房环境中容易潮湿发霉，也很容易释放甲醛，造成健康隐患。

三、要查看台面板、门板、箱体和密封条、防撞条等。密封条封闭不严会造成油烟、灰尘、昆虫等进入，目前已有橱柜品牌推出的防蟑静音封边的柜体，在柜门关闭时冲击力得以缓解，消除噪声的同时还防止蟑螂等害虫进入。同时，优质橱柜的封边细腻、光滑、手感好，封线平直光滑，接头精细。

四、橱柜五金配件。橱柜的五金配件在整个橱柜的使用中起到了不可忽视的作用，尤其是抽屉的滑轨以及衔接处的轴承，这些虽然是很小的细节，却是影响橱柜质量的重要部分，孔位和板材的尺寸误差会造成滑轨安装尺寸配合上出现误差，以致出现抽屉拉动不顺畅或左右松动、承重力小等状况。

最后，无论大小品牌的橱柜，消费者都应索取相关检测报告，国家有明文规定要出具成品检测报告并明示甲醛含量，还应该考察橱柜及配件的保质期，产品是否有优质的售后服务。

小贴士

老年人居室色彩选择，应柔和温馨、沉稳大方。室内装饰色的墙壁可涂刷成偏暖的米黄色、浅橘黄色或藕荷等素雅的颜色，这些色彩会使老人感到安静祥和。红、橙、黄等颜色容易使人兴奋、激动，要避免使用。

43

对餐厅进行装修，老年人想知道如何做到舒适实用时，怎么办

餐厅反映了家庭的生活质量，成功的餐厅设计应该最大限度地利用空间，有着合理的布局，能营造出那种轻松怡人的进餐环境。

与厨房合并的餐厅，空间大一些的，可以独立地布置餐桌和餐椅，空间小一些的，可以配上几把折叠的桌椅，以便能充分地利用空间。与客厅合并的餐厅以美观为主，其装修格调必须与客厅统一。餐厅与客厅的隔断可采用艺术隔断，在造型上多下功夫。在狭小的空间里，尽量防止视线的阻碍，以便给人一种宽敞明亮的感觉。

餐厅的顶面可以用素雅、洁净材料做装饰，用灯具作衬托。墙面齐腰位置考虑用木饰、玻璃、镜子做局部护墙处理，能营造出一种清新、幽雅的氛围，以增加就餐者的食欲，给人以宽敞感。地面选材需要考虑防滑、易清洁两个特点。

餐厅家具安排，切忌东拼西凑，以免看上去凌乱。选择餐桌椅时要注意其大小要与餐厅空间比例协调，以

舒适便利，美观大方为主。餐橱柜是餐厅中放置碗、碟、酒水饮器等的家具，布置形式无固定要求，只要选择无窗户的整齐墙面陈列，同时，注意与室内整体色彩与风格的协调就可以了。

独立的餐厅可以用字画、壁挂等装饰物品来增色，可根据餐厅的具体情况灵活安排，用以点缀环境，但要注意不可过多而喧宾夺主，显得杂乱无章。餐厅的色彩，一般可采用橙色系和黄色系为主色调，灯光越柔和、越含蓄越好。在餐厅角落可以安放一只音箱，就餐时，播放一首轻柔美妙的背景乐曲，可促进人体内消化酶的分泌，促进胃的蠕动，有利于食物消化。

小贴士

为了方便轮椅使用者靠近台面操作，橱柜台面下方应部分留空。特别是低柜距地面25~30厘米处应凹进，以便坐轮椅使用者脚部插入。

44

卫浴间装修很重要，老年人想知道如何科学地装修卫浴间时，怎么办

浴室装饰要讲究实用，考虑卫生用具和装饰的整体效果。一般应注意整体布局、色彩搭配、卫生洁具选择，使浴室达到使用方便、安全舒适的效果。卫浴器材一般是多人共用的，要尽量考虑适合全家的设备。

装修前，应该事先确定选择淋浴还是盆浴，或者两者兼有，以便设计浴室的进水和排水，购置相应的卫生设备、灯具、地砖。这些管道对浴室的布置会有一定的影响。一般说来，淋浴节省空间、节能省水。盆浴则更多地给人以舒适感，沐浴油散发的芳香和新型浴缸中的水流按摩，对老年人保健十分有好处。

普通住宅浴室，可安装取暖、照明、排气三合一的"浴霸"、普通的浴缸、坐便器、台式洗面盆、冷热冲洗器、浴帘、毛巾架、浴镜等。地面、墙面贴瓷砖，顶部可采用塑料板或有机玻璃吊顶。面积小的浴室，应注意合理利用有限的空间，脸盆可采用托架式，墙体空间可利用来做些小壁橱、镜面

箱等，用来放置些零星物品。墙上门后可安装挂钩，用于挂衣帽之类物品。卫浴柜容易受潮腐侵蚀，所以要尽量与淋浴间分隔开。马桶在购买时注意两点：是后排式的还是下排式的，以及排污口中心点到墙边的距离。

防水也是一个关键问题。新交付使用的楼房一般地面都做了防水层，不要破坏原有的防水层。防水涂料要涂抹到位，墙与地面之间的接缝及上下水之间的管道地面接缝处，是最容易出现问题的地方，一定要处理好这些边边角角。

小贴士

卫生洁具以感觉清洁的白色为佳。白色坐便器还使人容易发现、检查出排泄物的问题与病变。智能型坐便器的温水冲洗等功能，对治疗老人的便秘、痔疮有很好的疗效，应推广使用。

45

地漏虽小却不容小视，老年人想知道如何选择和安装地漏时，怎么办

地漏是排水管道与室内地面的接口，作为住宅排水系统中的重要部件，地漏的作用，一是散水，二是防臭。在现有建筑结构无法改变的前提下，地漏防臭应该是解决卫浴间异味的最好办法了。地漏的性能好坏直接影响室内空气的质量。

地漏的材质主要有铜、不锈钢、PVE 材料三种。全铜地漏的性能较好，占有的市场份额也比较大。从使用功能上分，地漏分为普通使用和洗衣机专用两种。洗衣机专用地漏是在中间有一个圆孔，可供排水管插入，上覆可旋转的盖，不用时可以盖上，用时旋开，非常方便，但防臭功能不如普通地漏，也有一些地漏是两用的。

根据防臭原理，地漏主要分为两种：水防臭地漏和密封防臭地漏。

水防臭地漏是传统最常见的，主要是利用水的密闭性防止异味散发。这种地漏一般包括地漏体和漂浮盖两

部分。地漏体是指地漏形成水封的部件，主要部分是储水弯头，漂浮盖有水时可随水在地漏体内上下浮动，许多漂浮盖下另外连接着钟罩盖，无水或水少时将下水管盖死，防止臭味从下水管中反到室内。由于水防臭地漏防臭主要是靠水封，所以储水弯头的深浅、设计是否合理决定了地漏排污能力和防异味能力的大小。

密封防臭地漏是指在漂浮盖上加一个上盖，将地漏体密闭起来以防止臭气，它的缺点是使用时每次都要打开盖子，稍嫌麻烦。

小贴士

卫生间装修的色调选择建议用浅深色配搭，这样效果最好。经过长期的实践，在家庭装修中用黑色、深绿色、深蓝色比较容易感到脏，所以一定要配合白色使用。

46

面对纷繁复杂的装修，老年人想了解常见的装修风格时，怎么办

随着国内居民生活水平的提高，人们开始对家居装修提出了更高的品质要求，而不再是仅仅单纯要求室内的整洁明亮。但是，如何才能找到适合老年人自己的风格？综合各方面因素，在众多装修风格中，向老年人推荐以下几种：

中式现代风格：中国传统室内装饰艺术的特点是总体布局对称均衡，端正稳健，而在装饰细节上崇尚自然情趣，花鸟、鱼虫等精雕细琢，富于变化，充分体现出中国传统美学精神。中国风格的构成还体现在传统家具、装饰品及黑、红为主的装饰色彩上，室内多摆放字画、瓷器等传统陈设，格调高雅，造型简朴优美，色彩浓重而成熟。

美式田园风格：美式田园风格的家居通常具备简化的线条，其选材十分广泛：实木、印花布、手工纺织的呢料、麻织物以及自然裁切的石材。它摒弃了烦琐与奢华，兼具古典主义的优美造型与新古典主义的功能配备，既简洁明快，又便于打理，自然更适合现代人的日常使用。

现代欧洲风格：又称简欧风格，继承了传统欧式风格的装饰特点，在设计上追求空间变化的连续性和形体变化的层次感，室内多采用带有图案的壁纸、窗帘、帐幔及装饰画，体现华丽的风格。在造型设计上既保留了古典欧式的典雅与豪华，又更适应现代生活的休闲与舒适。

虽然装修风格让人眼花缭乱，但总体来看，色彩稳重、布局简洁的家居风格更适合老年人的审美及需求，简约中略带复古的基调，可以凸显出浓厚的文化修养，又不至于让繁冗的装修和配饰给老年人的居家打理带来不必要的麻烦。

小贴士

现代人的生活快速而拥挤，产生了渴望回归自然的心理。在国外，一些郊区、乡村的别墅中多用自然主义装修设计，它自由清新的感觉，与环境融为一体的居室设计结构让人们的身心都能从大自然中获取到力量。

47

听人说软装饰逐渐流行，老年人想知道如何进行软装饰时，怎么办

室内装潢中可以移动的，纺织物、书画、工艺品等室内装饰物，如窗帘、沙发、壁挂、地毯、床上用品、灯具、玻璃制品、家具等多种摆设、陈设品之类都可以称之为软装饰。在软装饰中，布艺已成为美化家庭的重要组成部分。不同质地、颜色、款式的窗帘、沙发垫、桌布、椅垫、床上用品使家庭更加舒适温馨。

在一个好的家居装饰中，硬装与软装是密不可分，相辅相成的。一个家有了固定的装修家具和材质后，还需要相配套的家具、布艺、灯饰、工艺摆设的点缀，才能散发生活的韵味。硬装是很难改变的，每年都一样。而软装则可以根据季节和心情的变化而改变。软装是对主人的文化修养、兴趣爱好、审美品位、阅历甚至情感世界的诠释。软装不仅仅可以弥补和掩盖硬装的不足，更能提升和体现生活的品质。所以，某种意义上，软装比硬装还要重要。

如何进行软装？可依据屋主的个人喜好为准则，也不能与室内大环境相冲突。要想达到更好的效果，就应该围绕着一个主题来进行。将个人喜好与装修的主题互相融合，在造型、颜色等各个方面处理好搭配。如选用红黄等暖色调，可烘托出热情、火爆、活泼的氛围；而浅色与白色的软装饰则多用于阴暗的居室；用富有热带情调的椰林风光可以营造浓郁的异域景趣；用抽象的艺术图案装饰可让人感觉浓郁的现代文化气息。关键在于系统组合，精心挑选，这需要一个全面掌控能力比较强的设计师来把握。

现在一般意义上的舒适性主要侧重于日照、通风条件、水的洁净度、绿地覆盖率等一些物理环境和自然环境标准。我国制定的评定住宅小区舒适度的五项指标：人口密度、绿化面积、规范标准、小区内环境噪声标准和日照标准。

48

居室面积比较小，老年人想知道如何合理利用时，怎么办

随着生活水平的不断提高，人们的居住条件得到了极大的改善。但是，由于历史的原因，不少老人没有较宽大的住房，这给人们的生活带来了诸多不便。但只要自己动手，对现有居住环境进行一番改造，也能够使较小的居室变得"大"起来。

传统的轴线开拉门窗较占地方，对家具的放置也有影响，可将其改为推拉门，在门上做一些装饰图案，则效果更佳。更换推拉窗时，将水泥板窗台换为大理石板材，并将窗台的内沿设计成曲线。家具太多，物满为患，这是小居室装饰布置的一个难点问题，需要我们合理摆放家具。将柜橱等靠在一面墙或者远离窗户的屋角适当集中，相对空出另一面的空间，从而可以对比出空间的宽阔，解决这一矛盾。

在小居室的墙面装饰上，可以采取大胆的手法，如将大型风景画用来装饰墙面，也可以用装饰性较好的整幅风景图案的落地窗帘或墙帘。其图案色彩的选择最好能与地面装饰相呼应，达到一种协调、统一的效果。如地面是白色的，墙面可用淡雅的色调来配合。地面若为木地板，则可用与之相辅的色调来搭配。这样装饰出的居室效果，浑然一体，不显杂乱。

利用主题装饰法，在立意上多下点功夫，也能达到很好的效果。比如，将房间想象成大海边的沙滩，取其金黄、淡黄色，加上些绿叶植物和一幅大海景物装饰画、舵轮、帆船模型等即可完成主题创意。还可以按某种特定的环境特色来进行装饰，集中展示其独特之处，这样，居室的窄小便会被人的视线所忽略。

小贴士

卫生间洁具布置应考虑留出轮椅进出和转弯的空间，坐便器、浴缸、淋浴器等处应设水平和"L"形的扶手，保证老人站起的方便和安全。

49

进行旧房翻新，老年人想知道该如何操作时，怎么办

无论是新房装修还是旧房改造，都离不开以下步骤：前期设计、主体拆改、水电改造、木工、贴砖、刷墙面漆、厨卫吊顶、橱柜安装、木门安装、地板安装、铺贴壁纸、开关插座安装、灯具安装、五金洁具安装、窗帘杆安装、开荒保洁、家具进场、家电安装、家居配饰。

旧房改造、老房装修还有一些自己的特点，比装毛坯房价格还要高一些，需要增加拆除原有建材的费用。

在老房装修中需要注意：水电路改造是老房装修的"重头戏"，在装修之初应该对原有上、下水路及热水管线进行检查，看是否锈蚀、老化，对不合格的管路在施工中要进行更换，另外还要记得向装修队索要水电布置图，从而对改造后的水电线路情况清晰明了。在水电改造前最好先知道楼层的进水管的主阀门在什么地方，这样发生问题的时候也好处理。电力开关要更换成现在使用的空气开关，同时入户线要换成横截面6平方毫米护套线。

一般老式房的窗体基本上是铁质或者木质，现在大多数装修改为塑钢窗双层玻璃，使用隔热断桥铝型材，效果很好，应该更换。老式的房子面积一般比较少，很多业主喜欢将阳台的门窗拆除，但是保暖又成了一个大问题，所以拆窗后还应该对阳台板做保暖。一些老房的卫生间地面比较高，为了方便使用，可以拆除，将台面放低，但同时要在地面做好防水。旧房装修墙面处理上需谨慎对待，墙面的改造是老房装修时最易出现问题的地方，应尽量将原墙面进行彻底铲除，再用水泥砂浆做基础处理，如果是顶层，还需要考虑是否在顶面做保温层。

小贴士

日本学者这样描述居住环境的舒适性：空气清新，没有污染和粉尘；阳光充足；清静，没有噪音；绿化种类丰富多彩；靠近水域；街道清洁、漂亮；有文物或者历史、国家纪念物；有活动的场所。

50

面对各式各样的窗帘，老年人想知道该如何进行选择时，怎么办

装修中，窗帘的使用既有实用性的考虑，也有装饰性的作用，尤其是对于"四白落地"的简装家庭来说，窗帘的选择漂亮与否，往往有着举足轻重的作用。所以，在选择时，除了要考虑到它的质地以外，也不可忽视了它与周围环境、颜色、图案上的呼应与搭配。

客厅对于私隐的要求较低，大部分的家庭客厅都是把窗帘拉开的。而对于卧室、洗手间等区域，人们会要求绝对的隐秘，这就造成了不同区域的选择不同窗帘的问题。客厅我们可选择偏透明的一款布料，而卧室则选用较厚质的布料。适当厚度的窗帘，可以改善室内音响的混响效果。同样，厚窗帘也有利于吸收部分来自外面的噪音，改善室内的声音环境。

窗帘的花型，以选择大中型为宜。窗帘的花型、图案，要不分倒顺，有立体感。窗帘颜色的选择还应根据不同的气候、环境和光线而定。北方气候较冷，宜选深色；南方气候温暖，适用中淡色。窗帘的颜色还要同墙壁、家具、灯光的颜色相配合。如房间家具是深棕色，窗帘的颜色就不应太深，否则容易感到沉闷。窗帘的颜色还要与灯光协调。普通灯泡，光带黄色，窗帘的颜色就不宜太深。用节能灯、日光灯，窗帘的颜色就可深一些。窗帘忌用两种颜色：一种是绛色，一种是鹅黄。前者色泽沉闷，看了不舒服。后者色泽娇嫩，风吹日晒很容易褪色。一个房间有多扇门窗，窗帘、门帘的花样颜色应该统一。还要与室内的陈设的颜色相呼应，以形成完整的格局。

小贴士

商家在销售中，可能会把工钱或窗帘轨、窗帘布的单价都报得比较低，为了保证盈利多报些布料，或给顾客推荐一些附件。如商家说为让窗帘垂感好，在窗帘的落地端的窗帘布里加铅条，但这也会在洗窗帘的时候造成麻烦。

51

常听人说起节能减排，老年人想知道如何进行居室节能改造时，怎么办

随着人们环保意识的增强，节能的意识也渐渐融入装修中，但是一款节水坐便器要比普通坐便器贵出几百元，一只节能灯泡的价格是白炽灯泡的5~10倍，到底该如何选择呢？

事实上，节省能源、降低能耗是一个长期的过程，要算的是"长远账"。节能装修不仅可以环保，还可以省掉以后很大一部分消费，最终是为您省了钱的。如果在墙面上加入带有保温性能的材料装修，夏天用空调时就能省下不少度电，而冬天则能节省不少取暖费用。如果在洗漱盆下安装储水装置与坐便器相连，日常洗漱用水就可用来冲马桶，省去了不少水费。

单就建筑节能来说，主要是改造门窗和墙体的保温性能。一般的建筑门窗和墙体保温性能好可节约60%的能源。如果原有的外窗是单玻璃普通窗，装修时最好换成中空玻璃断桥金属窗，并且在东西向的窗户外安装活动外遮阳装置。如果原有墙面有内保温层，在装修时不要破坏掉。如果设计方案是将阳台与居室打通，就要在阳台的墙面、顶面加装保温层。在铺设木地板时，可在地板下的格栅间放置保温材料，如矿棉板、阻燃型泡沫塑料等。在订制大门时，可要求生产厂家填充玻璃棉或矿棉等防火保温材料，门窗都要加装密封条。家住顶层的住户，还可在做吊顶时，在纸面石膏板上放置保温材料，以提高保温隔热性。如果房型比较大，有露台、屋顶等可以利用，则可使用太阳能。1平方米的太阳能热水器一年节能120千克标准煤，减少二氧化碳排放308千克。

小贴士

老年人是否住进养老院的决定因素：一、老年人是否拥有住宅；二、老年人与子女关系；三、老年人健康状况；四、老年人经济状况；五、老年人之子女是否支持及子女居住状况；六、养老院或老年公寓的环境与地理位置。

52

噪声让人心烦意乱，老年人想知道如何进行降噪处理时，怎么办

专家介绍，长期处于低频噪声下，容易造成神经衰弱、失眠、头痛等各种神经官能症。根据《社会生活环境噪声排放标准》，以居住为主的区域，室内噪声白天不得高于40分贝，夜间不得高于30分贝。消费者在购买房产时可以根据该标准判断所处房间的噪声是否超标，如果超标可以适当地进行隔音处理。

室内隔音应该是一个系统工程，首先，应该检测噪声源，制订噪声治理方案。其次，要根据噪声情况，选择适合的隔声窗或其他解决方案。而且，要想室内隔音，仅仅依靠隔声窗密封，是不能够解决问题的，针对不同情况，还需要建筑声学、房屋墙体多方配合。

可选用壁纸等吸音效果较好的装饰材料，还可利用文化石等装修材料，将墙壁表面弄得粗糙一些，可减弱噪声。另外，墙壁、吊顶可选用隔音材料，如矿棉吸音板等。还可以把临街一面的墙壁加一层纸面石膏板，墙面与石膏板之间用吸音棉填充，然后再在石膏板上粘贴墙纸或涂刷墙面涂料。使用布艺来消除噪声也是较为常用且有效的办法。悬垂与平铺的织物，其吸音作用和效果是一样的。对于振动摩擦产生的中低音，可以采用地毯或者吸音棉等来减弱它们对室内的影响。在床脚加装胶垫也可以减轻一定的振动感，同时床垫采用棕榈垫也要比采用弹簧的席梦思好。在面向噪声的一边要防噪，而对于背对的一面也要适当注意，因为噪声可能会经过反射又传回来。

最后要注意，无论怎么做隔音，在密封的同时也不要忘了适当通风，太封闭的环境对人一样不健康。

小贴士

门最好采用推拉式，装修时下部轨道应嵌入地面以避免高差；平开门应注意在把手一侧墙面留出约40~45厘米的空间，以方便坐轮椅的老人侧身开启门扇。

53

房屋装修完工，老年人想知道该如何进行工程验收时，怎么办

验收工程可以按施工时不同工种的属性归类，再按它们的特点逐一验收。

第一类是隐蔽工程的验收。隐蔽工程主要分为三部分内容，首先，水管是否畅通，接头处有无水珠渗漏，应该对完工的水管进行24小时的加压测试。其次，检查照明和插座是否正常，观察电线是否已经套管。再次，检查电视信号是否清晰，电话信号和网络线路是否正常。最后检查地面防水，要对地面的防水进行闭水测试。

第二类是木工的验收。木工的验收主要是检查构造是否直平，转角、拼花是否准确，弧度与圆度是否顺畅规圆，相同的造型，要注意是否一致，柜门开关是否正常，柜门把手锁具安装位置是否正确，开启是否正常，固定的柜体接墙的一面有无缝隙，应保证木工项目表面的平整，没有起鼓或破缺，木工项目的装饰面板钉眼补好。还要检查天花角线、踢脚线安装是否平直，离地准确，洗手间厨房部分的扣板天花是否平整，没有变形。各个房间的门扇是否开启正常，门缝严密（下门缝一般留0.5厘米空隙）。

第三类是油漆工的验收。主要是看家具混油的表面是否平整饱和，没有起泡、裂缝，油漆厚度要均衡、色泽一致。清漆的表面要厚度一致，漆面饱和，干净没有颗粒。墙面乳胶漆应表面平整、反光均匀，没有空鼓、起泡、开裂现象。

墙纸拼缝准确，没有扯裂现象。带图案的纹理拼纹准确，没有错位现象。

第四类是泥工的验收。需要检查砖面是否平正，没有倾斜现象，砖面缝隙要规整一致，有没有破碎崩角现象。带图案的瓷砖方向正确。花砖和腰线位置正确，洗手间、阳台及有地漏的厨房地面砖有足够的自排水倾斜度。

第五类是金工验收。金工验收要检查金属体构造是否平直，如是窗体部分，要求胶条等封闭件完整，金属窗体应操作灵活，没有阻碍，防盗网防盗门等管体焊点经过抛光，落点牢，没有松动现象，规格、管壁厚度达到要求厚度，窗体与窗洞间没有渗漏雨水现象。

最后按照合同项目的规定，逐条审核工程项目是否全部完成。检查工程垃圾是否已经全部清除，洁具及其他安装品是否安装准确，马桶的储水及冲水是否正常，排水是否正常，地漏有没有堵塞。

小贴士

闭水试验方法是用胶袋等封闭排水地漏，同时在地漏边上和门口砌一个小墩以隔水。然后放1厘米左右的水，隔24小时后，看楼下是否有水渗漏。闭水试验应该在作了防水处理之后，贴瓷砖前进行。

面对装修污染，老年人想了解引起危害的主要物质及其影响时，怎么办

装修污染危害严重，而室内污染，主要是甲醛、总挥发性有机化合物（TVOC）、苯、氨和放射性物质等几种污染物。

人造板、涂料、地毯、家具、墙纸等使用的黏胶剂都含有甲醛。甲醛具有强烈气味，它会刺激眼睛和呼吸道黏膜等，皮肤直接接触甲醛，可引起皮炎。经常吸入少量甲醛，能引起慢性中毒，最终造成免疫功能异常、肝损伤、肺损伤及神经中枢系统受到影响，致癌、致胎儿畸形。

总挥发性有机化合物（TVOC）主要来源于建筑材料中的人造板、泡沫隔热材料、塑料板材，室内装饰材料中的油漆、涂料、黏合剂、壁纸、地毯等。它的毒性、刺激性、致癌性与特殊的气味性，会影响皮肤与黏膜，对人体产生急性损害。TVOC的污染已成为家装污染的第二大"元凶"。

苯主要来源于胶、漆、涂料和黏合剂中，是强烈的致癌物。人在短时间内吸收高浓度的苯，会出现中枢神经系统麻醉的症状，轻者头晕、头痛、恶心、乏力、意识模糊，重者会出现昏迷以至呼吸循环衰竭而死亡。苯是一种无色、具有特殊芳香气味的液体。长期吸入苯能导致再生障碍性贫血。

室内空气氨超标，主要原因是由于冬季施工混凝土中的防冻剂。氨具有强烈的刺激性气味，附着在皮肤黏膜和眼结膜上，会产生刺激和炎症，引起流泪、咽痛、呼吸困难及头晕、头痛、呕吐等症状。长时间接触低浓度氨，引起喉炎、声音嘶哑、肺水肿。

装修中的放射性物质主要是氡。建筑材料是室内氡最主要的来源，如花岗岩、瓷砖及石膏等。氡看不见，嗅不到，即使在氡浓度很高的环境里，人们对它也毫无感觉，它是导致肺癌的第二大因素。

小贴士

为了保证老人行走方便和轮椅通过，室内应避免出现门槛和高差变化。必须做高差的地方，高度不宜超过2厘米，并宜用小斜面加以过渡。

55

新装修的房子空气刺鼻，老年人想知道如何去除新房异味时，怎么办

装修好的居室不可马上入住，如何清除残留异味呢？

可以用小面盆盛些凉水，加入适量食醋放在通风房间，并打开家具门。这样既可适量蒸发水分保护墙顶涂料面，又可吸收消除残留异味。除此之外，可在房间里摆放橘皮、柠檬皮等物品，还可买些菠萝切开，在每个房间放上几个，大的房间可多放一些，这样既能吸收油漆味又可散发出菠萝的清香味道。不过从时间上说，它们除装修异味不是很迅速，要达到快速清除残留的油漆味，可用柠檬酸浸湿棉球，挂在室内以及木器家具内。还有洋葱泡盐水法，也可以去除油漆味道。把红茶泡入热水中，放在居室内，并开窗透气，也是一种很有效的方法。如果单独用某一种方法效果不明显，可以把多种方法综合起来，效果就会快一些。

需要特别指出的是，这些做法只是暂时压住了室内难闻气味，骗过了人们的嗅觉，并不能清除甲醛这些有害气体。有选择地给新居摆放一些植物，对净化空气更有帮助。

那么，摆放什么植物合适呢？吊兰，不但美观而且作用大、成本低，吸附有毒气体效果特别好。一盆吊兰在8~10平方米的房间就相当于一个空气净化器，即使未经装修的房间，养一盆对人的健康也很有利。大部分植物都是在白天吸收二氧化碳释放氧气，在夜间则相反。但仙人掌、虎皮兰、景天、芦荟和吊兰等都是一直吸收二氧化碳释放氧气的。

小贴士

中国老人更愿与子女同住，在得到子女生活上的照顾和精神上的安慰的同时，也可为子女做一些力所能及的家务劳动，享受温馨的大家庭氛围。因此"两代居"型住房将长期在我国处于重要地位。

56
面对房屋新装修后的污染，老年人想知道如何对房间进行净化时，怎么办

居室装修污染可分为化学污染、生物污染、物理污染。所以，其相应的治理办法也可分为化学、生物、物理三种类型。

物理类净化材料，包括采用活性炭、硅胶和分子筛进行过滤、吸附的净化材料。化学类净化材料，是采用氧化、还原、中和、离子交换、光催化等技术生产的净化材料。生物类净化材料，包括用微生物、酶进行生物氧化、分解的净化材料。

实际上，无论是净化机、化学试剂喷洒、植物消除等方法，均各有利弊，而最经济可行的办法就是加强通风。新鲜空气可以提供呼吸所需的空气，除去过量的湿气，稀释室内污染物。一般而言，新鲜空气越多，对人的健康越有利。

现在，多数家庭室内都是安装空调的封闭空间，空调系统在设计、施工安装与运行管理上存在卫生问题，对室内空气品质造成不良的影响。换气次数低、新风量不足以及气流组织不合理是空调系统的通病，空调系统管理不善也会给室内空气质量带来严重的影响。空调系统可以产生、诱导和加重空气污染物的形成和发展，造成不良的室内空气质量。

甲醛、苯等有害物质藏匿在家具、墙体材料深处，释放期3~15年，无法在短期内清除，一旦遇到使用暖气或空调等不宜开窗的情况，室内有害气体浓度会迅速上升，对家庭成员的健康造成长期危害。由于室内的有害气体是一个缓慢的释放过程，人在封闭的室内时间过长，也易导致一些病症。因而，解决室内装修污染最根本的办法在于控制污染源。使用合格建材，避免过度装修，控制材料减少污染，是减少居室装修污染的根本办法。

小贴士

湿度过低，流感病菌生存率明显增加，而湿度过高，会带来霉菌的大量繁殖，引发过敏性皮炎等。适宜的室内湿度会让老年人身心舒适、心情舒畅。因此老年人室内应配有湿度计和加湿器。

第三节 国外老年住宅

57

听说国际上有老年住宅分类，老年人想了解一下其主要内容时，怎么办

衰老是不可抗拒的，根据人类老化过程各阶段所需社会支援程度的差异，1986年国际慈善机构制定了老年住宅的划分标准，将老年住宅分为七类，以适应人类的衰老机制。

第一类是非老年或富有活力的退休老人居住的住宅。他们有生活自理能力，因而可独立生活在自己的公寓中。

第二类是可供富有活力，生活基本自理，仅需要某种程度监护和少许帮助的健康老人居住的住宅。

第三类是专为健康而富有活力的老人建造的住宅，附有帮助老人基本独立生活的设置，提供全天监护和最低限度的服务和公共设施。

第四类是专为体力衰弱而智力健全的老人建造的住所，入住者不需要医院护理，但可能偶尔需要个人生活的帮助和照料，提供监护和膳食供应。

第五类是专为体力尚好而智力衰退的老人所建的住所，入住者可能需要某些个人生活的监护和照料。

第六类是专为体力和智力都衰退，并需要个人监护的老人所设，入住者中很多人生活不能自理，因而住所不可能是独立的，可为住者提供进餐、助浴、清洁和穿衣等服务。

第七类是除了上述六类外，还有患病、受伤的，临时或永久的病人，这类建筑中所提供医疗和护理的应是注册医护机构，住房几乎全部为单床间。

国际慈善机构对老年住宅的划分是比较细化的，但各类之间的边界很难确定。一般而言，某个养老机构提供的老年住宅，会是这七类中的3到4类。

老年人要做到保健养生、要安享晚年，就应该有一个美好的生存空间，也就是说一定要住有所居、居有所安。

58

美国老年住宅有许多类型，老年人想了解一下时，怎么办

在 20 世纪 60 年代末，美国开始进入老龄化社会。美国对老年人的居住问题十分重视，在 1965 年，美国就制定了《老年人法》对老年人的居住问题进行法律上的规范和救助。美国老年住宅的相关机构有美国老年住宅服务协会、美国建筑师学会老年住宅设计中心，这两个机构每两年就会共同举办"老年住宅设计竞赛"。美国的老年住宅模式有三种类型：

一、自理式老年住宅。满足有自理能力的老人的需求，一般为适老化的普通住宅和老年人专用住宅。老年人专用住宅大多数为配置有厨房、卫生间的一居室。平面紧凑，采用标准化构件，造价经济，建筑按无障碍设计。从环境性能来看，一般单独设置老年住宅群，服务设施往往结合整个小区的配套服务设施。

二、集中式老年住宅。有专门的服务人员提供老人所需的服务，建筑按无障碍设施设计，但一般不包括医疗和护理。住宅内有方便、安全的社交娱乐场所、公共食堂等各类设施，并有比较完备的保卫和报警系统。

三、护理性老年住宅。提供全面的护理和医疗服务，建筑按无障碍设计，每套住宅有独立的厨房和卫生间，但起居室和厨房共用。

而对于老人住宅所处的小区来讲，有的是综合性的老人住宅小区，在小区内三种类型的老年住宅都有，也有的住宅小区只有某一类老年住宅。还有可调换居住的老人住宅小区，根据老年人的健康状况变化和意愿，为老年人进行调换。

小贴士

1965 年美国颁布的《老年人法》具有划时代的意义，它的诞生标志着美国的老龄工作从养老保障和司法维权的范畴中超越出来，迈向一个更广阔的发展空间，形成了现代意义上的老龄工作。

59

美国老年人解决居住问题办法多，老年人想了解一下时，怎么办

美国解决老年人居住问题，主要通过以下方式：

一、新建老年人公寓及老年人社区，建造多种形式的老年住宅，供老年人选择。二、对老年人居住旧房进行改造，或将旧有建筑建成老年住宅。三、建造活动住宅供老年人使用。四、政府对老年人实行某种住房优惠政策，如拨款或提供低息住房贷款，以优惠价出售公房，提供各种形式的住房补贴；在土地税等方面，对老年人住房有减免的优待。五、租赁给老人的公寓，不得随意提高房租，对经营管理老年住宅的机构，政策上也给予一定的倾斜。

从20世纪70年代末，美国开始兴建各种形式的老年居住养老场所，扩大了老人们自主选择养老居住方式的范围。主要有：独立式老年人住宅，集中式老年人住宅，护理型老年人住宅，可调换居住的老年人住宅小区，综合老年人住宅小区。

在美国，老年公寓十分普遍，这些公寓分为营利性和非营利性两类。营利性的老年公寓大多为私人公司所办，也进入房地产市场，可租可买，同其他住房一样。美国老年人的独立性很强，一般不依靠儿女，大多数人退休后将自己的房子卖掉，住进老年公寓，用卖房的钱支付公寓所需。非营利性的老年公寓主要由教会兴办，美国政府给予部分补贴，但老人入住必须登记排队。

目前，绝大多数的老年公寓都是独立的建筑物，不同类型的老年公寓一般分开建造，分布在居住区中，优点是：在居住区中布置灵活，服务的针对性强，投资少，经济性较好，家居氛围浓厚。

小贴士

美国老年公寓的住户一般是65岁以上的老人，生活条件相对较好，每套房内有卫生间、厨房设备，可自己下厨。老年公寓的文化设施较好，有阅览室、游艺室等，老年公寓的收费标准不一，根据老人不同收入情况而定。

60

英国老年住宅发展较快，老年人想了解一下时，怎么办

老年住宅问题是英国社会保障的重要内容之一，早在 1969 年，英国国家住房建设部和地方政府就明文规定了"老年居住建筑分类标准"。1986 年又开始采用了国际慈善机构制定的标准，按人口老龄化过程中各阶段需提供的不同服务程度，相应把老年居住建筑分为七类，包括 I 类住宅、II 类住宅、退休住宅、生活基本自理住宅、护理住宅、养老院、护理院等。

英国具有代表性的老年住宅有两类：第一类提供给可以独立生活的老年人，住宅内部无障碍设计。第二类提供给独立生活有障碍的老年人，在上述住宅的基础上，增设管理人员。管理人员通过通信系统和老年人联络，以便及时应对突发事件。管理员还要负责与有关单位进行联系，及时解决老年人面临的其他生活难题。

此外，与老年住宅配套的服务也很周到。英国切尔滕纳姆和温切斯特镇，市镇中心小公寓套房的主人几乎都在 50 岁以上。这里生活方便、安全、医护条件良好，房间内间隔少，无室内楼梯，安全系数高，屋内的设置和装饰完全随户主的心意。英国博维斯公司和伯明翰大学老年医学系合作推出了高龄老人服务公寓，公寓里的服务项目多达 25 种，包括有专设饭厅，24 小时看护，车送商店购物等，销售情况非常良好。英国业内人士认为，退休老人房地产潜在市场仅被开发了 5%，今后 20 年将会快速发展。

小贴士

1985 年英国 65 岁以上老年人口比重已经占到 15.1%。在老年户的构成中，与子女或其他亲属同住的仅占 23%，纯老户达 77%，独居老人占 33%，老年夫妇户占 44%。

61

日本老年住宅很有特色，老年人想了解一下时，怎么办

日本老年住宅大致可分为两种类型：一是"老少居"型老年住宅，以及新建和改造的在宅养老型老年住宅，二是老年公寓。"老少居"型老年住宅重视传统的家庭养老功能，既保留东方家庭模式，又适应现代人的需求，是老少同住、有分有合的新型住宅体系。"老少居"型老年住宅是适合多代共居的大型住宅单元，对住房、厕所、门厅和居室分隔功能都作了相应考虑，对多代人的生活方式和生活规律上的差异，在室内空间上做了相应处理。

日本"老少居"近年有了新的发展，多代人同住一栋楼，但各有自己独立的、完整的生活起居空间与设施，有分有合。考虑到老年人体弱、平衡能力差的生理特点，老年人一般住底层，设有扶手、防滑地面，二或三层一般供年轻夫妇和小孩起居用，条件好的还建屋顶花园，为儿童提供活动场所。"老少居"门厅共用，分区使用。

同处亚洲文化圈，日本的养老观念与中国有很多的相似之处，很多老年人即便是年老体弱，也不愿意去养老机构养老。所以近年来，日本提倡让老年人在原宅养老，为了建造新的合适的老年住宅，从设计策划阶段开始，就对结构、布局等基本事项给予了充分重视，尤其是对使老年人能独立生活的无障碍方面的考虑。通过对住宅进行改造，让老年人适宜在其中居住，并为老年人提供社会化的服务。最终的目标是为了让老年人能够在熟悉的环境中独立生活。

小贴士

美国《新闻周刊》评选出了全球最佳主题国家，其中日本荣获最适宜养老的国家。日本是世界上最长寿的国家，老年人占人口的20%。社会崇尚尊重老人，退休金普遍丰厚。

62

瑞典老年住宅有多种模式，老年人想了解一下时，怎么办

瑞典的老年住宅政策以辅助老年人独立生活为目标，老年人住宅主要模式有：

自理型老年住宅。老年人居住于有一定适老化改造的普通住宅中，日常的生活由社会福利委员会提供看护、帮助或其他服务。瑞典88%的老年人在自己的私宅或者租赁的普通住宅中居住。

老年人专用公寓。这是老年人专用的住宅单元，室内设备为适应老年人专用而设计和配置，同时还配备专门的管理人员，老年人生活依靠社会服务机构的服务。一般有一个卧室，可以居住单人、双人甚至三人，带一个卫生间，建有共同餐厅、公共休息室、图书馆和健身房。在20世纪60~70年代，曾经大量发展。

老年人服务住宅。每套单元设置卧室、厨房、卫生间，有公共食堂，老年人可以集体用餐，设有医务室和各种报警系统。

瑞典的公立养老院、老年人慢性病房，一般由地方政府提供。老年人慢性病房有的以医疗为目的，有的以康复为目的。瑞典中央政府下放了部分管理权限，有的地方政府将老年人服务设施私有化，以提高效率。现在，瑞典的老年人福利设施中至少有5%都已经委托给民间经营，在瑞典首都斯德哥尔摩这个比例更高。

小贴士

瑞典是继法国之后，于1890年第二个进入老年型社会的国家，也是当今世界上老年人口比重最大的国家，瑞典65岁以上人口已经接近20%。

63

听说法国老年住宅比较完善，老年人想了解一下时，怎么办

法国有比较健全的社会保障体制和提供居住保障的福利设施，近40%的老年人拥有自己的住宅，绝大部分老人与子女分居，三代同堂的仅占5%。法国老年住宅大体分为四类：老年公寓、护理院和中长期老年医院、收养所、居家散住。

法国老年公寓属于社会住宅体系，服务设施比较完善。有健康老年人独立生活的老年公寓，每个住户都是独立的，完全保证每个住户的隐私，入住者不受共同生活的约束，可以自己备餐；也有提供膳食、沐浴、洗衣、阅览、文化活动和医疗保健等服务设施的老年公寓；还有一种叫作 MAPAD 的老年公寓，针对老弱的老年人，把居住和服务项目组合在一起。此外，在法国还有使用权方式的老年公寓和民间企业出售方式的老年公寓。

护理院主要收住失去生活自理能力的老人，它有比较完善的医疗服务和生活服务设施。

中长期老年医院以治疗为主，属康复医院性质，收治对象为经治疗后有恢复生活自理能力可能的老年患者。

收养所分为公办和私办两种，是为生活能自理的老年人而建的，收费较低。收养所常附设于居民区内，除食宿外，还提供一般医疗保健和文化生活服务，低收入者国家通过福利费用给予补贴。

对于绝大部分居家散住的老年人，他们的生活照料一般都要靠社区提供的各种服务来解决。社区家庭服务员制度，能上门为老年人提供从生活料理到医疗保健的多种服务；社区膳食中心可为体弱多病、行走不便的老人送饭上门；老年俱乐部组织老年人开展文化娱乐活动等。

小贴士

法国是世界上最早进入老年型社会的国家。早在1851年，在欧洲产业革命即将结束时，法国60岁以上的老年人已占总人口的10%，成为世界上第一个进入老龄化社会的国家。

64

德国老年住宅已经发展了三代，老年人想了解一下时，怎么办

1940 年前后，德国现代意义上的老年住宅出现，但只有一些简单的护理工作，技术设备简陋，居住和公共活动空间狭小。这时的老年住宅更像一座老年人集中的旅馆。

20 世纪 60 年代德国发展了第二代老年住宅，实行病房式的管理，由于过分重视和依赖技术，忽视了人性的考虑和人工的护理，更像一座老人院。80 年代末，随着建筑越来越重视人性化，老年住宅也大大进步。

第三代老年住宅尝试将居住与护理两种功能结合，给居住者提供一定私密性的个人空间，同时提高周围环境的质量，有效利用新技术。第三代老年住宅较前两代有了很大的提升，缺点是过分重视护理而忽视了居住的功能，所以，这一代老年住宅通常被称为护理院式老年住宅。

20 世纪 90 年代初，德国出现了一种专门为老年人设计的"照料护理式住宅"。总结了以往的经验，提出将居住功能放在首位，医护功能作为辅助和补充。德国的老年人希望在生病或需要帮助时能与外界联系方便，以便得到更多更好的照顾，同时他们愿意在私密性强的"家"里独立自主生活。照料护理式住宅首先满足了老年人既安全又要私密性的要求。在照料护理式住宅中，住宅的环境在最大限度满足了居住要求，又兼具看护的功能，根据各个居住者不同的情况和需求提供相应的照料、护理、帮助和治疗，以使老人在这里能不依靠家人的照顾或在家中雇佣护理员，"独立地生活直到生命的尽头"。

小贴士

德国是世界上社会保险发达的国家之一，1994 年德国颁布了护理保险法，1995 年 1 月 1 日正式实施，成为德国第五大支柱险种。护理保险法的颁布使德国护士就业人数增加，护理事业渐臻完善。

65

新加坡老年住宅得到政府支持，老年人想了解一下时，怎么办

新加坡设置有政府背景的公益机构，60岁以上老年人可以把房子抵押给公益性机构，公益性机构一次性或分期支付养老金，老人去世时产权由这个机构处分，"剩余价值"交给老年人的继承人。

新加坡为解决老年人的养老问题，还把老年公寓和老年大学结合起来，于2004年专门成立了老年大学，首次招生是在2005年，建立老年寄宿学校，将老年人的居住问题和精神文化生活问题统筹解决。

新加坡政府通过多代同堂屋及其他一系列鼓励政策，较好地解决了老龄化带来的一些问题。多代同堂屋延续了亚洲人两代及多代同堂的文化传统。鼓励多代同居，子女和老年人同住的家庭，可以优先申请政府的组屋，也鼓励已婚子女和父母近邻居住。多代同堂屋分为主体房和单房公寓，以起居室连通，两户既分又合，适应两代和谐共处。

为了实现多代同堂组屋的目的，新加坡对于购买组屋制定了优惠政策。

一、多代家庭组屋办法。优先分配组屋给与父母同住的已婚子女，并给予其他各种优惠，如贷款可达售价的90%，较长的偿还期，定金额度减少，提前三年购买组屋的优先权等。

二、合选组屋办法。此办法可以让已婚子女与父母分别申请组屋，但必须一起抽签，使两家人可以住在隔壁或是同一栋楼，也可以在临近地区，经济上的优惠比购买多代组屋要少些，也可按售价的90%贷款。

三、与父母邻居补助法。首次购买组屋，且与父母的居所在同一地区或2公里距离内时，可申请这项补助款。

小贴士

新加坡共有420万人，60岁以上的老年人占总人口的20%，超过65岁的有30万人，占总人口的8.4%。新加坡是人口老龄化较快的亚洲国家，当地社会给60岁以上的老人取名"乐龄"人士。

66

丹麦老年住宅值得借鉴，老年人想了解一下时，怎么办

丹麦为老年人提供居住和福利的基本政策有三个概念，即"居住连续性"、"自行决定"、"充分发挥自立能力"。丹麦老年居住场所一般有以下几种类型：普通适老化老年住宅，寄宿住宅和疗养院，老年公寓。

丹麦《老年人住宅法》规定，普通适老化老年住宅同普通住宅一样，设有厨房、浴室、卫生间，而且住宅内部必须是无障碍设计。住宅的规模以 15~25 户为宜。在设计方案时，必须保证平均每个住户面积 67 平方米，而且设置有 24 小时紧急通信联络设备，要保证移动方便的通道和设备，必要时应设有娱乐室等公用房间。

寄宿住宅通常各有 6~12 个住宅单元，设有管理人员和服务人员，每个单元都有厨房，有公共餐厅、活动中心、洗衣房、日间紧急呼叫系统等。这种住宅既可保证老年人的独立性和私密性，同时又能给老人以及时合理的照顾。

疗养院一般为私人养老院，标准较高，带有个人使用的卫生间、厨房，还允许老人自己装修房间。一般 20~30 个房间共用公共食堂和总休息室。

在丹麦，由于社会政策的引导，几乎 90% 的 67 岁以上老年人都住在自己独立的公寓中。今天，丹麦传统的护理之家已经停止发展了，那些对老年人独立生活有着诸多限制的养老院也逐渐为独立公寓所取代。但是，独立公寓里的老年人，在获得了充分的隐私权和尽情享受自由之后，也会感到与外界隔离的孤独。为了解决这些问题，丹麦的许多地方政府都建立了免费服务系统，为居住在独立公寓里的老年人提供物质和心理帮助。

小贴士

在丹麦语中，丹为"丹人"、麦为"田地"，即"丹人的田地"之意。丹麦有人口 530 万，60 岁以上的老人占了 17.5%。丹麦政府十分重视老年人，把老年福利作为社会保障政策的重要一项。

第五章

老龄服务产业

——了解老龄服务产业　选择多样老年生活

【导语】满足人类日益增长的需要，提供日益丰富的产品和服务，是一切社会必须解决的共性问题。自从人类社会开始，就一直存在着老龄服务，老龄服务是家庭事务和社会事业的一部分。我国是世界上老龄服务压力最大的国家。20世纪70年代以后，随着人口老龄化加速，面对不断扩大的老年群体和不断增长的服务需求，老龄服务供需矛盾日益扩大，传统的单纯依靠家庭服务或依靠国家提供服务的方式已经不能完全满足老年人需求，于是社会化、市场化、产业化的老龄服务模式开始产生，老年人对老龄服务的选择也日趋多样化。

第一节 我国的老龄服务产业

①

我国老龄服务发展较快，老年人想了解市场现状时，怎么办

长期以来，我国的老龄服务是作为一项社会福利事业由政府包办，政府投资、政府管理。

从 20 世纪 90 年代开始，为了缓解人口老龄化带来的老龄服务压力，我国加快了推进老龄服务的市场化、社会化、产业化进程。一方面加快改革国有老龄服务机构的管理体制，另一方面大力倡导和鼓励社会力量参与发展老龄服务业。经过 20 多年的发展，我国老龄服务市场不断扩大，老龄服务机构特别是民办老龄服务机构发展很快，老龄服务的方式和内容日益多样化、丰富化。

目前，我国共有各类老龄服务机构 4 万多家。服务的领域涉及老年人健康护理、日常生活照料、文化娱乐、终身教育、临终关怀等等。但是，由于我国老龄服务的社会化、市场化实施时间比较晚，加之体制机制上的原因，还存在诸多不足：

一、市场供给缺口较大。我国约有 3000 多万老年人需要不同形式的护理和照料，而当前老龄服务机构的床位数不足 270 万张，供需差距大。

二、部分老龄服务机构入住率低。统计显示，我国老龄服务机构床位的闲置率在 24%~28% 之间，大多数老年公寓、养老院、托老所的入住率只有 30%~50%。三、一些机构管理和服务水平较低。一些养老院、敬老院等老龄服务机构，由于受财力影响，资金缺乏，服务设施不完善，条件差，缺乏家庭生活的气氛，更缺乏个性化服务，个人自由和私人空间很小。特别是农村乡镇养老院、敬老院，设施简陋，服务内容单一，处于勉强维持的状况，难以满足老年人日趋个性化和多样化的老龄服务需求。

小贴士

发展老龄服务业要按照政策引导、政府扶持、社会兴办、市场推动的原则，逐步建立和完善以居家养老为基础、社区服务为依托、机构养老为补充的服务体系。

——《关于加快发展老龄服务业的意见》

2

我国老龄服务业发展机遇与挑战并存，老年人想深入了解时，怎么办

目前，我国老龄服务业发展还处于起步阶段。

在机遇方面：一、人口老龄化快速发展。目前我国老年人口已经超过1.85亿，正以每年3.3%的速度快速增长，到2025年将超过3亿，到2050年前后将达到4.7亿，这为老龄服务业的发展提供了雄厚的人口基础。二、市场潜力巨大。家庭服务功能逐步弱化，社会老龄服务需求急剧膨胀。目前我国老龄服务市场需求非常保守的估计也超过1万亿元。三、老龄服务需求多样化。随着收入水平和生活水平大幅度提高，老年人对老龄服务需求将呈现多样化、迅速增长态势。生活照料、家政服务、医疗护理、文化娱乐等需求日益增多。高龄老人、单身老人、空巢老人、病残老人等规模不断增大，将会产生更多的老龄服务需求。四、政府对老龄服务业发展日益重视，出台了许多扶持政策。

在挑战方面：一、养老观念相对落后。虽然我国传统养老观念有了一定的变化，但是在许多老年人眼里，到老龄服务机构是一种无奈之举。二、农村老年人比重过大。相对于城市来说，农村老年人口的经济状况要差得多，广大农村老年人即便有各种老龄服务需求，也往往因为缺乏购买力而不得不放弃。三、管理体制改革滞后。由于长期在计划经济体制下运作，政府办、政府管的思想依然比较严重，不少地方政府既是"指挥员"，也是"裁判员"，又是"运动员"，没有明确自身的管理职能。所有这些，都制约着老龄服务业的快速发展。

小贴士

大力推进老龄服务业的社会化、市场化和产业化，要求政府转变职能，从原来的"办"老龄服务机构转变为"管"老龄服务机构，政府应更多地着力宏观引导、制定政策、监督协调、培育社会中介组织和市场、努力营造公平的老龄服务市场环境。

3

老龄服务业关系老年人切身利益，老年人想了解它的发展特点时，怎么办

我国老龄服务业发展呈现出如下特点：

一、服务管理逐步规范化。从1994年以来，国务院、民政部先后颁布了《农村五保供养工作条例》、《老年人社会福利机构基本规范》等，标志着我国老龄服务业在管理上日益走上规范化道路。

二、投资渠道逐步多元化。当前，我国老龄服务业基本上已经形成了国家、集体和个人等多种所有制形式共同发展的格局。许多地方政府逐年增加了对老龄服务机构建设的投入，同时采取民办公助等办法鼓励、支持和资助社会力量兴办老龄服务机构。

三、服务对象逐步公众化。突出表现在：福利性老龄服务机构除确保国家供养的"三无"老人、孤儿等特殊群体的需求外，许多地方的福利机构开始逐步向全社会老年人开放。

四、服务方式逐步多元化。以往老年人养老最关心的是吃穿住等生理需求问题，而现在老人们在吃好、穿好、住好的前提下，对娱乐、健身、学习、旅游等方面的需求日趋增加。一批高收入家庭的老年人希望进入高档次老龄服务机构。为满足老年人日益增长的物质、精神需求，各地的老龄服务机构发挥多种服务功能，为老年人提供多样化、多层次的服务。

五、服务人员逐步专业化。为了提高老龄服务队伍的专业化水平，一些城市或社区老龄服务机构、组织制定了岗位专业标准和操作规范，实行职业资格和技术等级管理认证制度。此外，还对从事老龄服务的人员进行岗前专业教育和技能教育。

小贴士

上海市确定了未来城市"9073"的养老格局：90％的老人将实现家庭自助养老，7％的老人享受社区居家老龄服务，3％的老人享受机构服务。

4

老龄服务产业化是发展方向，老年人想了解具体情况时，怎么办

我国老龄服务业的发展方向就是逐步产业化。老龄服务产业化就是在国家政策的指导下，按照市场机制来配置社会老龄服务资源。

然而，老龄服务的产业化又与其他产业不同，并非完全意义上的产业化，也并非完全以营利为目的，它与真正意义上的市场化是有区别的。根本区别就在于这种模式不是以牟利为目标，从本质上来讲，这种市场机制的引入不是标准的市场经济，而是准市场经济。即使随着市场经济体制改革的深化和完善，老龄服务产业在我国仍会具有它的公益性质，不可能走向完全意义上的市场化或产业化。

其实，就是在那些市场经济高度发达的国家，老龄服务业也没有完全推向市场，而且也不都是以赚钱或获利为目的。例如，美国老龄服务业就分为营利性和非营利性两类，前者大多是私人公司所办，后者主要由教会兴办，政府给予部分补贴。在推进高度市场化改革的过程中，有的国家对一些非营利性的老龄服务事业开始引入市场化运作模式，以提高资源配置的效率和效益，但也不是真正意义上的完全市场化。

我国老年人口贫困率若是按照国际粮农组织的标准，即恩格尔系数超过60%为贫困，城市就有27.8%的老年人口处于贫困边缘，农村则高达41.6%，而且，在我国还有很多老年人口徘徊于贫困线边缘。面对这样的情况，我国老龄服务产业在目前还不会有，也不应有太大的获利空间。

小贴士

妥善处理人口老龄化问题，关心老年人的需求，加快发展老龄服务业，是贯彻落实科学发展观、坚持以人为本的具体体现。

——《关于加快发展老龄服务业的意见》

5

老龄服务业包括各种服务方式，老年人想有所了解时，怎么办

老龄服务方式从不同的角度或标准来看，可以划分为不同的类型：

一、按照服务提供者所属社会组织的性质不同，可分为家庭服务方式、院舍（机构）服务方式、社区服务方式。家庭服务方式是指家庭成员向老人提供老龄服务的方式。院舍（机构）服务方式是指各种老龄服务机构为老年人提供服务。社区服务方式是指一系列社区服务，包括老年住房、居家照料、送递膳食服务、社区康复护理服务等。

二、按照收费标准的不同，可分为无偿、低偿、有偿服务方式。免费或无偿服务方式主要是为"三无"老人、五保老人、离休干部、革命伤残老军人等提供服务的方式。有偿或低偿服务方式主要是为上述免费服务对象之外的老年人，尤其是自费入住老龄服务机构的老年人提供服务的方式。

三、按照服务地点是否发生空间转移，可分为定点服务方式和不定点服务方式。定点服务方式是指老龄服务对象进入老龄服务机构和老龄服务设施接受各种相关服务的方法和形式。不定点服务方式主要是指社区老龄服务组织或志愿人员定期或不定期为居家老人提供上门服务的方式。

四、按照提供服务的时间固定与否，可分为定时服务方式和不定时服务方式。定时服务方式主要适用于生活照料、康复保健、文化娱乐、教育培训、精神慰藉等领域的一类服务方式。如家政服务的钟点工、医疗机构的常规门诊和治疗、老年人陪聊服务等，都有一定的时间规定或是按时间计费的。不定时服务方式主要适用于为老年人提供紧急援助等突发性的服务，如急救医疗服务。

小贴士

大道之行也，天下为公，选贤与能，讲信修睦。故人不独亲其亲，不独子其子，使老有所终，壮有所用，幼有所长，矜、寡、孤、独、废疾者，皆有所养。男有分，女有归。货恶其弃于地也，不必藏于己；力恶其不出于身也，不必为己。是故，谋闭而不兴，盗窃乱贼而不作，故外户而不闭，是谓大同。

——《礼记》

6

我国老龄服务方式日益丰富，老年人想了解它们各自的发展趋势时，怎么办

未来我国老龄服务方式将呈现出以下发展趋势：

一、院舍老龄服务方式加速发展。我国目前入住老龄服务机构的老年人仅占 60 岁以上老年人总数的 0.85%，远远低于发达国家 5%~7% 的水平。而从我国人口老龄化的发展速度看，老年人口将以每年 3% 以上的速度增长。如此快的增长速度，加上家庭结构、代际关系、伦理观念等带来的家庭服务功能的逐步弱化，老年人对院舍服务的需求势必越来越大。

二、居家老龄服务方式成为最主要的服务方式。几千年的文化传统伦理观念以及老年人对家庭亲情和环境的特殊眷恋，使得绝大多数老年人在选择养老方式时基本上趋向居家养老方式，即便从世界各国和地区养老情况看，居家养老也是各种养老方式中最主要的。

三、社区老龄服务方式的地位和作用日益显现。一方面我国老年人选择居家养老的占据绝大多数，另一方面家庭结构的小型化和空巢家庭越来越多带来的家庭服务功能的逐步弱化，这样一种形势的存在和发展，势必增加老年人对社区老龄服务的需求。

四、志愿者服务组织化、规范化和系统化。在发达国家，志愿者是老龄服务领域一支十分重要的力量，他们的服务富有人情味，给老人的心灵慰藉更胜于物质帮助，很受老年人的欢迎和喜爱。目前国外的志愿服务已步入组织化、规范化、系统化的轨道，形成了一套比较完整的运作机制和国际惯例。我国的志愿服务也正在朝这个方向发展。

五、人本化服务理念愈加突出。在西方发达国家的老龄服务中，都强调按照个人的要求设置服务设施和服务项目，根据不同类型的服务采取不同的工作手段，解决各类不同对象的服务需求问题。目前我国老龄服务的发展已呈现出类似的趋势。

小贴士

老龄服务方式是满足养老需求的工具和手段，听命于养老需求的"指令"而变化。由于养老需求是一个复杂体系，因而老龄服务方式本身也构成了一个比较完整的体系，需要相对均衡地发展，形成内部结构的协调和优化。

7

老龄服务市场前景看好，老年人想深入了解相关市场需求时，怎么办

老龄服务业的发展，需要市场做支撑。市场包括三个主要因素，即有某种需要的人、为满足这种需要的购买能力和购买欲望。因此，从客观上讲，影响老龄服务市场需求的因素很多，既有人口因素、社会因素，也有经济因素，还有政府因素。

一、人口的多少直接决定市场的潜在容量。我国如此庞大的老年人口基数只是一个潜在的市场，潜在的市场需求变成现实的市场需求，与老年人的年龄、学历、性别、身体状况还有相当大的关系。

二、经济因素对老龄服务市场需求的影响，实际上就是收入水平因素，而且这一因素对市场需求的影响是直接的、决定性的。有购买欲望，如果没有经济做支撑，就无法形成现实购买力。可以说，收入水平是影响市场规模和产业规模的决定因素。

三、养老观念、婚姻关系、社区环境等社会因素也在很大程度上影响着老年人的生活质量、心理感情，进而影响着他们对老龄服务需求的选择。我国绝大多数老年人都比较向往那种"儿孙满堂"、"其乐融融"的家庭生活。在社会老龄服务方面，大多数老年人比较趋向的、需求较多的还是社区和居家老龄服务。

四、政府因素对老龄服务市场的影响主要体现在供给方面。在目前市场经济条件下，政府影响老龄服务市场主要是通过两个方面：一是政策，二是政府的投入。政策既是引导，同时又是激励。好的政策或者优惠的政策，既能为社会力量投资老龄服务产业提供正确的导向，又能吸引社会力量投资老龄服务，从而增加供给。

小贴士

有效需求是有购买能力的需求。长远来看，制约我国老龄服务业发展的关键因素是有效需求不足。

8

老年旅游逐渐成为时尚，老年人想了解老年旅游业发展状况时，怎么办

老年旅游是老龄服务中产业化特色十分浓厚的一种服务，也是市场前景十分看好的老龄产业之一。在国外发达国家，老年旅游已相当成熟，已经成为一个国家和地区旅游业的重要组成部分。

我国老年旅游的发展始于20世纪80年代。然而，在1998年前，老年旅游一直处于兼营阶段，没有专门的老年旅行社或主营老年旅游业务的旅行社。1998年以后，全国老年旅游在旅游市场上异军突起，并呈持续升温的态势。尤其在春秋两季，除了黄金周，就是老年人的旅游旺季。于是，越来越多的旅行社开始进入老年旅游市场。不仅出现了专门的老年旅游机构，而且出现了跨地区的专营老年旅游的联合体。如上海目前600多家旅行社中，已有100多家开辟了老年线路。在许多旅行社，老年游客已经成为主要客源，上航、上海等20多家旅行社特地专设了"老年部"。

一项调查显示，现在我国每年老年旅游人数已经占全国旅游总人数的20%以上。从目前我国老年旅游的发展状况看，大致呈现以下四个特点：一、规模化。老年旅游动辄千人，包船、包列成为老年人旅游普遍采用的方式。二、包船、专列成为卖点。包船、专列跟着游人跑，吃住方便，又便于同行出游的老年沟通交流，比较适合老年人生理、心理需求，所以深受老年人欢迎。三、服务标准规范化。各旅行社都推出了面向老年旅游者的服务标准和服务承诺，如上海大世界游乐中心旅行社的"老年旅游合同"等。四、常规路线多样化。全国各地许多旅行社围绕老年旅游设计了一系列的旅游线路。如，上海的"老人重阳登高游玩"，北京的"年年金色福老年旅游"，宁波的"老宁波游新上海"，南宁的"好爸妈之旅"，无锡的"姑苏民俗风情游"等。

小贴士

我国十大旅游胜地：一、见证历史兵马俑——陕西西安。二、锦绣丽江如仙境——云南丽江。三、风光旖旎海南岛——海南。四、九寨归来不看水——四川九寨沟。五、黄山归来不看山——安徽黄山。六、心灵圣地在西藏——西藏拉萨。七、苏州园林甲天下——江苏苏州。八、心驰神往张家界——湖南张家界。九、桂林漓江独秀美——广西桂林。十、人间天堂是杭州——浙江杭州。

9

我国老龄服务业发展存在体制上的制约因素，老年人想深入了解时，怎么办

近些年来，老龄服务市场的需求呈现多样化、多层次的发展态势，这对老龄服务产业提出了市场化、规模化、社会化的要求。然而，现行管理体制与老龄服务产业的发展要求还不适应：

一、管理体制不顺。我国老龄服务产业管理模式基本上是几十年一贯制，沿袭过去自上而下的行政管理办法，缺乏灵活、有效和科学的管理。此外，在资金安排、服务产品和老龄服务对象的开发与分配、机构内部管理等方面表现出明显的计划管理特点，管理部门与老龄服务机构之间仍然存在政事、政企不分的现象。政府及主管部门大包大揽、职能越位现象依然存在。

二、投资体制不健全。首先是投资主体过于单一。在国家政策的推动下，老龄服务产业的发展虽然已初具规模，民间资本和境外资本有了较多的投入，但国家一家独大而难以为继的尴尬局面却始终存在。其次是决策机制不科学。一些地方对安排的老龄服务建设资金，没有经过规划、城建等专业部门和相关专家的深入研究和论证，而是以行政审批的方式下达，导致老龄服务产业发展整体上存在城乡间发展不平等、地区间发展不平衡等问题。

三、老龄服务机构运行机制不灵活。一是机构过于臃肿。不少老龄服务机构成为安排富余人员的渠道，人满为患，机构不堪人员重负。二是受计划经济背景下形成的"国家、集体包办，民政部门直属、直办、直管"运行模式的影响，不少国有、集体老龄服务机构内部干部职工计划经济意识十分浓厚，工作上"等"、"靠"意识强，缺乏主动性、积极性。三是运行机制僵化。国家长期大包大揽使一些机构的领导者和工作人员缺乏服务意识、成本意识、市场竞争意识、质量意识、风险意识，能上能下的用人机制和奖优罚劣的分配制度尚未形成。

小贴士

老龄产业是指为老年人提供特殊商品、设施和服务，满足老年人特殊需要的具有同类属性的行业、企业经济活动的总和。老龄服务产业是老龄产业的主要组成部分。

10

老龄产业发展离不开体制创新，老年人想深入了解时，怎么办

作为一个产业，老龄服务产业体制涉及的内容很多，主要包括投资体制、管理体制和运行机制三种。体制要创新，也要从这三个方面入手：

一、管理体制创新。一是克服当前我国老龄服务产业的政府管理体制"九龙治水"的弊端，进一步明确老龄服务产业的管理主体。二要进一步转变政府职能，处理好政府、中介机构和服务机构三者之间的关系，界定各自的职能。三是建立起对业务主管部门的绩效评估机制，公平、公开、公正地对各级政府部门的目标实现程度、主要任务完成情况、政策效应以及政府职能履行程度等方面进行评估。

二、投资体制创新。一是通过将老龄服务业发展资金列入财政预算的方式，逐步形成长期、制度化的政府投入机制，同时调动社会各方面的积极性，建立多元化的老龄服务产业投入机制。二是改革政府资金投入方式，政府资金以引导为主，投资为辅，重在结合财政、税收、金融等方面的优惠政策，吸引、鼓励社会力量投资老龄服务业。三是培育多元化投资主体。按照"谁投资、谁管理、谁受益"的原则，制定投资的优惠措施，吸引不同所有

制的单位和个人投资兴办老龄服务产业，支持非公有制资本直接投资兴办老龄服务机构。四是健全政府投资项目决策机制，避免和减少行政长官式的投资决策，保证投资决策的科学性。

三、运行机制创新。一是进一步完善"公办民营"、"民建公助"、"租赁转让"、"委托经营"等机构运行模式。二是改革定价和收益分配机制。在服务定价方面，允许私营老龄服务机构在物价部门价格标准的范围内自由定价，在收益分配上，应允许正当的投资回报。三是必须按照市场机制制定用人制度，实行激励机制和淘汰机制，对管理人员和服务人员实行定期考核，优胜劣汰。另外应将职业资格作为必备条件，定期对现职人员进行轮训和资格认证，提高他们的业务能力。

小贴士

委托经营是指受托人接受委托人的委托，按照预先规定的合同，对委托对象进行经营管理的行为。从法律上看，委托经营是信托范畴的延伸和发展。

11

国家出台了不少扶持老龄服务业发展的政策，老年人想具体了解时，怎么办

近年来，国家相继研究制定了一系列有利于老龄服务产业快速发展的政策。

2000年2月，国务院办公厅转发民政部等11个部委《关于加快实现社会福利社会化的意见》，提出要探索一条国家倡导资助、社会各方面力量积极兴办社会福利事业的新路子，建立与社会主义市场经济体制和社会发展相适应的社会福利事业管理体制和运行机制，形成投资主体多元化、服务对象公众化、服务方式多样化、服务队伍专业化的新格局，并制定了9条社会力量投资创办老龄服务等社会福利机构的扶持和优惠政策。

2000年10月，财政部、国家税务总局《关于对老年服务机构有关税收政策问题的通知》明确规定：对政府部门和企事业单位、社会团体以及个人等社会力量投资兴办的福利性、非营利性的老年服务机构，暂免征收企业所得税以及老年服务机构自用房产、土地、车船的房产税、城镇土地使用税、车船使用税。对企业事业单位、社会团体和个人等社会力量，通过非营利的社会团体和政府部门向福利性、非营利性的老年服务机构的捐赠，在缴纳企业所得税和个人所得税前给予全额扣除。

2006年，国务院办公厅转发全国老龄委办公室和发改委等部门《关于加快发展养老服务业意见的通知》，明确指出：要建立公平、平等、规范的养老服务产业准入制度，积极支持以公建民营、民办公助、政府补贴、购买服务等多种形式兴办养老服务产业，鼓励社会资金以独资、合资、合作、联营、参股等方式兴办养老服务产业。大力支持发展各类社会老龄服务机构，鼓励发展居家老人服务业务，支持发展老年护理、临终关怀业务，促进老年用品市场开发，加强教育培训，提高养老服务人员的素质。

小贴士

要统筹抓好社会养老服务的政策研究、规划编制、标准制定和信息化建设，达到政策有促进力度，规划有前瞻和可行性，按标准建设和实施规范化管理，加快建立综合信息平台，提高服务效能。

——民政部部长李立国在全国社会养老服务体系建设推进会上的讲话

12

一些地方对民办老龄服务机构实行补贴，老年人想了解具体情况时，怎么办

我国各地政府为扶持民办老龄服务机构的发展，实施了形式多样的补贴。

一、北京市对由法人、自然人及其他组织举办的，自收自支、自负盈亏的老龄服务机构，按入住满一个月的托养人员实际占用床位数，每月每张床位补助100元。对由法人、自然人及其他组织举办的，由上级国有资金补助经营或以"公办民营"形式经营的老龄服务机构，按入住满一个月的托养人员实际占用床位数，每月每张床位补助50元。

二、上海市对新增养老床位，在市级财力和福利彩票公益金每张补贴5000元的基础上，区县配套补贴；对公办老龄服务机构转制为公办民营或民办民营的，给予一定开办经费补贴；根据社会老龄服务机构创立规模给予最高20万元的开办补贴；根据老龄服务机构收住的老人数，按每人每月100元的标准给予运营补贴；针对中心城区内房屋租赁价高的实际，按建筑面积每平方米每天0.5元的标准给予取得执业资格的社会办老龄服务机构租金补贴。

三、福建省对用房自建、提供社会老人养老的床位数50张以上的，按核定床位给予一次性开办补助，每个床位补助1000元；对属于租用房的，分5年给予开办补助，按核定的床位每张床位每年补助100元；对已接收老年人入住的民办老龄服务机构，每年给予每张床位120元的运营补贴。

四、南京市对新建老年人福利机构按城区、郊区、县每张床位一次性分别补贴4000元、3000元、2000元；对改、扩建新增床位达到一定规模的，每张床位一次性分别补贴2000元、1500元、1000元；对非政府组织和个人等社会力量办的福利机构，每次收住一名本市户籍老年人，财政将每月补贴60元。

小贴士

财政补贴是指国家财政为了实现特定的政治经济和社会目标，向企业或个人提供的一种补偿。主要是在一定时期内对生产或经营某些销售价格低于成本的企业或因提高商品销售价格而给予企业和消费者的经济补偿。

13

老年人想在上海投资开办老龄服务机构，想了解相关优惠政策，怎么办

在上海市，开办以老年人为主要服务对象的社会福利院、老年公寓、老年活动中心（站、室）、敬老院、托老所等社会福利机构，经区县级以上民政部门审核，凭市民政局核发的《社会福利机构设置批准书》，可以享受以下优惠政策：

对老龄服务机构建设减免土地垦复基金、耕地占用税；所使用的电、水、电话、有线电视等公用事业性收费，按照居民价格标准收费；免缴城市建设和房屋建设的有关费用；免缴燃气和自来水增容费；在规定的电压范围内用电，按标准减半征收配电贴费，免缴供电贴费；工作用车，免缴公路养路费；老龄服务机构建造的项目，原则上应按规定配建民防设施，确实有困难的，经市民防办同意后，免缴人防工程建设费；环卫部门对老龄服务机构发生的生活垃圾和粪便清运等费用，予以减免；老龄服务机构可以接受国内外组织和个人的捐赠；对于进口用于养老院、老年公寓、老年护理院等老龄服务设施建设的设备和残疾人专用康复器材及专用品，按照国家有关规定给予税收优惠；对福利机构提供的老龄服务，免征营业税；对福利性、非营利性的老年服务机构，暂不征收企业所得税，以及老年服务机构自用房产、土地、车船的房产税、城镇土地使用税、车船使用税；经民政部门批准兴办的福利机构安置城镇下岗待业人员比例符合规定的，可以享受再就业工程有关税收优惠；社区公益性老龄服务机构需要贷款的，可按有关规定申请由市促进就业专项资金担保的开业贷款，担保的开业贷款金额最高50万元，贷款期限最长可放宽到5年；社区公益性老龄服务机构的医疗服务，一般可由所在社区卫生服务中心负责，通过签订契约，形成约定的服务关系，其结算业务纳入城镇医疗保险管理；对规模较大、参保人员占住养人员60%以上、持有卫生行政部门颁发的《医疗机构执业许可证》的老龄服务机构，其内设医疗机构的一般费用，纳入医保联网的账户段、自付段结算；对入住老龄服务机构的符合一定护理等级标准的老年人，试行将部分专项护理费用纳入医保支付范围；新增养老床位，每张床位给予一次性补贴5000元；在全市推行老龄服务机构意外责任险，建立风险分担机制。

小贴士

上海市老龄服务机构设置、执业、变更、注销审批的主要依据是《社会福利机构管理暂行办法》、《上海市养老服务机构管理办法》、《养老设施建筑设计标准》、《上海市养老服务机构设置细则》。

(14)

我国老龄服务产业政策正在不断完善，老年人想具体了解时，怎么办

我国的老龄服务产业目前还处于发展阶段，老龄服务产业政策具有明显的过渡性、探索性和创新性：

一、产业政策的方向和目标不断明确。以 2000 年 2 月国务院办公厅《关于加快实现社会福利社会化的意见》为标志，提出了社会福利社会化的发展方向。以 2000 年 8 月中共中央、国务院《关于加强老龄工作的决定》为标志，首次提出了老龄服务业的发展要走社会化、产业化的道路。以 2006 年 2 月国务院办公厅转发全国老龄委办公室和发改委等部门《关于加快发展老龄服务业的意见》为标志，把老龄服务业作为鼓励发展的重点行业来抓。

二、产业政策的实施由单纯的行政管理逐步转向综合运用多种方式和手段。一是出台了法规。民政部发布了农村敬老院、社会福利机构两个暂行管理办法。大部分地方都制定了老龄服务机构管理办法。二是制定了相关标准和规范。国家先后颁布实施《老年人建筑设计规范》、《老年人社会福利机构基本规范》、《养老护理员国家职业标准》等。三是综合运用了多种手段确保政策实施。在基本建设、

用地、城市规划、税收、注册登记、水电和电信收费政策等方面，都提出了优惠政策。

三、产业政策的组织实施机构逐步健全。一是 1999 年，国家成立了全国老龄工作委员会，对老龄服务的有关工作进行协调指导。二是基本形成了部门协作机制，在研究制定政策、加强行业监管、规范服务标准、促进行业发展等方面有效发挥了作用。三是建立了各种老年协会、老年学研究会、老年大学、老年科技协会等群众组织，形成了颇具特色的政府与非政府老龄工作组织网络，在推动政策制定、实施等方面发挥了重要作用。

小贴士

产业政策是政府为实现一定的经济和社会目标，对产业的形成和发展进行干预的各种政策的总和。产业政策的功能主要是弥补市场缺陷，有效配置资源；保护幼小产业的成长；熨平经济震荡；发挥后发优势，增强适应能力。

15

我国老龄服务产业政策还存在一些问题，老年人想深入了解时，怎么办

同老龄服务产业发展需求相比，我国老龄服务产业政策体系存在以下几个方面的问题：

一、政策不配套。国家出台的发展老龄服务业等政策，虽然都具有较强的前瞻性、指导性，但是由于相关部门和地方未出台与之配套的实施措施，导致政策在执行过程中可操作性不强。

二、法律不健全。产业的发展必须具有法律规范作保障。而我国老龄服务产业发展的法律依据只有1996年颁布的《中华人民共和国老年人权益保障法》。

三、政策监管存在空白。由于缺乏规划指导和政策引导，一些地区和领域存在老龄服务机构重复建设、资源浪费现象，而另一些区域和领域却存在投入不足、发展滞后等问题。由于缺乏规范管理，民办老龄服务机构还存在经营不规范、人员不专业、服务质量低等问题，影响了自身的发展。

四、政策落实不到位。由于思想认识、管理体制、管理水平、部门利益等原因，现有的优惠政策仍有部分难以落实。一些地区在政策落实上还

存在所有制"歧视"，国有老龄服务机构能享受到的优惠与扶持政策，民办养老院却不能享受，如很多民办养老院的水、电、燃气、暖气以及绿化费都是按照企业标准收费。

五、政策透明度不够。现有的体制下，大部分政策发布还以文件传达为主，社会各界及民营企业对政府在发展老龄服务产业方面有哪些优惠政策并不很清楚，加上我国现行的老龄服务政策及相关的舆论宣传过于强调老龄服务活动的福利性、公益性，在一定程度上否定了老龄服务的产业属性，而一些已经进入这一领域的民办老龄服务机构经营不善，致使民间资本投资老龄服务产业的热情受阻。

小贴士

当前我国政府每年要向老龄服务机构投入巨额建设资金和运行补助，但是老龄服务覆盖面和受益面不大，服务发展水平远远不能满足老年群体日益增长的需求。老龄服务产业政策体系建设滞后是导致这种局面的主要原因。

16 老龄服务政策方向决定老龄服务产业的未来，老年人想具体了解时，怎么办

针对当前我国老龄服务产业发展存在的问题，我国老龄服务产业政策的发展方向主要体现在以下几个方面：

一、健全宏观调控体系。制订老龄服务产业的中长期发展规划，并将其纳入国民经济社会发展规划。健全扶持老龄服务产业发展的用地、税收、财政、行政事业性收费等优惠政策。制定有利于老龄服务业规范化、标准化发展的有关法律法规。

二、建立多元化投资体制。在投资比例上，政府投资总量将逐步增加，但所占比例应逐步降低；民间投资要逐步扩大。积极利用现有的社会资源发展老龄服务产业，鼓励利用闲置的托儿所、学校、疗养所等国有资产兴办老龄服务机构。积极吸引外资，通过与国内外经济组织、慈善组织或个人合资、合作等多种方式发展老龄服务产业。

三、改革和创新运营机制。采取股份制改造为主，国有民营、托管、合资、合作等多种形式，对国有、集体老龄服务机构进行改革、改组、改制。逐步推广"居家老龄服务"模式，立足社区，为居家老年人提供专业化、规范化的家政服务、生活照料、康复护理、权益保护、紧急照护等服务。同时，利用优惠政策吸引社会力量投资兴办不同档次、不同形式的社区性老龄服务机构和设施。

四、建立有效落实机制。明确福利性、非营利性服务机构的界定标准，对这两类老龄服务机构应享有的优惠政策制定具体的配套措施。加快老龄服务产业管理体制改革，建立民政、卫生、税务、国土、城建、环保等相关部门共同发展老龄服务产业的协调机制。积极促进非营利性组织的发展，推动非营利性组织的企业化运作，大力发展老龄服务市场中介机构，按照市场经济的要求，加快推进老龄服务相关行业协会的组建工作。

小贴士

积极应对人口老龄化，注重发挥家庭和社区功能，优先发展社会养老服务，培育壮大老龄服务事业和产业。

——《中共中央关于制定国民经济和社会发展第十二个五年规划的建议》

17 家庭养老方式正在发生深刻变化，老年人想了解其发展趋势时，怎么办

家庭养老是我国一种制度化的传统。人们不仅乐于接受，而且也习以为常。然而，随着我国人口老龄化的推进以及社会养老事业的迅速发展，家庭养老的传统正在经历一场前所未有的变革：

一、养老方式的选择日益多样化。一项城市居民生活抽样调查结果显示：目前我国城市居民养老方式的选择已经日趋多元化，呈现出个人养老、家庭养老和社会机构养老等多种模式并行的状况。而一种以强调社区服务为主、结合个人与家庭养老的新型养老方式，即社区养老，则受到了众多市民的欢迎。

二、家庭养老的功能出现弱化。家庭养老支持力弱化，养老资源减少正在成为越来越普遍的现象。子女数量的减少、代际居住方式的变化、劳动力社会参与率的提高和社会竞争因素的介入使得不少做子女的陷入了某种角色冲突，如"事业人士"角色和"孝顺子女"角色的冲突。这些变化影响到家庭的养老功能。特别是精神慰藉和日常照料功能的弱化已经在许多家庭出现。

三、养老职能承担者出现转移，即从家庭转向社会。随着社会化养老方式的发展、养老保险制度覆盖面的扩大和保障内容的拓展，家庭可能不再是养老资源的直接提供者，城市老年人的经济来源将主要依靠社会保障金，社会养老和自我养老的比例会逐渐上升。

尽管家庭养老功能的弱化是一种趋势，但家庭的责任、亲情的关怀不会随着养老方式的变化而改变，家庭成员提供生活照料、亲情关怀和精神慰藉的作用是不能简单替代的，未来相当长时期内，家庭养老仍然是我国主要的养老方式。无论哪一种养老方式，对老年人而言，养老已不仅仅满足于物质上的供给、生活上的照料、更多更内在的是精神上、心理上特别是与亲人感情上的沟通与交流。

小贴士

同我国"反哺模式"相对，西方发达国家的养老模式是"接力模式"，即父母抚育子女，子女继续抚育后代，老人则被推向社会的一种单向循环养老模式，体现了父子之间的单向义务伦理实质。

18

老年人想异地养老，不了解相关情况时，怎么办

异地养老就是指老年人离开现有住宅，到外地居住的一种养老方式。其实质是"移地"养老。包括旅游养老、度假养老、回原籍养老等许多方式。

异地养老在我国已具备了可行性：一是由于人们思想观念的转变。许多老人产生了"趁身体还可以，到外面走走看看"的愿望；二是随着人们生活水平的提高，一些老人自己或子女具备了一定的经济能力和异地养老消费能力；三是各地老龄服务机构的数量及规模、服务水平及设施都有了显著提高，能够为老年人提供较好的异地老龄服务。

随着人民生活水平的提高，如今老年人养老方式从居家养老、社区养老、园区养老、机构养老等方式，逐步走向旅游异地养老。从发展过程看，异地养老先是候鸟式，后来是旅游式，现在是养老院式。第一阶段，老人往往是跟着旅行社四处旅游，行色匆匆，走马观花。第二阶段，是自助旅行，到旅游目的地后，就租套房子住下来，有了充足的时间游览观光。第三阶段，

渐渐觉得租房住也不够洒脱，玩了一天后有些疲劳，回到住地还得自己做饭吃。于是，他们又把目光转向了养老院，尝试着住进了老龄服务机构。结果发现，费用和租房子差不多，还有人伺候着吃喝拉撒，既舒服又合算。

通常，老年人希望通过旅游观光来丰富自己的休闲生活，提高健康水平。发展异地休闲老龄服务，南飞过冬，北漂避暑，这样不仅养老而且可以旅游，已经被越来越多的老人所接受，成为最时尚的养老方式。

小贴士

异地养老因主题不同，可以划分为很多种类：旅游观光型、探亲交友型、休闲度假型、学习交流型、候鸟式安居型、异地疗养型、探险旅游型。国内最适合异地养老的城市：海南三亚、广东珠海、辽宁大连、山东威海、山东日照、四川成都、广西桂林、贵州贵阳、浙江杭州。

19

"季节性养老"十分时髦，老年人想了解其具体情况时，怎么办

所谓"季节性养老"，就是老人们在炎热的夏季和寒冷的冬季，不再为每天的衣食所困扰，临时住到养老院或老年公寓去，享受一段有人照料和服侍的生活，一年在老龄服务机构中住3~6个月，而在一年中最美好的春秋时节，又回到家庭中，去享受家的静谧、温馨和欢乐。

在天津市开发区的泰达国际养老院，像这样选择季节性养老的老人，如今已占入住老人的半数以上。"季节性"养老在广州的养老院也很走俏，还有以团聚过年为目标的"候鸟式季节养老"也渐露雏形。在广州寿星大厦和广州友好老年公寓，选择季节性养老的老人有50多位。有家人、亲属在广州，像候鸟一样跟亲人团聚过年方式也非常火爆。

因"季节性养老"确有许多可取之处，广州市老龄服务机构的床位常常比较紧俏，特别是市老人院、越秀区老人院等老龄服务机构，排队轮候的人较多，而靠近居民区的一些街道托老中心，也存在不同程度排队现象。

据广州市白云区一家老龄服务机构的负责人介绍，每到过年的时候，就有家属到该老龄服务机构打听，要到广州的老龄服务机构住2~3个月，养老院每年都会接待一批这样的老人，既可以在广州与亲人团聚过年，又可以享受到老龄服务机构服务，还可以解决一家人一起居住而地方不够的难题，一举多得。

小贴士

在中国城市竞争力研究会主办的中国城市竞争力排行榜新闻发布会上，根据翔实的基础资料及大量的调查研究，评选出2010年中国最适合夏季旅游的十大城市：大连、烟台、连云港、苏州、北海、长春、海口、珠海、湛江、桂林。

20

"分时度假养老"在国外流行起来，老年人想具体了解时，怎么办

"分时度假"就是把酒店或度假村的一间客房或一套旅游公寓的使用权分成若干个周次，按 10~40 年甚至更长的期限，以会员制的方式一次性出售给客户，会员获得每年到酒店或度假村住宿 7 天的一种休闲度假方式。并且通过交换服务系统，会员把自己的客房使用权与其他会员异地客房使用权进行交换，以此实现低成本到各地旅游度假的目的。

而"分时度假养老"则是从分时度假演变过来的，就是老人先与酒店或度假村签订协议，将客房使用权每年按周划成 52 份，用优惠的价格按份销售给顾客，顾客拥有在一定的期限内（一般为 10~40 年）在这一住所每年住宿一周的权利，同时还享有转让、馈赠、继承等系列权益，以及对酒店其他服务设施的优惠使用权。当消费的老人购买了某一处住所后，通过交换系统可以交换到参加这一系统的世界其他地方同等酒店的使用权。

"分时度假养老"在 20 世纪 60 年代起源于法国，70 年代被引入美国，之后开始在世界上很多国家流行。在一些发达国家，"分时度假养老"已成为老人生活中旅游休闲、安度晚年的重要组成部分。据资料统计，世界上已有 60 多家"分时度假"集团，4500 多个采用分时制度假的度假村，分布在 81 个国家，来自 124 个国家的 400 多万户家庭购买了度假权，分时度假房产业已成为年营业额 65 亿美元的全球产业。

随着越来越多的中国人旅游消费方式从"走马观花"步入"娱乐休闲"，中国巨大的"分时度假养老"消费市场潜力正日益凸显。

海南"天来泉度假村"是全国首创的"分时度假养老模式"。"天来泉度假村"占地 15 万平方米，投资 2.5 亿元，集公寓、别墅、产权式酒店、会所于一体，位于琼海市官塘温泉旅游开发区。

21

台湾地区老龄服务体系比较完善，老年人想深入了解时，怎么办

台湾地区的老龄服务体系分为两大系统：非正式照顾体系和正式照顾体系。

非正式照顾体系由子女、亲属、朋友及邻里所组成。家庭成员为老年人提供的服务主要有四种：一是协助老年人做饭、穿衣、洗澡、上厕所、走动等个人照顾，二是为老人提供诸如食物制作、衣物换洗、房间清理等家务劳动的协助，三是提供情感支持，四是提供财力支持。在台湾，无法自行料理生活的老人中有近80%的是由家人照顾。

台湾老年人接受的正式照顾体系，可以分为居家老龄服务、社区老龄服务和机构老龄服务三种。在居家老龄服务方面，台湾在各县（市）政府及乡（镇、市、区）公所普遍设置居家老龄服务支持中心，为家庭照顾者提供咨询和中介服务，同时，各县（市）政府经常举办居家养老专业训练，为中低收入老年人住宅设施提供改造服务。从服务内容看，居家照顾服务有日常生活服务、居家护理、送餐服务、紧急援助服务和住宅修葺等。

台湾的社区老龄服务开始于20世纪70年代，90年代以后得到较大的发展。2004年，台湾通过社会福利政策纲领，把社区老龄服务确立为一种主要的老人福利服务方式。各地通过整合当地志愿者与社区服务资源，为老年人提供多项目的服务。台湾社区老龄服务的项目主要有居家照顾、日间照顾、营养膳食服务、独居老人关怀访视、喘息服务等。

台湾老龄服务机构有公费和自费两种，前者的经费来源于政府补助和社会福利基金；而后者是向安养高龄者收取保证金和月费。台湾的机构老龄服务包括三大体系：一是卫生服务体系，主要是为慢性病老人提供服务，如慢性病床、护理之家等；二是社会福利体系，主要包括安养机构、养护机构、长期照护机构、老人公寓等；三是荣民体系，即针对退伍军人的各类休养机构。

小贴士

现在台湾地区有248万老年人，但是15年后，老年人将倍增为475万，占总人口的20.3%，相当于每5个人就有1位老人，对整个社会经济将产生重大影响。预计50年后，老年人口比例将高达42%。

第二节　国外老龄服务产业

22

国际老龄服务产业呈现新特点，老年人想了解其发展趋势时，怎么办

国际老龄服务产业的发展趋势呈现出养老方式居家化、老龄服务手段现代化和老龄服务机制市场化的趋势。

在西方国家，尽管老龄服务机构比较多，服务也比较完善，但是，机构解决不了老年人的心理孤独等问题，也难以满足老年人生活的多样化需求，于是绝大多数老年人选择在家居住养老，并借助完善的社区老龄服务设施和服务网络来解决养老生活的各种需求。为适应这一趋势，一些国家也开始鼓励老年人居家养老。如英国的福利服务单位与社区共同推行"睦邻计划"，用津贴的办法鼓励社区居民定期探望临近的老年人，为老年人做家务。

国际社会的老龄服务手段也不断走向现代化、信息化。其突出表现是，现代化的通信手段普遍应用。许多社区或者老龄服务机构建立了热线求助网络和社区智能服务网络两大系统。通过电话网络以及区、街两级计算机联网，建立起遍布全区的社区服务求助系统，实现资源共享。居家老人只要拨通 24 小时值班的热线求助电话，就可以足不出户得到优质、便捷、周到的社区服务和家庭照料。老龄服务机构的服务项目、服务方式也在互联网上大量发布，扩大了老年人自主选择的范围，同时老年人也可以在互联网上表达自己的需求。

老龄服务机制市场化是另外一种发展趋势，发达国家自采取高福利政策以来，随着老年人口的不断增加，政府财政负担日益加重。为此，各国都认真探索通过市场化运作促进老龄服务产业化的途径，取得了不少成功的经验。例如，在美国，政府采取措施鼓励社会力量兴办老龄服务机构，并对营利性老龄服务机构利用价格杠杆控制其利润。

小贴士

长期护理保险，是指对被保险人因为年老、患严重疾病、意外伤残等，导致身体上的某些功能全部或部分丧失，生活无法自理，需要入住机构接受长期康复和护理，或在家中接受他人护理时支付的各种费用给予补偿的一种健康保险。

23

国内外都出现了"以房养老"模式，老年人想了解各自特点时，怎么办

在美国"以房养老"模式的专业名称叫作"倒按揭"，是 20 世纪 80 年代中期美国新泽西州的一家银行创立的。

如今，"倒按揭"在美国日趋兴旺，常说的"倒按揭"模式也是以美国模式为蓝本的。"倒按揭"贷款放贷对象是 62 岁以上的老年人。通常是住房资产高则可贷款数额高；年纪大的住户贷款数额高，这是由于其预期寿命短，还贷周期短；夫妻健在住户比单身者可贷款数额低，因其组合预期寿命大于单身者；预期住房价值增值高可贷款数额高。

除最流行的美国模式外，"倒按揭"还有一种新加坡模式：60 岁以上的老年人把房子抵押给有政府背景的公益性机构，由公益性机构一次性或分期支付养老金，老人去世时产权由这些机构处分，"剩余价值"即房价减去已支付的养老金总额，交给老年人的继承人。

在我国南京，南京汤山"温泉留园"，此前已在国内首个公开推出"倒按揭"性质的"以房换养"举措。该园规定，拥有本市 60 平方米以上产权房、年届六旬以上的孤残老人，自愿将其房产抵押，经公证后入住老年公寓，终身免交一切费用，而房屋产权将在老人逝世后归养老院所有。

在我国上海，"以房自助养老"初定做法是：65 岁以上的老年人，可以将自己的产权房与市公积金管理中心进行房屋买卖交易，交易完成后，老人可一次性收取房款，房屋将由公积金管理中心再返租给老人，租期由双方约定，租金与市场价等同，老人可按租期年限将租金一次性付与公积金管理中心，其他费用均由公积金管理中心交付。

小贴士

倒按揭贷款的放贷对象主要是有住房的老年人，一般是老人把属于自己的房子抵押给银行，银行估价之后，每月或者整笔地付给抵押人钱款。这种贷款方式最大的特点是分期放贷，一次偿还，贷款本金随着分期放贷而上升，负债也相应增加，自有资产则逐步减少。由于这种贷款方式与传统的按揭贷款相反，故被称为"倒按揭"。

24

荷兰的老龄服务比较规范，老年人想具体了解时，怎么办

荷兰是世界闻名的高福利国家，社会保障制度十分完善，老龄服务非常规范。

20世纪50年代，由于第二次世界大战导致基础设施遭到破坏，合适的住房非常缺乏，政府决定为老年人建造老龄服务机构，让他们能够住在一起。50年代后期到70年代中期，养老院的数量增长很快。当时大多数进入养老院的人很少甚至没有丧失精神或身体机能。然而，经过一段时间后，最早入住老龄服务机构的人逐步高龄化，身体机能的丧失越来越严重，老龄服务机构显得不太适合照料这些老年人。荷兰政府不得不花费很多的经费来改建老龄服务机构。

到了80年代中期，荷兰的机构服务建设达到高峰，1985年，荷兰入住老龄服务机构或护理机构的65岁以上的老年人，其比例是北欧国家的两倍、德国的3倍、法国或英国的4倍。这个时期开始，荷兰人民对本国的老龄服务体系开始提出质疑，表现为越来越多的老年人不再愿意到机构接受服务，而坚持在居家条件下得到更多、更好的服务；老龄服务机构建造和运作成本愈发高昂，光是用于建造的基建成本就占机构照料总成本的35%以上。为此，荷兰政府在老龄服务政策方面进行了调整。

新政策的主要内容是：减少机构照料的床位数量；更多地建立老龄服务机构的延伸功能，例如送餐、日托、多种形式的临时照料；提倡更多的专业化居家照料服务；改进和提高现有照料服务机构的质量；对老年人的住房功能进行改造，以便提供专业的护理服务。总而言之，新政策的主要内容是创造更多的服务功能和机会，使老龄服务体系更加灵活。

在荷兰，几乎所有的老龄服务机构都是非政府组织经营、管理和所用的。政府把自己的作用限于三个方面：老龄服务机构建设的规划，提供老龄服务发展资金，质量监控。

小贴士

荷兰是风车之国，陆地都是低地，境内的主要河流、河床一般都比地面高，1/4的土地低于海平面，海水有时会冲破堤坝侵入陆地，暴雨也使地面积水，因此必须常年不断地利用风力推动风车来排除地面积水。

25

瑞典老龄服务十分发达，老年人想深入了解时，怎么办

瑞典老龄服务的法律依据是《社会服务法》，该法也是社会福利的总体法。瑞典允许地方政府根据该法所列的目标确定具体的社会服务内容。《社会服务法》强调，老龄服务活动要尽可能地帮助个人独立生活，服务要在现场完成，并要考虑到个人不同的需要。

瑞典 69% 的社会福利经费来源于地方所得税，国家的一般和专项拨款占 15.2%，收费占 7.1%，其他收入占 4.4%。收费只占很小的比例。在 2002 年，瑞典 756 亿瑞典克朗老龄服务费用中，大部分来源于税收及一般资助，只有 4.5% 来自收费。费用支出的大部分用于特护型老龄服务机构，30% 用于普通老龄服务机构，大约 2% 用于预防性措施。普通老龄服务机构每个护理对象的费用为 18 万瑞士克朗，特护型老龄服务机构每个护理对象的费用为 44.5 万瑞士克朗。

在瑞典，老龄服务以多种方式进行。收费的多少根据一份特殊的收费表以及服务对象的收入而定。费用分为三部分：租金、食品费和照料费。

照料费由免费到每个月最高 1572 瑞典克朗不等。原则上，在缴纳税金、租金、居家老龄服务费用后，要确保每位照料服务对象留有少量的钱（单身每人每月 4238 瑞典克朗，夫妻每人每月 3550 瑞典克朗）。

瑞典老龄服务模式的特点是：各种老龄服务，包括居家服务和机构服务等主要由政府资助的机构提供；社会各阶层的人都能享受到服务，无论是富人还是穷人都享有同样的权利。近年来，瑞典老龄服务体制也发生了一些变化，主要是以市场为导向，通过市场手段调节服务资源，但总体来说整个老龄服务体系还是维持原样。

小贴士

瑞典国土面积 45 万平方公里，人口 900 多万，是欧洲最富裕的国家之一，也是世界上福利最好和教育程度最高的国家之一。世界最具竞争力的国家排名第四，全球最高生活品质排名第二，综合竞争力指数全球排名第二。

26

日本人的家庭观念比较强，老年人想了解日本老年人如何养老时，怎么办

在日本，老人与子女共同居住的比例非常高，从人们的家庭观念和养老观念来看，日本至今还存在一种社会习俗，即只有父母与已婚孩子共同生活才被认为是正常的。

在日本，这种养老模式，又被称之为"同居型家庭养老方式"。老年父母主要与长子的家庭同居养老，基本上是生活在三代同堂家庭。一般来说，日本的父母对长子下面的孩子不抱什么希望，而分家出去的孩子也完全认可自己不继承家产的地位。由长子夫妇全面承担赡养父母的义务，不仅是经济上的负担，还包括从照料年迈父母的日常生活到他们生病时的护理等。

日本政府对同居型家庭养老方式采取支持和鼓励的态度。日本政府制定和实行了一系列有利于推进家庭养老的社会保障措施，包括：如果子女照顾70岁以上的低收入老人，可以享受减税；如果照顾老人的子女要修建房子，使老人有自己的活动空间，可以得到贷款；如果卧床老人需要特殊设备，政府予以提供；同时在社会舆论上提倡三代同堂，提倡子女履行赡养老年人的义务。

日本发展了完善的养老护理服务，可以归纳为"在宅服务"和"设施服务（即在老龄服务机构接受全方位的服务）"。日本政府鼓励以家庭养老为主的所谓"在宅服务"，并为之提供了非常全面的援助，例如，已接受专业学习培训的家庭护理员上门对老人进行服务，主要包括身体护理、家务劳动及生活咨询等；定期早晚用车接送老人到设在养老院的或单独设立的"日托护理中心"，为其提供各种服务。

小贴士

"孝顺父母"这一美德在日本人的心中依然存在，与欧美核心家庭一直强调夫妇间的横向关系不同，日本依然保持着传统的家族制度，强调一代接一代的纵向关系。日本政府针对家庭养老实施了各种扶持政策。

27

德国是现代养老保险的发源地，老年人想了解德国老年人如何养老时，怎么办

德国在养老问题上鼓励发展"补充养老保险"。德国的养老保险制度包括法定养老保险、企业养老保险和私人养老保险三部分，后两者又被称为"补充养老保险"。

在德国，法定养老保险的覆盖面较广。原则上，所有雇员都是法定养老保险的义务参保人。法定养老保险资金主要来源于雇主和雇员缴费，费率根据实际需要随时调整，目前的缴费比例为工资的 19.5%，由雇主和雇员各负担一半，当雇员月收入低于某一限额时，则由雇主单独支付。此外，法定养老保险每年还获得国家补贴，总额约占当年养老保险总支出的 1/5。养老金根据退休者退休时的工资和工龄长短计算，但最高不超过退休前最后一个月工资的 75%。法定养老保险采取"代际协调原则"，即由当前的工作者缴纳养老保险金以支付已经退休人员的养老金。

此外，德国还大力鼓励企业养老保险和私人养老保险。企业养老保险采取"直接支付原则"，即职工在工作期间积攒了多少企业养老保险，退休后就能得到相应数额的养老金。职工缴纳的企业养老保险占工资的比例每年由行业劳资部门和政府协商决定，且这部分养老保险可以享受税收优惠。从 2002 年起，德国颁布新法律，规定企业职工有权利要求雇主将一部分工资或者节假日奖金变成企业养老保险，企业养老保险的筹资方式、组织形式及受保人等均可自由选择。在德国，私人养老保险是自愿的，并且也能得到国家补贴。

目前，德国法定养老保险、企业养老保险和私人养老保险所支付养老金的比例大约分别为 70%、20% 和 10%。

小贴士

具有现代意义的养老保险法最先出现于德国。1889 年，德国国会通过了《老年保障社会保险法》，该法于 1891 年 1 月 1 开始生效。继德国之后，西方各国相继建立了养老保险制度。

28

听说新加坡比较尊崇孝道，老年人想了解新加坡老年人如何养老时，怎么办

新加坡是个年轻的国家，却是世界上人口老化最快的国家。政府推行以强制储蓄为原则的中央公积金制度，为老年人的生活提供了一定的经济保障，而其一直提倡和鼓励的家庭养老模式的成功经验，更值得借鉴和学习。

新加坡政府的大力宣传，创造了尊老敬老、赡养老人的良好社会氛围。政府认为，"孝道"是伦理道德的起点，孝道可以稳固家庭，可以使人类社会得以延续。在阐述新加坡 21 世纪的五大理想时，新加坡政府强调指出，稳固的家庭是照顾年长者的需要，满足年轻人期望的重要基础，必须不惜任何代价保持三代同堂的家庭结构稳固。

新加坡于 1994 年制定了"赡养父母法律"，成为世界上第一个将"赡养父母"立法的国家。1995 年 11 月颁布的《赡养父母法》规定：如被告子女未遵守《赡养父母法》，法院将对其罚款 1 万新加坡元或判处 1 年有期徒刑。1996 年 6 月根据该法，新加坡又设立了赡养父母仲裁法庭，仲裁庭由律师、社会工作者和公民组成，地方法官担任主审，若赡养纠纷调解不成，再由仲裁法庭开庭审理并进行裁决。

政府为鼓励儿女与老人同住，还推出一系列津贴计划，为需要赡养老人的低收入家庭提供养老、医疗方面的津贴。新加坡政府自 1993 年以来曾推出 4 个专门的"敬老保健金计划"，每次计划政府都拨款 5000 多万新加坡元，受惠人数达 17 万 ~18 万人。

又如，政府对与年迈父母同住的纳税人减免一定的税收。因病重而严重残疾的老年人，如果家庭月收入不到 700 新加坡元，每月可获得 180 新加坡元援助金；家庭收入在 700~1000 新加坡元之间，则每月可获 100 新加坡元援助金。

小贴士

新加坡是一个城市国家，原意为狮城。1150 年左右，苏门答腊的室利佛逝王国王子乘船到达此岛，看见一头黑兽，当地人告知为狮子，遂有"狮城"之称。新加坡则是梵语"狮城"的谐音。

29

瑞士老年福利比较好，老年人想具体了解时，怎么办

瑞士是高福利国家，尤其是瑞士养老金制度被国际养老保险问题专家公认为是世界上"最现代的养老金制度"之一。瑞士的养老保险制度建立在由国家、企业和个人共同分担、互为补充的三支柱之上。长期以来，这种制度以其健全、完善和覆盖面广的特点，成为瑞士社会稳定的重要保障，老年人也得以乐享晚年。

瑞士养老保险制度的第一支柱是由国家提供的基本养老保险，其全称为"养老、遗属和伤残保险"。这是一种强制性保险，旨在保证退休老人、遗属和残疾人的基本生活费用。按照瑞士相关保险法的规定，在职人员从17岁生日后的第一个月起开始缴纳养老、遗属和伤残保险金。缴纳方式是由雇主和雇员各支付50%，雇员所承担的50%将直接从薪水中扣除，并和雇主支付的部分一起存入雇员所属的保险基金。按照规定，瑞士退休人员可在法定退休年龄后的下个月的第一天开始领取养老金。目前瑞士法定退休年龄为男性65岁、女性64岁。

瑞士养老保险制度的第二支柱是由企业提供的"职业养老保险"。这

种保险是对第一支柱中的"养老、遗属和伤残保险"的有力配合。第二支柱和第一支柱所提供的养老金总和，可达到投保者退休前全部薪水的60%左右，足以使退休老人维持较高的生活水平。

瑞士养老保险制度的第三支柱是各种形式的个人养老保险，这是对第一和第二支柱的补充，以满足个人的特殊需要。所有在瑞士居住的人都可以自愿加入个人养老保险，政府还通过税收优惠政策鼓励个人投保。个人养老保险的投保方式比较灵活，可向保险公司投保，也可在银行开户。

尽管瑞士的养老保险制度相当完善，但在人口老龄化的冲击下，养老保险的负担也是越来越重。

小贴士

瑞士65岁以上老年人口占全国人口的15.8%，出现严重的人口老龄化现象。由于从业人员的减少和退休人员的增加，瑞士的社会养老保险制度面临严峻的挑战。

30

印度比较尊崇优待老年人，老年人想了解印度老年人如何养老时，怎么办

对印度人而言，变成一名需要照顾的老人似乎并不是件坏事。因为，印度老人是幸福的，他们受到了社会的格外尊敬和关照。乘坐公交车有人让座、公园游玩门票打折、老年津贴政府提供，这些都是印度老人可以享受的种种优待。

印度现在还保持着大家庭的生活习惯，三世、四世同堂的家庭比较普遍。在大家庭中，最年长的老人是最受尊敬的人，家庭地位也最高。有一次《环球时报》记者到印度朋友家做客，发现家里最舒适的房间住的是老人，朋友和长辈说话时也是轻声细语，非常的温柔。正所谓"老吾老以及人之老"，印度人不仅尊敬自家的老人，也尊敬别人家的老人。

印度社会公正与权力部是负责老年人社会福利保障的专门机构。为了保证老年人过体面的生活，同时保障老年人在社会上应有的法律地位，该部制定实施了《老年人国家政策》，旨在把老年人的关切当成国家的关切，让老年人过上一种受保护、受尊重的晚年生活。根据该政策，只要是60岁以上的印度公民，就可以享受印度政府提供的各种优惠政策。如免费向老人开放几乎所有公园、博物馆及旅游景点。

印度各部委也根据自己的实际情况，制定了照顾老人的措施。如印度农村发展部规定：在农村，年龄在65岁以上、生活极度贫困的老人，每月可以从政府领到75卢比（1元人民币约合5.4卢比）的老年人津贴及10公斤免费大米和面粉。印度铁道部规定：60岁以上的老人可以买到折扣为30%的车票。印度卫生与家庭福利部规定：60岁以上的老人优先得到免费医疗，因为印度实行全民基本免费医疗保障制度。

小贴士

为了保护老年人的福利和权利，印度政府于2011年2月向国会提交一个保护老年人福利和惩罚不孝孩子的法案。根据该法案，遗弃老年父母或高龄人士的子女，将被处以3个月的监禁和5000卢比的罚款。

主要参考文献

［1］蔡红.中国城市老年社区的空间与环境［J］.建筑师，2003（4）：21-27

［2］陈功.我国养老方式研究［M］.北京：北京大学出版社，2003

［3］陈华林.养老建筑基本特征及设计［J］.建筑学报，2000（8）：27-32

［4］陈卫民.发达国家老年照护服务供给市场化改革刍议［A］.21世纪的朝阳产业——老龄产业.第二届全国老龄产业研讨会论文集［C］.北京：华龄出版社，2001.215-222

［5］陈卓颐.实用养老机构管理［M］.天津：天津大学出版社，2009

［6］党俊武.老龄社会引论［M］.北京：华龄出版社，2004

［7］党俊武.中国城镇长期照料服务体系研究［D］.天津.南开大学，2007

［8］多吉才让.中国老年人社会福利［M］.北京：中国社会出版社，2002

［9］国务院法制办公室.法律法规全书［Z］.北京：中国法制出版社，2010

［10］李宝库.新世纪老龄工作实用全书［M］北京：华龄出版社，2002

［11］李本公.关注老龄［M］.北京：华龄出版社，2007

［12］穆光宗.家庭养老制度的传统与变革［M］北京：华龄出版社，2002

［13］全国老龄工作委员会办公室.老龄工作干部读本［M］.北京：华龄出版社，2003

［14］全国老龄工作委员会办公室.全国居家养老服务理论与实践［Z］.北京：华龄出版社，2008

［15］全国老龄工作委员会办公室.全国养老服务政策文件汇编［Z］.北京：华龄出版社，2009

［16］全国老龄工作委员会办公室.中国老龄法律法规文件汇编［Z］.北京：华龄出版社，2010

［17］全国老龄工作委员会办公室.中国人口老龄化研究论文集［Z］.北京：华龄出版社，2010

［18］邵光远.现代时尚生活百科全书［M］.呼和浩特：内蒙古人民出

版社，2010

　［19］施永兴.老年护理医院实用手册［M］.上海：上海科学普及出版社

　［20］（英国）苏珊·莱斯特著，周向红，张小明译.老年人社区照顾的跨国比较.［M］北京：中国社会出版社，2002

　［21］王江萍，刘宪明.基于老龄人的室外环境研究［J］.武汉大学学报（工学版），2001（12）：91-94

　［22］王庆.老年社区设计探讨［J］.建筑学报，2005（4）：68-72

　［23］许安之.21世纪城市住宅建设［M］.北京：中国建筑工业出版社，2003

　［24］阎青，方嘉柯.养老护理员——初级技能［M］.北京：中国社会出版社，2004

　［25］阎青，方嘉柯.养老护理员——高级技能［M］.北京：中国社会出版社，2004

　［26］阎青，方嘉柯.养老护理员——技师技能［M］.北京：中国社会出版社，2004

　［27］阎青，方嘉柯.养老护理员——中级技能［M］.北京：中国社会出版社，2004

　［28］杨燕绥等.全球养老保障——改革与发展［M］.北京：中国劳动社会保障出版社，2002

　［29］姚远.中国家庭养老研究［M］.北京：中国人口出版社，2001

　［30］叶耀先.适应老龄社会的住宅［J］.建筑学报，2000（8）：18-19

　［31］张建敏.老年人无障碍室内实际研究［D］.重庆.重庆大学，2008.5

　［32］张同春.老年人权益自我保护手册［M］.北京：华龄出版社，1997

　［33］中国老年学学会.持续增长的需求：老年长期照护服务［M］.北京：中国文联出版社，2010

后 记

　　作为"老年人十万个怎么办"丛书的一个分册《服务篇》，我们是在2010年年底才接手编写任务的，那时候其他分册已基本完成，丛书总编辑室给我们限定的时间很紧，由于时间短，任务重，压力不小，但我们还是把任务接了下来。我们从事的就是老龄工作，能多为老年人做点事，帮助他们解决一些实际问题，是我们的分内之事和幸福所在。

　　本书是由全国老龄工作委员会办公室的党俊武、李志宏、孙慧峰、肖文印、张一鸣共同完成的，是集体努力的成果。为确保质量，接到任务后，我们首先讨论了书稿的结构提纲，围绕提纲进行分工，搞调查、找资料、拟题目，共拟订出700多个问题条目，经过反复论证，最后保留了296个。随后，根据条目，按照丛书编撰的统一要求，开始编写答案。为了使全书和各章能够自成体系，在完成书稿基本内容之后，我们又进行了多次统稿，不断增删。全书由肖文印同志初审，最后由党俊武同志审核定稿，孙慧峰、张一鸣同志协助做了部分编辑工作。

　　在编写过程中，我们部分参考了《服务篇》原编撰人员所整理出来的"老有所居　居有其所"书稿内容，对他们的前期工作，表示诚挚的谢意！

编　者